高等院校城市地下空间工程专业"十三五"规划教材

城市地下空间规划与设计

姚华彦　刘建军　编著

中国水利水电出版社
www.waterpub.com.cn
·北京·

内 容 提 要

本书对城市地下空间规划与设计的基本概念、理论及主要内容进行较为全面的介绍。全书分为11章,内容包括:绪论、城市地下空间规划概论、城市地下空间规划基础理论、城市地下空间规划编制体系、城市地下交通系统、城市地下公共服务设施、城市地下市政设施、城市地下仓储物流系统、城市地下防空与防灾设施、城市地下空间防灾设计、城市地下公共空间景观环境设计。

本书可作为城市地下空间工程、土木工程、城市规划等专业或相关专业的教材及教学参考书,也可供上述专业工程技术人员、管理人员在工作中参考。

图书在版编目(CIP)数据

城市地下空间规划与设计 / 姚华彦,刘建军编著
. -- 北京 : 中国水利水电出版社,2018.1(2023.1重印)
高等院校城市地下空间工程专业"十三五"规划教材
ISBN 978-7-5170-6096-3

Ⅰ. ①城… Ⅱ. ①姚… ②刘… Ⅲ. ①地下建筑物-城市规划-高等学校-教材 Ⅳ. ①TU984.11

中国版本图书馆CIP数据核字(2017)第302389号

书 名		高等院校城市地下空间工程专业"十三五"规划教材 **城市地下空间规划与设计** CHENGSHI DIXIA KONGJIAN GUIHUA YU SHEJI
作 者		姚华彦 刘建军 编著
出版发行		中国水利水电出版社 (北京市海淀区玉渊潭南路1号D座 100038) 网址:www. waterpub. com. cn E - mail:sales@mwr. gov. cn 电话:(010)68545888(营销中心)
经 售		北京科水图书销售有限公司 电话:(010)68545874、63202643 全国各地新华书店和相关出版物销售网点
排 版		北京时代澄宇科技有限公司
印 刷		北京市密东印刷有限公司
规 格		184mm×260mm 16开本 15.5印张 367千字
版 次		2018年1月第1版 2023年1月第3次印刷
印 数		6001—9000册
定 价		**39.00元**

PREFACE | 前言

近 20 年以来，我国城市以前所未有的速度发展，城市规模不断扩大，人口急剧膨胀，许多城市不同程度地出现了建筑用地紧张、生存空间拥挤、交通阻塞、基础设施落后、生态失衡、环境恶化等问题，这些问题已经成为现代城市可持续发展的严重障碍。国内外已有发展经验表明：城市地下空间开发利用是解决城市病、实现可持续发展的有效途径。

目前，我国以城市轨道交通为龙头带动的地下空间开发利用正如火如荼地展开。截至 2017 年上半年，我国内地已有 31 个城市开通运营地铁，其中北京和上海的地铁运营总里程均超过 500km。此外，作为国家重点推进的民生工程，地下综合管廊也在中国各城市大面积展开。2016 年 5 月，中华人民共和国住房和城乡建设部发布《城市地下空间开发利用"十三五"规划》，地下空间开发利用在城市发展中的地位和作用日益提高。同时该规划也指出：虽然我国部分城市地下空间开发利用进入迅速发展阶段，但是大多数城市地下空间开发利用仍处于起步阶段。一些大中城市的地下空间开发利用虽然已经起步，各地修建了一定规模的地下建筑和设施，但由于缺乏统一的规划、设计和管理，城市地下工程的开发在很大程度上与城市建设脱节，布局不合理，利用水平低，不仅严重影响城市建设与地下空间综合利用，而且造成地下空间资源的极大浪费。因此，对城市地下空间进行科学规划、合理布局、有序开发是促进城市可持续发展亟待解决的问题。

城市地下空间规划与设计已经成为城市建设与管理工作者必备的重要专业基础知识，是城市地下工程方向的重要专业课。通过本课程的学习，使学生了解城市地下空间规划的基本概念、理论和方法，掌握地下交通设施、地下公共服务设施、地下市政设施、地下仓储物流设施、地下防空防灾设施等各类地下空间的规划原则、布局形态和设计方法，掌握地下建筑空间的防灾及景观环境设计，能应用相关理论和方法开展城市地下各类主要建筑的规划设计工作，培养学生分析与解决问题的能力，为从事专业技术工作或进行科学研究打下基础。

本书在编写过程中，顾峥女士参与了部分文字工作，方少文硕士参与了资料整理工作，周茂森高工以及胡众博士提供了大量案例资料；中国水利水电出版社周媛女士为书稿的编辑付出了辛勤劳动。在此一并表示感谢。

本书参考了大量国内外最新研究成果，包括规范、专著、期刊论文、硕博论文、规划报告等资料。此外，还引用了大量网络资料，没有一一标注。在此向相关资料的作者表示衷心感谢。由于编者学识所限，不当和错误之处在所难免，恳请读者批评指正。

编者

2017 年 10 月

CONTENTS 目录

第①章 绪 论

1.1 现代城市地下空间开发利用的意义

地下空间是在地表以下自然形成或人工开凿的空间。城市地下空间是在城市规划区以内通过开发为城市服务的地下空间。地下空间是城市发展的战略性空间，是一种新型的国土资源。

国内外的城市发展实践表明，开发利用地下空间，是引导人车立体分流、减少环境污染、改进城市生态的有效途径。近百年来，在国际城市复兴和新城建设过程中，开发利用地下空间，通过空间形态竖向优化克服"城市病"，已成为城市发展的重要布局原则和成功模式。20世纪初以来，西方国家大力发展交通和市政公用设施地下化和集约化，并将一部分公共建筑布置在地下空间，这对有效扩大空间供给、提高城市效率、减少地面占用、保护地面景观和环境，均做出了重要贡献。

城市地下空间利用是城市发展到一定阶段而产生的客观要求。同时，一个国家或城市所处的自然地理环境和地缘政治环境对其开发利用地下空间的动因、重点、规模和强度等都有一定的影响。例如，日本虽然经济发达，但国土狭小、人口众多，资源短缺，城市空间非常拥挤，因而在20世纪50—80年代，结合城市改造进行立体化的再开发，大量开发利用了城市地下空间。一些西欧和东欧国家在20世纪后半叶的冷战时期，为了防止在欧洲和两大阵营之间可能发生的大规模战争中受到袭击或波及，曾一度大规模修建地下民防工程，成为这些国家城市地下空间利用的主体。瑞典等北欧国家缺少能源，故利用优越的地质条件，大量建造各类地下储油库，建立国家石油战略储备，同时还在地下空间中储存热能、电能等多种能源。加拿大冬季漫长，气候寒冷，冰雪给城市生活造成很大不便，因此各大城市在修建地下铁道的同时，大量建造地下步行道，进而形成大面积的地下商业街。

目前，我国城市地下空间开发利用的意义主要表现在以下几个方面。

1. 节约城市土地资源

我国虽然幅员辽阔，但平原和可耕地较少，能够为城市发展提供的土地更为有限。改革开放以来，我国的经济社会得到快速发展，城市化进程更是取得前所未有的成绩。但我国城市发展沿用"摊煎饼"式的粗放经营模式，城市范围无限制地外延发展。

随着城镇化率的提高，大量人口从农村涌入城市，导致城市所需的土地越来越多。同时，我国人口众多，截至2015年年底，我国大陆地区人口已经超过13亿。为确保国家粮

1

食安全，国家需要严格保护耕地面积。因此，城市建设用地的供需矛盾显得尖锐起来，传统的"摊饼式"的城市横向发展空间受到了极大的限制。这就决定了城市空间的拓展需要向地下延伸，开发利用城市地下空间已经成为城市发展的趋势。

2. 改善城市交通体系

城市交通是城市功能中最活跃的因素，是城市和谐发展的最关键问题。由于我国城市化进程加快，城市人、车激增，而基础设施相对滞后，交通堵塞问题在许多城市非常突出。例如，北京市自20世纪90年代中叶以来，机动车拥有量年均增长率超过10％，截至2015年年底，北京机动车保有量达560余万辆。在高德地图发布的《2015年度中国主要城市交通分析报告》中，北京在中国内地主要拥堵城市中排名第一（图1.1），高峰时平均车速22.81km/h，全天平均车速27.98km/h。此外，在高德交通大数据监测的45个城市中，对比近两年各城市高峰期拥堵变化规律和发展趋势发现，2015年有44个不同规模的城市和地区，拥堵都在进一步恶化（表1.1）。

图1.1 北京道路拥堵情况

表1.1 2015年中国主要城市拥堵榜单

拥堵排名	城市	高峰拥堵延时指数[①]	全天拥堵延时指数	高峰平均车速/（km/h）	全天平均车速/（km/h）	自由流速度/（km/h）
1	北京	2.056	1.678	22.81	27.98	46.89
2	济南	2.039	1.689	21.23	25.63	43.29
3	哈尔滨	1.989	1.709	22.91	26.67	45.58
4	杭州	1.984	1.717	21.19	24.56	42.05
5	大连	1.907	1.593	21.61	25.92	41.21
6	广州	1.885	1.678	23.49	26.30	44.29
7	上海	1.867	1.568	24.69	29.40	46.10
8	深圳	1.863	1.591	25.44	29.73	47.40
9	青岛	1.851	1.573	24.80	29.18	45.90
10	重庆	1.845	1.567	24.89	29.30	45.92

① 拥堵延时指数即交通拥堵通过的旅行时间/自由流通过的旅行时间。

发达国家的经验表明，只有发展高效率的地下交通，形成四通八达的地下交通网，才能有效解决城市拥堵问题。例如，加拿大蒙特利尔地下交通网由东西两条地铁轴线、南北两条地铁轴线及环形地铁线和伸向城区中心地下的两条郊区火车道组成。城区中心的60多个高层商业、办公及居住建筑综合大厦通过150个地下出入口及相应的地下通道与这个地下交通网络的站台相连接。中心区以外的人流上班、进行公务以及商业活动时，通过郊区火车或自备汽车到达中心区边缘的地铁车站，自备汽车可以停放在附近的地下停车场，然后乘地铁到达目的地车站，有效减少了城区中心区的机动车数量，改善了交通环境。

3. 保护城市生态环境

我国城市的不均衡发展导致城市大气污染严重，绿地面积大量减少，水资源缺乏，噪声污染严重超标。这些恶劣的生存环境对人们的身心健康造成严重伤害，而开发利用城市地下空间，将部分城市功能转入地下，可以有效减少大气、噪声、水等污染，同时节约大量用地。这既可以减轻地面拥挤的程度，又为城市绿化提供大量用地，而绿化面积增加又有利于空气质量的改善，以及城市地下水资源的补充。

4. 提高城市防灾能力

城市作为一定区域的经济中心和人口聚集区，一旦遭到自然灾害或人为毁坏，往往造成巨大损失。目前世界仍处于复杂动荡的局势中，战争的根源并没有消除。地下空间上覆的岩土介质具有天然的防护能力，一旦发生战争灾害，城市地下防护空间成为保障的主体空间。此外，地下空间在一些自然灾害防护方面（如地震、暴风等）比地面空间具有优势；也可以利用地下空间进行调蓄雨水等，防止城市内涝灾害的发生。因此，城市在面临战争及多种自然和人为灾害时，地下空间可以为城市的综合防灾提供大量有效的安全空间。

1.2 城市地下空间开发利用的发展概况

1.2.1 地下空间开发利用的发展历史

人类对地下空间的利用，经历了一个从自发到自觉的漫长过程。推动这一过程的，一是人类自身的发展，如人口的繁衍和智能的提高；二是社会生产力的发展和科学技术的进步。

根据考古发现和史籍记载，在远古时期，人类就开始使用天然洞穴作为居住场所。例如，在我国周口店龙骨山上，发现有被称为"新洞人"和"山顶洞人"两种古人类的生活遗址，都是在天然洞中，距今10000多年。在新石器时代，天然洞穴已经不能满足需要，大量人工洞穴出现。我国已经发现新石器时代遗址7000余处。据史籍记载和各方面的考证资料，人工洞穴最早始于旧石器时代晚期至新石器时代早期，距今约7000～8000年。

窑洞是中国西北黄土高原上居民的古老居住形式。在我国河南、山西、陕西、甘肃等省的黄土地区，由于其特殊的地形、地质条件，窑洞长期作为居住场所（图1.2）。随着社会发展，窑洞不但继续发挥着居住作用，而且在旅游、文化、娱乐、商贸等方面依然显示出它独有的作用。

图1.2　陕西米脂窑洞古城

人类到地面上居住以后，除个别地区仍沿袭了穴居的传统外，开始把开发地下空间用于满足居住以外的多种需求，如采矿、储存物资、水的输送、埋葬等。公元前3000年以后，进入铜器和铁器时代，劳动工具的进步和生产关系的改变，使得奴隶社会中的生产力有很大的发展，导致了在其鼎盛时期形成空前的古埃及、古希腊、古罗马以及古代中国的高度文明。这时地下空间的利用也摆脱了单纯的居住需要，而进入更广泛的领域，同时大量的奴隶劳动力使建造大型工程成为可能。这种发展势头一直持续到封建社会初期，在这几千年中遗留至今的或有历史可考的大型地下工程很多。例如，公元前2770年前后建造的埃及金字塔，实际上是用巨大石块堆积成的墓葬用地下空间；公元前22世纪巴比伦地区的幼发拉底河隧道；公元前5世纪波斯的地下水路；公元前312年至公元前226年期间修建的罗马地下输水道；公元前370年左右东罗马帝国的地下储水池等。

在中国封建社会这一漫长的历史时期中，地下空间的开发多用于建造陵墓和满足宗教建筑的一些特殊要求。用于屯兵和储粮的地下空间近年也陆续发现。

地下陵墓在我国考古发现中数量最多规模最大。在迄今为止的我国考古发现中，数量最多和规模最大的是战国、秦汉时期直到明清各朝代的帝王陵墓和墓葬群。佛教在东汉时期从印度传入中国，大约在4世纪中叶至10世纪中叶，发展最盛，兴建了大量佛教建筑，地下空间的利用为展示和保存这些宗教艺术珍品提供了有利条件。在陡峭岩壁上凿出石窟寺，如山西大同的云冈石窟、河南洛阳的龙门石窟、甘肃敦煌的莫高窟、甘肃麦积山石窟、河北邯郸的响堂山石窟等。

利用地下空间作为仓库，在我国由来已久。我国早在五、六千年前原始社会的仰韶文化时期，人们就采用了地下挖窖储粮。到了隋朝时期，隋政府建造了不少大型的地下粮食仓窖，著名的有河南洛阳的回洛仓（图1.3）、兴洛仓、含嘉仓，以及河南浚县的黎阳仓等。考古发现，回洛仓东西长1140m，南北宽355m，面积相当于50个国际标准足球场，整个仓城内有东西成行、南北成列的仓窖700座左右。

从5世纪到15世纪，欧洲进入封建社会的最黑暗时期，即所谓的中世纪。这个时期是欧洲文明的低潮期，地下空间的开发利用发展缓慢，但由于对铜、铁等金属的需求，地下采矿得到快速发展，很多采空区也随之被用来修建地下设施。例如，12世纪法国巴黎

图 1.3 洛阳隋朝回洛仓的一处仓窖遗址

在挖掘城市建设所需的石材时形成了一些采空区，当地居民即开始利用这些矿穴空间作为墓穴、教堂、水库、酒窖、下水道等。

15 世纪欧洲文艺复兴以后，人类在自然科学方面有了很大的发展，促进了社会生产力的提高，地下空间的开发利用进入了新的发展时期。17 世纪炸药的大量应用，加速了地下工程的发展。例如，1613 年建成的伦敦地下水道，1681 年修建的地中海比斯开湾的连接隧道（长 170m）。

19 世纪以后，通过地下掘进技术的革新，地下空间的利用已经成为社会基础设施建设的重要组成部分。随着蒸汽机的改进，以英国为首的欧洲铁路建设蓬勃发展，刺激了大量隧道的建设需求。1830 年，英国利物浦建成最早的铁路隧道；1843 年，伦敦建造了越河隧道；1863 年，英国建成第一条地铁；1865 年，伦敦又修建了一条邮政专用的轻型地铁；1871 年，穿过阿尔卑斯山，连接法国和意大利的长 12.8km 的公路隧道开通。

迅速的城市化导致城市人口大量增加，城市原有基础设施无法适应城市化水平的快速提高，为了解决城市居住及卫生条件恶化的问题，欧洲各国建设了大量地下排水系统。例如伦敦在 1859—1865 年建设的污水排泄系统的长度达 720km，一直沿用至今（图 1.4）。此外，综合管廊工程（法国 1833 年、英国 1861 年、德国 1890 年）也开始兴建。

图 1.4 建于 19 世纪的伦敦下水道

进入 20 世纪，一些大城市陆续兴建地下铁道，城市地下空间开始为改善城市交通服务。交通的发展促进了商业的繁荣，日本从 1930 年开始建设地下商业街（图 1.5）。第二次世界大战以后至今，随着经济和技术的高速发展，城市地下空间利用得到空前发展，在城市重建、缓解城市矛盾和城市现代化过程中起到了重要作用。各种民生工程如地铁、道路、发电、能源、防灾、环保、各种仓储、运动、娱乐设施，以及军事基地、避难用防空洞等地下设施陆续兴建。在一些欧美发达国家，地下空间的开发总量都在数千万到数亿立方米。

图 1.5　日本八重洲地下街

进入 21 世纪，城市地下空间在保护生态环境、扩大城市容量和缓解各种城市矛盾方面所发挥的作用愈发凸显，世界范围内城市地下空间的学术研究和交流也日趋活跃。总部设在加拿大蒙特利尔的国际地下空间组织（ACUUS）至今已举办了 15 届国际地下空间学术会议（表 1.2）。地下空间逐渐融入现代城市空间设计之中，成为城市发展的重要组成部分。

表 1.2　　　　　　　　　　国际地下空间联合研究中心年会时间及主题

届	召开时间/年	召开地点	主　题
1	1983	悉尼，澳大利亚	具有地球庇护功能的节能建筑
2	1986	明尼阿波里斯市，美国	地下建筑设计的优势
3	1988	上海，中国	地下空间利用的新发展
4	1991	东京，日本	城市地下空间利用
5	1992	代尔伏特，荷兰	地下空间及地下建筑结构
6	1995	巴黎，法国	地下空间与城市规划
7	1997	蒙特利尔，加拿大	地下空间：明日的室内城市
8	1999	西安，中国	新世纪之初地下空间的远景及议程
9	2002	托里诺，意大利	城市地下空间：一种城市发展的资源

届	召开时间/年	召开地点	主 题
10	2005	莫斯科，俄罗斯	地下空间：经济与环境
11	2007	雅典，希腊	地下空间：扩展领域
12	2009	深圳，中国	地下空间让城市更美好
13	2012	新加坡，新加坡	地下空间的发展——机遇和挑战
14	2014	首尔，韩国	地下空间：规划、管理及设计的挑战
15	2016	圣彼得堡，俄罗斯	地下的城市化作为城市稳步发展的必要条件

1.2.2 国外城市地下空间开发利用的现状

国外城市地下空间的开发利用，一般以 1863 年英国伦敦建成第一条地下铁道为起点，至今已经发展了 150 余年。从大型建筑物向地下的自然延伸发展到复杂的地下综合体（地下街）再到地下城（与地下快速轨道交通系统相结合的地下街系统），城市地下空间在旧城的改造再开发中发挥了重要作用。同时地下市政设施也从地下供水、排水管网发展到地下大型供水系统，地下大型能源供应系统，地下大型排水及污水处理系统，地下生活垃圾的清除、处理和回收系统，以及地下综合管线廊道等。

随着旧城改造及历史文化建筑的扩建，在北美、西欧及日本出现了相当数量的大型地下公共建筑，有公共图书馆和大学图书馆、会议中心，展览中心以及体育馆、音乐厅、大型实验室等地下文化体育教育设施。地下建筑的内部空间环境质量、防灾措施以及运营管理都达到了较高的水平。地下空间的利用规划从专项规划入手，逐步形成系统的规划，其中以地铁规划和市政基础设施规划最为突出。

一些地下空间利用较早和较为充分的国家，如欧美国家和日本、新加坡等，正从城市中某个区域的综合规划走向整个城市和某些系统的综合规划。各个国家的地下空间开发利用在其发展过程中形成了各自独特的特点。

1. 欧洲

在欧洲，瑞典是地下空间开发利用的典范。除了住宅的地下室及城市设施外，瑞典还利用坚固的岩石洞穴建设城市构筑物，包括地下商城、地下街道、地铁隧道、综合管廊、停车场、空调设施及地下的污水处理场、地下工厂、地下核电站、石油储罐、垃圾输送系统、食品仓库及地下避难所等；此外还修建了一些跨度较大的地下音乐厅、体育馆、游泳池、冰球馆等，对开展群众性文娱、体育活动十分方便；同时还准备了在战时可改作公共的人员掩蔽所。目前瑞典的大型地下排水系统、大型地下污水处理厂、地下垃圾回收系统等在数量和利用率方面均处于国际领先地位。瑞典在城市规划方面提出了"双层城市"的地下空间规划理论。具体做法是在开发地下空间时注重地下空间规划，采用一次性投资并把人防建设与开发地下空间、发展第三产业和扩大再就业渠道结合起来，积极设法利用已建的人防工程为平时的经济建设服务。地下开发空间利用与人防工程建设相结合，实现平战结合是其突出特点。

荷兰在地下物流系统方面比较发达，并注重地下空间信息化的发展，有完整、详细的城市地下空间发展战略。1998 年，荷兰在住房、空间规划和环境部的国家自然规划服务处的倡议下，地下建设中心和 Delft 科技大学实施了"荷兰利用地下空间的战略研究"，其中涉及开发利用管理机制、运营模式、规划设计施工，以及工程灾害防治等方面的内容。

芬兰重视开发地下空间，基本上实现了市政建设地下化，地下文化体育娱乐设施建设项目多、规模大。赫尔辛基市拥有大型地下供水系统，隧道长 120km，过滤等处理设施全在地下，市区购物中心的地下游泳馆面积达 10210m²。

法国也是城市地下空间开发比较早的国家。在巴黎新城建设及中心区更新开发过程中都建设了不同规模的地下综合体。例如，巴黎的列·阿莱地区是旧城再开发充分利用地下空间的典范，将一个交通拥挤的食品交易和批发中心改造成了一个多功能以绿地为主的公共活动广场，同时将商业、文娱、交通、体育等多种功能安排在广场的地下空间中，形成一个大型地下综合体。该综合体共 4 层，总面积超过 20 万 m²。此外，法国的地下空间开发注重地下步行道系统和地下轨道交通系统、地下高速道路系统，以及地下综合体和地下交通换乘枢纽的结合，各种不同地下设施分置于不同层次，既综合利用又减少互相干扰。法国有很多城市是历史名城，需要解决地下空间开发和历史文化遗产保护之间的矛盾。巴黎的地下空间利用为保护历史文化景观做出了突出的贡献。例如巴黎市中心的卢浮宫扩建中，在保留原有的古典建筑风貌的前提下，设计者利用宫殿建筑周围的拿破仑广场下的地下空间容纳了全部扩建内容，为了解决采光和出入口布置，在广场正中间和两侧设置了三个大小不等的锥形玻璃天窗，成功地对古典建筑进行了现代化改造。

俄罗斯也是地下空间开发利用的先进国家，其特点是地铁系统相当发达。其中，莫斯科地铁以其建筑和运营上的高质量而闻名于世，号称最豪华的地铁，素有"欧洲地下宫殿"之称。市区 9 条线路纵横交错，103 个车站每站的建筑风格都有特点，到处点缀圆雕、浮雕，形态各异；并且莫斯科还是世界上客运量最高的城市。此外，俄罗斯的地下综合管廊也相当发达，其中莫斯科地下有 130km 的综合管廊，除煤气管道外，其他各种管线都有。

2. 北美

美国虽然国土辽阔，但城市高度集中，政府重视立体化利用城市空间，对城市综合治理，大量开发地下空间。

美国重视发展地下交通体系。美国地铁规模处于世界前列，其中纽约地铁规模最大，纵横交错，四通八达，最大埋深约 40m，位于地下 4 个不同深度平面内，有 30 条线路，形成了完善的地铁网络。美国还广泛建设地下公路交通。在纽约、芝加哥、波士顿等城市，都建设有地下公路隧道。波士顿中央大道改造工程是城市道路进入地下的经典案例，拆除地上拥挤的高架桥，代之以绿地和可适度开发的城市用地，在现有的中央大道下面修建地下快速路，工程完成后，城市重新注入了活力。此外，发达的地下步行系统很好地解决了人、车分流的问题，并将包括高层建筑地下室在内的各种地下设施连成一片，形成大面积的地下综合体。如典型的洛克菲勒中心地下步行道系统，在 10 个街区范围内，将主要的大型公共建筑通过地下通道连接起来；休斯敦市地下步行道系统也有相当规模，全长 4.5km，连接了 350 座大型建筑物。美国地下建筑单体设计在学校、图书馆、办公楼、实验中心、工业建筑中也有显著成效，一方面较好地利用地下特性满足了功能要求，同时又合理解决了新老建筑结合的问题，并为地面创造了开敞空间。此外，美国大多数的公用管道在地下延伸，还构筑有大量的城市输水和排水隧洞。在地下防护工程、地下空间平战结合开发等许多方面美国走在世界前列。

加拿大的主要城市蒙特利尔、多伦多是大规模开发利用地下空间成功的2个城市。地下空间能够有效抵御恶劣天气，方便居民使用公共交通，对城市中心商业和旅游活动具有吸引力。蒙特利尔地下城是目前世界范围内开发体量最大的城市地下空间。地下城大约有12km²的建设区域，地处两个重要的地理景观中间，北抵皇家山脉，南达圣劳伦斯河。除了发达的商业外，也是城市居民重要的社会文化活动场所。蒙特利尔地下城的全面发展是几轮城市空间结构变化的产物，始于20世纪60年代，经过70年代的扩张、80年代的巩固和90年代的大型项目建设，形成了目前拥有面积达360万m²、2条地铁线、10个车站的地下空间。总长度为32km的地下步行系统，将地下高速公路、中央火车站、大型停车场、室内公共广场、大型商业中心及办公楼等连接成地下网络系统，形成当之无愧的"地下城市"。多伦多地下步行道系统在70年代已有4个街区宽，9个街区长，在地下连接了20座停车库、很多旅馆、电影院、购物中心和1000家左右各类商店，此外，还连接着市政厅、联邦火车站、证券交易所、5个地铁车站和30座高层建筑的地下室。这个系统中布置了几处花园和喷泉，共有100多个地面出入口。

3. 日本

日本现在的地下空间是立体发展的，其地下商业街十分发达。在26个城市中建造的地下街就有146处；此外，日本的地下共同沟兴建总长度逾500km，位居世界前列。日本充分利用地下空间，解决一系列的城市问题，得益于日本政府高度重视地下空间，实施从专项规划入手，逐步形成系统的规划。日本的建设省为了抑制地下空间开发中的无秩序性，推行有计划、有次序地开发，指导制定了《地下空间指南》。该指南针对县政府所在地及人口在30万以上的城市，又外加地下基础设施规划和地下空间规划，使得日本这样面积狭小的国家获得了很大的发展空间。日本目前针对地下空间资源开发管理的法规很多，涉及地下空间权益的有《大深度法》，涉及地下空间建设的有《都市计通法》《建筑基准法》《驻车场法》《道路法》《消防法》《下水道法》等。其《大深度法》中规定：私有土地地面下50m以外和公共土地的地下空间使用权归国家所有，政府在利用上述空间时无需向土地所有者进行补偿。日本地下空间开发的模式主要有：政府主导型，如地铁和大型地下共同沟、公共交通换乘站都由政府修建；股份合作型，如在公共地带下面修建地下项目，政府可用土地权入股，企业出资，合作开发；企业独资型，一般是修建地下商业街、停车场采用这种形式较多。

4. 新加坡

新加坡地少人多，人口近540万（截至2013年），但国土面积却只有697km²，土地资源严重不足。为此，新加坡政府对其城市地下空间的开发给予了高度重视。新加坡城市地下空间开发突破了传统城市地下空间仅仅作为地面建筑配套的服务功能，而是从有效提升城市空间容量的角度出发，对区域地下空间进行整体考虑、系统组织、有机联系。新加坡城市地下空间开发布局与城市规划紧密结合，高密度、高强度、多功能复合开发城市核心区域。新加坡地下空间的发展经历了不同的阶段：第一阶段主要着重军事设施、基础设施的地下化发展；第二阶段是以交通系统地下化为中心，在交通节点上进行地下综合体的建设，将休闲购物、体育设施、停车空间等转移到地下空间；第三阶段也就是现阶段，除了继续发展第二阶段的成果外，地下空间用途将会在下面几方面展开：发电厂、焚化厂、水供应回收厂、垃圾埋置场、蓄水池、货仓、港口和机场后勤设施、数据中心等。近几年，新加坡为了应对可能遭遇的石油危机，正在兴建巨型地下石油储存库。为了创造空间容纳新增人口，新加坡考虑在地下打造更为广阔的地下公共空间，例如计划在西部的肯特岗科学园区地底打造相当于 30 层楼的科学城，将购物中心、运输枢纽、人行道、自行车道移往地下。

总结国外城市对地下空间的开发与利用，发现这些城市在地下空间开发利用已经从雏形到发展再到相对成熟的阶段。主要体现在以下几个方面：

（1）在空间形态方面，经历了从点到线再到面的过程。利用建筑物地下基础部分自然延伸发展到复杂的相互连接贯通的地下综合体、地下街再到地下城，并以地下快速轨道交通系统为骨架，最终形成网络化发展。在国际上，从 20 世纪 50 年代后期起，人们逐渐认识到城市地下空间在扩大城市空间容量和提高城市环境质量上的优势和潜力，形成了地面空间、上部空间、地下空间协调发展的城市空间构成的新理念，即城市空间的三维式拓展，在扩大空间容量的同时改善城市环境。

（2）在城市功能方面，地下空间的作用也在不断丰富。从原来单纯而分散的地下市政设施发展到现今的地下综合管线廊道、地下大型能源供应系统、地下大型雨水收集和污水处理系统以及地下垃圾真空回收处理系统。城市市政设施表现出地下化、系统化、集约化的趋势。

（3）在人文历史建筑物保护方面，国外在对城市历史街区及老城区的改造中，积极运用地下空间去解决城市因历史及建设等因素而引起的矛盾，协调城市禁止建设及限制建设的关系，保护城市文脉的传承及风格的延续。

（4）在开发策略方面，逐步建立并完善地下空间规划体系，并协调与城市其他规划的关系，解决地下空间规划的各种问题。

1.2.3 我国城市地下空间开发利用的现状

1.2.3.1 我国城市地下空间开发利用的发展历程

我国现代城市地下空间开发利用是于 20 世纪 60 年代末特殊的国内外形势下起步的，主要是以人民防空工程建设为主体，这种状况一直持续到 80 年代中期。随后经过 30 多年的城市化进程，我国地下空间的开发利用也快速发展。纵观我国城市地下空间开发利用过程，可以分为以下几个阶段。

1. 初步利用阶段（1985 年以前）

20 世纪 50—60 年代，中国面临着严重的外部威胁，战备成为当时地下空间利用的主要目标，从而在国内掀起"深挖洞、广积粮、备战备荒为人民"的群众防御运动。当时建设了大量的以防空、备战为目的的地下设施。1978年第三次全国人防工作会议召开，提出了"平战结合"的人防工程建设方针。对既有人防工程进行改造，在和平时期可以有效利用；新建工程必须按"平战结合"的要求进行规划、设计与建设。这一时期人防工程的"平战结合"就成为我国城市地下空间资源开发利用的工作主体。

2. 适度发展阶段（1986—1997年）

20世纪80年代中期以后，随着城市化进程的加速，城市用地矛盾日益尖锐，一些大城市开始对一些用地矛盾集中的地区实行综合开发和改造，其中包括地下空间的开发与利用。

1986年之后，我国城市轨道交通建设工作逐步开展，其中以北京复八线（1992年）、上海轨道交通1号线（1990年）、广州地铁1号线（1993年）的建设为标志，真正开始了以缓解城市交通为目的的城市轨道交通建设历程。伴随着地铁建设，地下空间利用越来越受到重视，并且出现了地下商业、地下停车、综合管廊等多种开发形式。在这一进程中，我国城市地下空间利用不论在数量上还是在质量上，都有了相当规模的发展和提高。

3. 有序建设阶段（1998—2011年）

20世纪90年代开始，我国城市地下空间利用在国际、国内城市建设与发展的形势下，开始向可持续发展战略转变，地下空间利用已经成为城市建设和改造的有机组成部分。为了适应市场需求，原建设部于1997年颁布了《城市地下空间开发利用管理规定》，并于2001年修订。对城市地下空间的规划、建设和管理做了规定，使中国地下空间开发利用有了明确的方向，并明确规定将城市地下空间规划作为城市总体规划的一部分，确定了城市地下空间开发利用规划的主要内容。2006年实施的《城市规划编制办法》、2008年实施的《城乡规划法》也从不同方面对地下空间的开发利用做出了规定。与此同时，许多城市也开始编制城市地下空间规划或专项规划。城市地下空间的开发利用朝着法制化、规范化、程序化的方向发展。

1998年以后，城市地下空间的开发利用逐步转入地铁建设的时代。城市交通隧道与地下停车场的建设也得到快速发展，如上海黄浦江过江隧道、杭州市钱塘江越江通道等。结合地下交通设施的建设，一些其他类型的地下设施也得到发展，例如：结合地铁建设商业、娱乐、地铁换乘等多功能的地下综合体，结合地下过街通道发展商业设施。此外，地下管廊的建设也越来越多。

4. 综合开发阶段（2012年至今）

近年来，中国城市地下空间的开发数量快速增长，水平不断提高，体系越来越完善，已经成为世界城市地下空间开发利用的大国，地下空间规模和开发量与世界地下空间发达国家的差距逐步缩小。随着经济实力的增长，我国城市开始进入规模化开发利用地下空间的新阶段。

2011年以来，我国国务院颁布了推进地下空间建设的一系列政策，包括《城市地下空间开发利用替理规定》（2011年修正本）、《国务院关于加强城市基础设施建设的意见》（2013年）、《国务院办公厅关于加强城市地下管线建设管理的指导意见》（2014年）、《国务院办公厅关于推进城市地下综合管沟建设的指导意见》（2015年）等。各地方政府也陆续发布了关于地下空间的规划、开发等方面的信息。地下空间已被各地纳入城市整体规划，综合开发的城市越来越多。

2012 年以来，我国土地资源的集约、立体、综合利用呈现出飞速发展的态势。随着市场需求的扩大，地铁、地下停车场、地下道路、地下商业街、地下综合体、地下娱乐场所和地下排水工程、地下综合管廊等多种设施的开发量不断增加。2014 年全国加强城市基础设施建设全面开展，伴随着城市中心区的开发、旧城改造以及地铁、管廊等大型基础设施的建设，地下空间开发进入了一个加速期，地下空间开发建设成为城市建设的重要领域。

1.2.3.2 我国城市地下空间开发利用的主要进展

当前，随着地下空间开发热潮的兴起和迅速发展，我国已经成为城市地下空间开发利用大国，在开发规模和建设速度上居世界前列。

1. 城市地下交通设施

目前，我国地铁建设运营里程已经遥遥领先世界各国（表 1.3）。截至 2017 年上半年，我国内地已有 31 个城市开通运营地铁，其中北京和上海的地铁运营总里程均超过 500km，广州、深圳、南京、重庆等均超过 200km，位居世界前列，有效缓解了交通拥挤（表 1.4）。

表 1.3　　　　　　　　各国地铁运营总里程排名（截至 2016 年）

排名	国家	总长度/km	站台数/个	首条地铁启用年度
1	中国	4221	2846	1969
2	澳大利亚	2425	525	1854
3	韩国	1279	822	1933
4	美国	1228	972	1870
5	日本	642	803	1919
6	西班牙	533	642	1919
7	英国	496	477	1863
8	俄罗斯	446	281	1935
9	德国	446	484	1902
10	法国	345	477	1900

表 1.4　　　　　　　　城市地铁长度排名（截至 2016 年）

排名	国家或地区	地铁运营城市	长度/km
1	中国	上海	617
2	中国	北京	574
3	英国	伦敦	402
4	美国	纽约	369
5	日本	东京	326
6	韩国	首尔	314
7	俄罗斯	莫斯科	313
8	中国	广州	309
9	西班牙	马德里	294

排名	国家或地区	地铁运营城市	长度/km
10	中国	深圳	285
11	中国	香港	264
12	中国	南京	258
13	法国	巴黎	215
14	中国	重庆	213
15	墨西哥	墨西哥城	201

此外，我国很多城市地下快速路和跨江、河、湖、海隧道的建设也举世瞩目。例如，上海、南京、武汉等城市的江底隧道，青岛胶州湾（图 1.6）、厦门翔安的海底隧道，南京玄武湖、武汉东湖等的湖底隧道等。这些地下道路的建设消除了城市交通的空间屏障，并保护了地面环境。

图 1.6　青岛胶州湾海底隧道内景

除地下停车全面普及外，地下步行及过街系统、地下交通枢纽建设也受到关注。例如，深圳福田火车站 2015 年年底通车运营，作为目前世界上最大的地下火车站，解决了高速铁路穿城线路和设站问题，化解了铁路对城市交通阻断和环境影响大的传统疾瘤（图 1.7）。交通地下化有效拓展了城市交通资源，同时节约了地面用地，改善了地面景观环境。

图 1.7　深圳福田地下高铁车站分层效果图

2. 城市地下公共服务设施

一些城市结合地铁建设和旧城改造、新区开发进行地下空间开发，建设了大量融交通、商业、文化、娱乐、市政于一体的地下综合体，单体规模在数十万至数百万平方米之间。例如北京中关村西区、上海世博轴、广州珠江新城、杭州钱江新城、深圳福田中心区、武汉王家墩中央商务区等。图1.8所示为广州珠江新城下沉广场和地下商业街。大型地下综合体有效提高了城市中心的土地利用和市政运行效率，改善了步行条件，提高了环境的人性化水平，同时也扩大了绿地面积，塑造了城市新形象。

（a）下沉广场

（b）地下商业街

图1.8　广州珠江新城地下空间

此外，地下文化、娱乐、体育等公共服务设施在国内也大量兴建，如地下展览馆、地下博物馆、地下水族馆、地下篮球馆等。图1.9所示为南京博物院地下展馆。

3. 城市地下市政设施

近年来，国内许多城市都在积极创造条件规划建设综合管廊，特别是在规划和建设中的新区，几乎全部规划建设了综合管廊。上海、广州、济南、沈阳、佳木斯、南京、厦门、大同、无锡等城市都已建成一定规模的地下综合管廊，技术已较为成熟、规模正逐渐扩大。2016年，作为国家重点推进的民生工程，综合管廊在中国各城市大面积展开。截至2016年年底，中国147个城市28个县已累计开工建设城市综合管廊2005km。通过建设地下管廊实现城市基础设施现代化，达到地下空间的合理开发利用已成为共识。

图1.9 南京博物院地下展馆

此外，大量市政场站也逐步实现地下化，如地下变电站、地下垃圾转运站、地下污水泵站、地下燃气调压站等设施。图1.10所示为2010年投入使用的上海静安世博地下变电站。

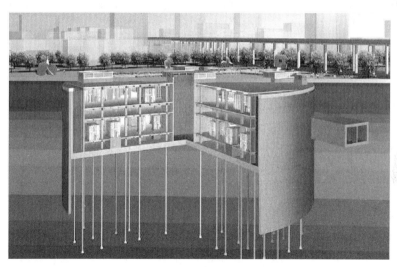

图1.10 上海静安世博地下变电站

4. 城市地下空间规划和管理

我国在地下空间开发利用方面的法律法规不断完善。自1997年建设部颁布了《城市地下空间开发利用管理规定》以来，我国开始了地下空间法制建设体系的探索。全国各地方城市也先后制定了本地城市地下空间规划与建设的法律法规。2013年以来城市地下空间法治体系建设进入全面发展阶段。图1.11所示为全国各省市颁布的涉及城市地下空间开发利用的法律法规、政府规章、规范性政策性文件情况。2016年住房和城乡建设部发布了《城市地下空间开发利用"十三五"规划》，以促进城市地下空间科学合理开发利用为总体目标，明确了"十三五"时期的主要任务和保障规划实施的措施，力争到2020年，初步建立较为完善的城市地下空间规划建设管理体系。

城市地下空间的各级规划也逐渐被城市管理者所重视。北京、上海、广州、深圳等近

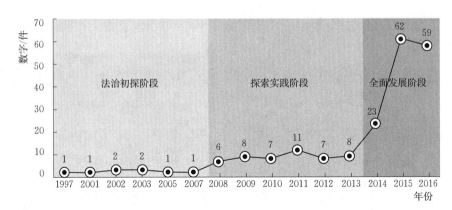

图 1.11　中国城市地下空间法制建设发展阶段及历年相关政策法规统计

百个城市已编制完成地下空间总体规划或概念规划，提出了地下空间开发的指导思想、重点地区和开发规模、布局、功能、时序要求。此外，结合旧城改造和新城建设，相关城市编制了重点区域的详细性规划，明确了开发功能、强度、规模、布局以及开发策略和投资模式，如北京中关村西区、朝阳 CBD、通州新城，上海世博园、杭州钱江新城核心区、广州珠江新城核心区等。

1.3　城市地下空间开发利用的功能分类

城市地下空间的开发利用为人类开拓了新的生空间，并满足某些地面上无法实现的对空间的需要。地下空间作为城市空间的一个整体部分，可以容纳和吸收相当一部分城市功能和城市活动，如交通、商业、文化娱乐、生产、储存、防灾等。

城市地下空间的开发利用是由于城市问题的不断出现，人们为解决这些问题而寻求的出路之一，因此，城市地下空间功能的演化与城市发展过程密切相关。在工业社会以前，由于城市规模比较小，城市地下空间开发利用很少，而且功能比较单一。进入工业化社会之后，城市规模越来越大，城市的各种矛盾越来越突出，城市地下空间受到重视，地下空间的功能也从单一功能向多种功能转化。随着城市发展和人们对生态环境要求的提高，世界上许多国家出现了集交通、市政、商业等一体的综合地下空间开发。

目前，国内外城市地下空间开发的主要功能类型见表 1.5。

表 1.5　　　　　　　　　　　城市地下空间开发利用主要功能类型

城市功能	设施系统分类	主　要　内　容
交通功能	地下轨道交通	城市轨道交通的线路、车站及相关配套设施
	地下道路交通	地下车行通道及配套设施
	地下步行交通	地下人行通道
	地下停车设施	独立的地下公共停车库、各类用地配建的地下停车库
	地下公交场站	地下综合交通枢纽、地下公交枢纽、地下公交场站、地下出租车停靠场站等

续表

城市功能	设施系统分类	主 要 内 容
公共服务功能	地下商业服务设施	地下商业、娱乐、商务等场所
	地下社会服务设施	地下行政办公、文化、教育科研、体育、医疗卫生、宗教场所等场所
市政功能	地下市政管线	地下给水管线、排水管线、污水管线、燃气管线、热力管线、电信管线、电力管线等
	地下综合管廊	干线综合管廊、支线综合管廊、缆线综合管廊等
	地下市政场站	地下变电站、给排水收集处理、燃气供给、环卫、地下供（换）热制冷等设施
防灾减灾功能	地下人防工程	地下人员掩蔽工程、防空专业队工程、医疗救护工程、通信指挥工程等
	地下安全设施	地下消防、防洪（涝）、防震等设施
仓储物流功能	地下仓储设施	地下普通仓库、食品储库、粮食及食油储库、危险品储库、储能库（石油、燃气）、地下核废料库等设施
	地下物流设施	地下运输管道、物流运输隧道等设施
工业生产功能	地下厂房	地下工业产品车间、食品生产车间等
居住功能	地下居住设施	地下旅馆、住宅的地下室等

1.4 城市地下空间开发利用的发展趋势

（1）综合化与多样化。地下空间开发的方式正朝着功能综合化和多样化的方向发展。综合化的表现首先是地下综合体的出现。欧洲、北美和日本等一些大城市，在新城区的建设和旧城区的再开发过程中，都建设了不同规模的地下综合体，成为具有大城市现代化象征的建筑类型之一；其次，综合化表现在地下步行道系统和地下快速轨道系统、地下高速道路系统的结合，以及地下交通、地下公共服务、地下综合防灾等多功能系统的结合或相互联系；第三，综合化表现在地上、地下空间功能上相互结合，有机协调发展。

在大规模开发现有的地下交通、地下商业之外，地下物流系统、地下能源储藏系统、地下综合防灾系统等多样化开发利用也是未来发展趋势。

（2）深层化与分层化。随着深层开挖技术和装备的逐步完善，同时地下空间利用先进的城市基本完成地下浅层部分开发，以及为了综合利用地下空间资源，地下空间开发逐步向深层发展。深层地下空间资源的开发利用已成为未来城市现代化建设的主要课题。

在地下空间深层化的同时，各空间层面分化趋势越来越强。这种分层面的地下空间，以人及为其服务的功能区为中心，人、车分流，市政管线、污水和垃圾的处理分置于不同的层次，各种地下交通也分层设置，以减少相互干扰，保证了地下空间利用的充分性和完整性。

（3）网络化和系统化。地下空间利用由原来独立的点、线、面，依托地下交通网路、地下物流网路系统，形成相互连接的地下网络空间系统，各功能子系统相互联系，地面、地上系统协调运作，构成系统化的城市空间系统。

（4）人性化和生态化。地下建筑所有界面都包围在岩石或土壤中，直接与介质接触，这使得其内部空气质量、视觉和听觉质量以及对人的生理或心理影响等方面都有一定的特殊性。在地下空间设计中通过各种技术及艺术手段处理，提升地下空间环境，注重生态景观设计，来淡化地下空间与地面空间或地下空间之间的联系和界限，为人们提供一个更为舒适便捷的室内环境，形成具有活力的人性化地下空间。

同时，地下空间开发将对原有场地或地层产生不可消除的环境影响，需要高度重视生态环境保护，注重可持续发展，最大限度地利用自然资源和防止环境污染。

（5）先进化和经济化。随着科技进步，大量先进技术将应用于地下空间的规划设计、施工建造和运营管理等各个方面。现代快速发展的信息化、数字化技术，为地下空间的开发利用提供了更加有效、科学的途径，如 BIM（building information modeling）、GIS 等信息技术。此外，先进的施工技术和工艺也发展迅速，如盾构、地下连续墙、沉井等多种施工方法的运用。地下空间开发朝着降低成本、提高质量、施工速度快、使用寿命长的方向发展，适应于城市地下空间未来的综合化、深层化、系统化等趋势。

第2章 | 城市地下空间规划概论

2.1 城市与城市规划

2.1.1 城市的定义

顾名思义,"城市"为"城"和"市"的组合。在原始社会,人类聚居时为了防御野兽和相邻部落的袭击,在居民点外围挖掘壕沟,用土、木、石材砌筑围墙,形成了"城"的雏形,在以后的社会里(尤其是封建社会),"城"的作用和构造日益完善,但其作为防御性构筑物的本质一直未变。生产力的发展带来了剩余产品,也出现了商品交换,随着交换量的增加,社会中逐渐出现了专门从事商品交易赢取利润的商人,交换场所也渐渐固定,成为"市","市"的产生晚于"城"。

"城市"从其产生而言,是从事商业交换活动并具有防御功能的居民集居点。城市与农村的区别,主要是产业结构,也就是居民从事的职业不同,还有居民的人口规模,居住形式的集聚密度。

随着人类社会的发展,尤其是近代工业革命(也称为"第二次产业革命")给城市的发展带来了巨大的影响。随着工业的飞速发展,人口变得更加集中起来,城市化速度大大加快,城市规模也迅速扩大。

因此,城市是一定时期政治、经济、社会及文化发展的产物,它总是随着历史的发展和特殊需要而变化。如果从城市规划的角度定义城市,城市应是一个以人为主、以空间有效利用为特征、以聚集经济效益为目的,通过城市建设而形成的集人口、经济、科学技术与文化于一体的空间地域系统。这一概念涵盖以下4个方面的含义:

(1)城市的人本性。城市是为人的福利提供、人的能力建设而存在的。

(2)城市的聚集性。城市是最节约的空间资源配置形态。

(3)城市规划的必要性。城市规划是实施科学管理的有效方式。

(4)城市的多元性。城市是区域的社会、经济、文化中心。

对于城市的规模标准,我国国务院于2014年11月20日印发了《关于调整城市规模划分标准的通知》,将城市划分为五类七档:城区常住人口50万以下的城市为小城市,其中20万以上50万以下的城市为Ⅰ型小城市,20万以下的城市为Ⅱ型小城市;城区常住人口50万以上100万以下的城市为中等城市;城区常住人口100万以上500万以下的城市为大城市,其中300万以上500万以下的城市为Ⅰ型大城市,100万以上300万以下的城市为Ⅱ型大城市；城区常住人口 500 万以上 1000 万以下的城市为特大城市；城区常住人口 1000 万以上的城市为超大城市（以上包括本数，以下不包括本数）。以上是从人口数量出发，将城市类型分为五类，并将小城市和大城市分别划分为两档，细分小城市主要为满足城市规划建设的需要，细分大城市主要是实施人口分类管理的需要。如果从城市类型的角度，还可分为港口贸易城市、旅游城市、矿业城市、以某种产业为主的城市等。

按行政区划，《中华人民共和国城市规划法》规定："城市是指国家按行政建制设立的直辖市、市、镇。"这就是说，法律意义上的城市是指直辖市、建制市和建制镇。

2.1.2　城市规划的形成和发展

与任何学科的发展运用一样，城市规划学科也经历了一个由自发到自觉、由感性认识到理性认识的过程，在历史长河中，经历了无数次的从理论到实践，又从实践到理论的发展过程，至今形成了一门涉及政治、经济、建筑、技术、艺术等几乎能包容所有内容的关于城市发展与建筑方面的学科，并仍然在发展中。

城市规划是在人们认识到如何改善生产环境，满足生活、生产和安全等方面的需求，并按已有经验对居住点进行修建、改造时产生的。

城市规划的历史可以一直追溯到 2000 多年前甚至更早。在中国，春秋战国《周礼·考工记》已经详细地记述了关于周代王城建设的制度，并对此后的中国古代都城的布局和规划起了决定性的影响。《周礼》反映了中国古代哲学思想开始进入都城建设规划，这是中国古代城市规划思想最早形式的时代。战国时期，《周礼》的城市规划思想受到各方挑战，向多种城市规划布局模式发展。建于公元 7 世纪的隋唐的长安城（图 2.1），呈现了中轴对称（以宫城为中心）、布局严整、分区明确等特点，在其实施中，体现了测量定位、

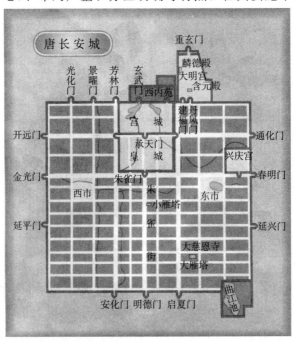

图 2.1　唐长安城平面布局

修筑城墙、埋设管道、修筑道路、划定坊里等有条不紊的步骤。元代时期，出现了中国历史上另一个全部按城市规划修建的都城——大都。城市布局更强调中轴线对称，在很多方面体现了《周礼·考工记》上记载的王城的空间布局制度。同时，城市规划又结合了当时经济、政治和文化发展的要求，并反映了元大都选址的地形地貌特点。

中国古代的城市规划除了受儒家社会等级和社会秩序而产生的严谨、中心轴线对称布局外，还反映了"天人合一"思想理念，体现了人与自然和谐共存的观念。大量的城市规划布局中，还充分考虑地质、地理、地貌等特点。总体而言，中国古代城市规划强调整体观念和长远发展，强调人工环境与自然环境的和谐，强调严格有序的城市等级制度。

在西方，公元前 500 年的古希腊城邦时期已出现了希波丹姆规划模式。这种城市布局模式以方格网的道路系统为骨架，以城市广场为中心。公元前 1 世纪的古罗马建筑师维特鲁威的《建筑十书》是西方古代保留至今唯一最完整的古典建筑书籍，书中提出了不少关于城市规划、建筑过程、市政建设方面的论述。欧洲中世纪社会发展缓慢，城市多为自发成长，很少有按规划建造的。由于战争频发，城市的设防要求提高到很高的地位，产生了一些以城市防御为出发点的规划模式。到了文艺复兴时期，出现了一些反映当时商业兴盛和城市生活多样化的城市理论和城市模式。

近代工业革命给城市带来了巨大的变化，创造了前所未有的财富，同时也产生了种种矛盾，诸如居住拥挤、环境质量恶化、交通拥挤等，严重影响居民生活。人们开始从各个方面研究解决这些矛盾的对策。资本主义早期的空想社会主义者、各种社会改良主义者及一些从事城市建设的实际工作者和学者都提出了种种设想。到 19 世纪末 20 世纪初形成了有特定研究对象、范围和系统的现代城市规划学。英国人霍华德的"田园城市"理论建立了现代意义上的城市规划的第一个比较完整的思想体系，在此前后经过近半个世纪左右的理论探讨和初步实践，才真正确立了现代城市规划在学术和社会实践领域中的地位。20世纪 20—30 年代，在现代建筑运动的推进下，现代城市规划得到了全方位的探讨和推进，到第二次世界大战结束后在世界范围得到了最广泛的实践，形成了相对完善的理论基础并在全世界的主要国家建立了各自的城市规划制度。在此发展过程中，"卫星城镇"理论、"雅典宪章"、"邻里单位"理论和"有机疏散"理论等都是对城市规划实践产生较大影响的理论。到 20 世纪 60—70 年代以来，在新的科学技术方法和城市研究的推进下，对原有的城市规划体系进行了全面的改进，无论在理论基础方面还是在实践过程中都促进了城市规划的完善。城市规划与各项社会科学和政策研究等相结合，逐步形成了当代城市规划的基本框架。

2.1.3　城市规划的任务

城市规划的根本社会作用是作为建设城市和管理城市的基本依据，是保证城市合理地进行建设和土地开发利用，以及正常经营活动的前提和基础，是实现城市社会经济发展目标的综合性手段。

城市规划是人类为了在城市的发展中维持公共生活的空间秩序而作的未来空间安排。这种对未来空间发展的安排意图，在更大的范围内，可以扩大到区域规划和国土规划，而在更小的空间范围内，可以延伸到建筑群体之间的空间设计。因此，从更本质的意义上，城市规划是人居环境各层面上以城市层次为主导工作对象的空间规划。在实际工作中，城市规划的工作对象不仅仅是在行政级别意义上的城市，也包括在市级以上的地区、区域的行政管理设置，以及够不上城市行政设置的镇、乡和村等人居空间环境。因此，有些国家采用城乡规划的名称。我国在 2008 年实施的《中华人民共和国城乡规划法》中也正式将"城市规划"的提法改为"城乡规划"，将镇规划、乡规划和村庄规划纳入我国规划体系中。所有这些对未来空间发展不同层面上的规划统称为"空间规划体系"。

关于城市规划的任务，各国由于社会、经济体制和经济发展水平的不同而有所差异和侧重，但其基本内容是大致相同的，即通过空间发展的合理组织，满足社会经济发展和生态保护的需要。如日本一些文献中提出"城市规划是城市空间布局、建设城市的技术手段。旨在合理地、有效地创造出良好的生活与活动的环境"。德国把城市规划理解为整个空间规划体系中的一个环节，"城市规划的核心任务是根据不同的目的进行空间安排，探索和实现城市不同功能的用地之间的互相管理关系，并以政治决策为保障。这种决策必须是公共导向的，一方面解决居民安全、健康和舒适的生活环境，另一方面实现城市社会经济文化的发展"。美国国家资源委员会认为"城市规划是一种科学、一种艺术、一种政策活动，它设计并指导空间的和谐发展，以满足社会与经济的需要"。

中国现阶段城市规划的基本任务是保护和修复人居环境，尤其是城乡空间环境的生态系统，为城乡经济、社会和文化协调、稳定的持续发展服务，保障和创造城市居民安全、健康、舒适的空间环境和公正的社会环境。

2.1.4　城市规划的基本内容

城市规划的基本内容是依据城市的经济社会发展目标和有关生产力布局的要求，在充分研究城市的自然、生态、经济、社会和技术发展条件的基础上，确定城市的性质，预测城市发展规模，选择城市用地的发展方向，按照工程技术和环境的要求，综合安排城市各项工程设施，并对各项用地进行合理布局。城市规划的基本内容主要包括以下几个方面：

（1）收集和调查基础资料（自然条件、现状条件、历史条件等），研究满足城市经济社会发展目标的条件和措施。

（2）论证、确定城市性质，预测发展规模，拟定城市分期建设的技术经济指标。

（3）合理选择城市各项用地，确定城市的功能布局，并考虑城市的长远发展方向。

（4）提出市域城镇体系规划，确定区域性基础设施的规划原则。

（5）拟定新区开发和旧区利用、改造的原则、步骤和办法。

（6）确定城市各项市政设施和工艺措施的原则和技术方案。

（7）拟定城市建设艺术布局的原则和要求。

（8）根据城市基本建设的计划，安排城市各项重要的近期建设项目，为各单项工程设计提供依据。

（9）根据建设的需要和可能，提出实施规划的措施和步骤。

每个城市的自然条件、现状条件、发展战略、规模和建设速度各不相同，规划工作的内容应根据具体情况而变化。新建城市的第一期建设任务较大，并且原有物质建设基础差，就应在满足建设需要的同时妥善解决城市基础设施和生活服务设施的建设。对于现有城市，在规划时要充分利用城市原有基础，依托老区，发展新区，有计划改造老区，使新区、老区协调发展。城市建设目标和条件在不断发展变化，所以城市规划的修订和调整是周期性的工作。

对于不同性质的城市，规划内容都应有各自的特点和侧重点，简而言之，工业城市应侧重考虑如何发展工业，旅游城市应侧重考虑如何更好地发展旅游业等，历史文化名城要充分考虑历史建筑和街区的保护。每个城市由于客观条件的不同存在不同的制约城市发展的因素，妥善解决城市发展的主要矛盾是做好城市规划的关键。

2.1.5　我国城市规划的编制阶段及主要内容

城市规划是政府为达到城市发展目标而对城市建设进行的安排，尽管由于各国社会经济体制、城市发展水平、城市规划的实践和经验各不相同，城市规划的工作步骤、阶段划分与编制方法也不尽相同，但基本上都按照由抽象到具体、从发展战略到操作管理的层次决策原则进行。根据我国 2005 年颁布的《城市规划编制办法》，城市规划分为城市总体规划和城市详细规划两个阶段。

1. 城市总体规划

城市总体规划的作用是对城市未来长期发展作出的战略性部署，是以单独的城市整体为对象，按照未来一定时期内城市活动的要求，对各类城市用地、各项城市设施等所进行的综合布局安排，是城市规划的重要组成部分。按照《城市规划基本术语标准》的定义，城市总体规划是"对一定时期内城市性质、发展目标、发展规模、土地利用、空间布局以及各项建设的综合部署和实施措施"。城市总体规划包括市域城镇体系规划和中心城区规划。

由于城市总体规划涉及城市发展的战略和基本空间布局框架，因此要求有较长的规划目标期限和较好的稳定性，城市总体规划期限一般为 20 年。城市总体规划还应对城市更长远的发展作出预测性安排。城市总体规划的内容包括：城市的发展布局，功能分区，用地布局，综合交通体系，禁止、限制和适宜建设的地域范围，各类专项规划等。规划区范围、规划区内建设用地规模、基础设施和公共服务设施用地、水源地和水系、基本农田和绿化用地、环境保护、自然与历史文化遗产保护以及防灾减灾等内容，应当作为城市总体规划的强制性内容。

城市总体规划的编制可以分为市域城镇体系规划、中心城区规划、近期建设规划及专项规划四个组成部分：

（1）市域城镇体系规划的编制。市域城镇体系规划是在市域层面，将行政区内的城镇划分等级并确定合理规模，综合考虑地域空间的均衡性，选定重点发展的城镇，以中心城区为核心带动周边区域快速协调发展。

（2）中心城区规划的编制。中心城区是城市发展的核心区域，包括规划城市建设用地和近郊地区，是政治、经济、文化中心等多种功能综合中心。城市中心区规划的编制要从城市整体发展角度，在综合确定城市发展目标和发展战略的基础上，统筹安排城市各项建设。

（3）近期建设规划的编制。在城市总体规划基础上需要结合国民经济和社会发展规划以及土地利用总体规划等制定近期建设规划，明确近期内实施城市总体规划的重点和发展时序。近期建设规划期限一般为 5 年。近期建设规划到期时，应当根据城市总体规划组织编制新的近期建设规划。

（4）专项规划的编制。在城市总体规划阶段，涉及的专项规划包括综合交通、环境保护、商业网点、医疗卫生、绿地系统、河湖水系、历史文化名城保护、地下空间、基础设施、综合防灾等。在总体规划阶段应当明确这些专项规划的原则。

在实际工作中，为了便于工作的开展，在正式编制城市总体规划之前，可以由城市人民政府组织编制城市总体规划纲要，研究确定总体规划中的重大问题，对确定城市发展的主要目标、方向和工作内容提出原则性意见，作为规划编制的依据。

根据城市的实际情况和工作需要，大城市和中等城市可以依法在城市总体规划的基础上编制分区规划，进一步控制和确定不同地段的土地的用途、范围和容量，协调各项基础设施和公共设施的建设，对详细规划的编制提出指导性要求。

2. 城市详细规划

与城市总体规划作为宏观层次的规划相对应，详细规划属于城市微观层次上的规划，主要针对城市中某一地区、街区等局部范围中的未来发展建设，从土地利用，房屋建筑、道路交通、绿化与开敞空间以及基础设施等方面作出统一的安排，并常常伴有保障其实施的措施。由于详细规划着眼于城市局部地区，在空间范围上介于整个城市与单个地块和单体建筑物之间，因此其规划内容通常接受并按照城市总体规划等上一层次规划的要求。

相对于城市总体规划，详细规划期限一般较短或不设定明确的目标年限，而以该地区的最终建设完成为目标。城市详细规划根据不同的需要、任务、目标和深度要求，分为控制性详细规划和修建性详细规划。

控制性详细规划主要以对地块的用地使用控制和环境容量控制、建筑建造控制和城市设计引导、市政工程设施和公共服务设施的配套，以及交通活动控制和环境保护规定为主要内容，并针对不同地块、不同建设项目和不同开发过程，应用指标量化、条文规定、图则标定等方式对各控制要素进行定性、定量、定位和定界的控制和引导。

修建性详细规划是以城市总体规划、分区规划或控制性详细规划为依据，制订用以指导各项建筑和工程设施的设计和施工的规划设计。

2.2 城市地下空间规划

2.2.1 城市地下空间规划的基本概念

在城市规划中，若考虑城市形体的垂直划分和空间配置，就产生了城市上部、地面和地下三部分空间如何协调发展的问题（合理利用土地资源、产生最大的集聚效益），也就必然地提出了城市地下空间规划的概念。

城市地下空间规划，既有城市规划概念在地下空间开发利用方面的沿袭，又有对城市地下空间资源开发利用活动的有序管控，是合理布局和统筹安排各项地下空间功能设施建设的综合部署，是一定时期内城市地下空间发展的目标预期，也是地下空间开发建设与管理的依据和基本前提。地下空间规划应实现城市地上地下一体化，解决功能协调、复合和开发空间的立体化问题。

作为城市总体规划的一部分，城市地下空间规划应与城市规划层次保持协调。其规划阶段划分与城市总体规划相同，都分为总体规划、详细规划两个阶段。

地下空间总体规划重点为城市未来的地下空间和环境提供总体框架。主要确定城市地下空间范围和容量，提出城市地下空间资源开发利用的基本原则和建设方针，研究确定地下空间资源开发利用的功能、规模、总体布局与分层规划，统筹安排近、远期地下空间资源开发利用的建设项目，并制定各阶段地下空间资源开发利用的发展目标和保障措施。

地下空间的详细规划需要合理考虑城市重点地区的地面用地布局、综合交通系统、基础设施布局，同时，把地上地下的自然景观、人文景观融为一体，从平面到立体，确定重点地区地下空间整体布局与框架。城市的中心、副中心、中央商务区（Central Business District，简称 CBD）、交通枢纽等重点规划建设地区，应当编制地下空间详细规划。详细规划应结合总体规划的各专项规划，在不同深度上提出地下空间各项设施的控制指标和规划管理要求，协调和衔接地上地下空间，或者直接对各项地下空间的建设做出具体安排和规划设计。详细规划根据不同的需要、任务、目标和深度要求，可分为控制性详细规划和修建性详细规划两种类型。

2.2.2　城市地下空间规划的主要任务

地下空间规划是对地下空间资源开发利用的约束、规范及引导，体现了城市发展对地下空间资源更合理、有序、高效、可持续开发的客观要求。

地下空间规划的主要任务，是对一定时间阶段内的城市地下空间开发利用活动提出发展预测、确定发展方向和利用原则，引导和约束地下空间的开发功能、规模、布局，并对各类地下空间设施进行综合部署和统筹安排。具体可概括为以下几个方面：

（1）约束、规范及引导地下空间建设活动。地下空间开发建设与城市地面开发不同，地下空间的开发约束于岩土介质，具有极强的不可逆性，建成后改造及拆除困难。同时，地下工程建设的初期投资大，而环境、资源、防灾等社会效益体现较慢，又很难定量计算，决定着地下空间规划需要以更长远的眼光、立足全局，对地下空间资源进行保护性开发，合理安排开发层次与时序，并充分认识其综合效益。因此，需要对其开发建设活动进行前期统筹、综合规划，并对其发展功能、规模、布局进行约束与规范，避免对城市地下空间资源和环境造成不可逆的负面影响。

（2）协调平衡城市地面、地下空间建设容量。地下空间与地面空间共同构成城市生活与功能空间，进行地下空间规划，即对城市发展模式进行革新，使城市地上、地下统筹利用建设，平衡上下空间发展容量，将基础设施空间及不需要人类长期生活的设施空间，尽可能置于地下，以改善城市地面建设环境，更多地把阳光和绿地留用于人居生活，使城市发展功能在地上、地下得以重新分配和优化，使地上、地下建设容量平衡，使城市可持续健康发展。

（3）城市地下空间开发建设管理的技术依据。地下空间规划与城市规划一致，是一种城市管理的公共政策。地下空间规划是城市规划的重要组成部分，是地下空间建设活动的约束手段，也是地下空间开发利用管理、制定管理政策的技术依据。

2.2.3 城市地下空间规划的特点与要求

1. 综合性

城市地下空间规划涉及多个专业，包括城市规划、交通、市政、环保、防灾、防空等各个方面的专业性内容，技术综合性很强；在行政管理上与多个行政部门相关，包括国土资源、规划、城建、市政、环卫、人防等多个城市行政部门。此外，在规划中还需要充分体现民生根本利益。

因此，规划编制过程中需要参与的人员组成具有技术结构合理性，充分考虑各专业的特点和要求，建立规划编制的协调及审核机制，进行专家把关及多部门之间的沟通协作，广泛吸纳来自各方面的意见和建议，确保编制的科学性。

2. 协调性

目前，我国在选择转入地下的城市功能研究方面建立了较为完整的理论体系，但在如何通过合理分配地上、地下空间的开发规模、协调布局形态，以实现城市总量及空间布局合理等方面，尚处于理论探索阶段，规划编制中缺乏相应内容的体现；缺乏关于地下空间各专业系统之间的协调整合的理论研究，规划编制中缺乏相应内容的体现。

3. 前瞻性

地下空间开发建设的特点：具有很强的不可逆性；初期建设投资大，回报周期长，经营性地下空间设施运营和维护成本较高；环境、防灾、社会等间接效益体现慢，很难量化，容易造成地下空间规划局限于个体或当前利益，导致一次性开发强度不到位，后续开发无法进行，造成地下空间资源的严重浪费。因此，地下空间规划需要有比地面规划更加长远的眼光，立足全局，对地下空间资源进行保护性开发，充分认识其综合效益，规划编制中应将合理安排开发层次与时序作为重点。

4. 实用性

由于我国的经济发展实际、投资建设与管理体制，以及地下空间产权机制及立法相对不完善等客观条件，决定了地下空间规划考虑前瞻的同时，必须兼顾实用性。地下空间规划必须立足国情及地区发展实际，强化规划实施措施，同时注重新技术、新材料、新工艺的集成应用，合理统筹前瞻性、可行性与实用性。

5. 政策性与法制性

地下空间规划涉及多个城市行政部门，规划实施中须协调政府、投资商、使用者等多方利益关系，规划本身必然需要制定相关的政策与法规以保障规划的顺利执行。承袭城市规划的基本属性，地下空间规划同样也是一种"公共政策体系"。我国地下空间利用的管理及立法虽然倡导多年，但成效并不十分显著，围绕规划实施环节中的管理混乱、权属不清、缺乏配套政策及法律约束等问题仍层出不穷。因此，规划编制中应明确管理部门及职权范围，审批程序，试推行配套政策，以便于政府管理，同时兼顾投资者利益，最终确保规划的顺利执行。

6. 动态性

目前我国城市地下空间开发利用规划的系统、综合、完整的编制方法及编制体例仍在进行不断地探索，需要在不断的实践中积累经验来完善现有的规划理论，在动态平衡中保持发展与前进。因此，地下空间规划应走出追求最终理想静止状态的误区，建立动态规划编制机制，合理制定分期实施步骤，并对原有规划不断审视修正，充分吸纳城市规划理念中的"弹性规划""滚动规划"，建立"地下空间规划是一种动态过程"的全新认识。

2.2.4 城市地下空间规划基本原则

1. 城市地下空间规划的指导思想

我国城市地下空间的规划是按照国民经济和社会发展的总目标，依据《中华人民共和国城市规划法》《中华人民共和国人民防空法》《城市地下空间开发利用管理规定》制定各城市的城市地下空间总体规划。其指导思想主要如下。

（1）地下与地上相结合。地面规划是地下规划的基础，地下空间开发利用规划既要遵循地下空间资源开发的一般规律，同时也要考虑现状城市的格局，将城市地下空间资源与地上资源作为有机整体，综合考虑同一地区地上、地下空间的多种功能，整体规划应有利于土地价值的充分体现，保证城市地下空间整体协调发展。

（2）保护与开发相结合。城市地下空间资源是城市重要的土地资源，地下空间的不可逆性要求城市地下空间开发必须坚持保护性开发。

（3）平时与战时相结合。以开发利用地下空间来促进城市综合防空防灾空间体系的建设和总体防灾抗毁能力的提高，注重平时与战时功能的灵活互换，有效发挥城市空间复合利用所带来的多元效益，实现地下空间国防效益、社会效益和经济效益的最大化。

（4）近期与远期相结合。地下空间规划应强调与城市各层次的衔接与配合，结合城市总体发展战略与发展目标，科学预测中心地区在规划期内各发展阶段的地下空间发展规模，坚持因地制宜、远近兼顾、全面规划、分步实施，使城市地下空间的开发和利用同经济技术发展水平相适应。

2. 城市地下空间规划的指导原则

（1）布局均衡、规模适度原则。地下空间的开发和利用受城市经济发展、城市功能与目标、产业结构、人口规模等外部因素制约，因此地下空间在布局上应从"生长"的城市发展理念出发，考虑布局的均衡和规模的弹性控制，并考虑经济可操作性。

（2）复合利用、鼓励连通原则。坚持竖向分层立体复合利用，鼓励横向空间互相连通，增强地下空间的利用率，扩大城市地下空间的边际效益。

（3）公共优先原则。作为地面空间的延伸资源，地下空间的利用应优先满足公共利益的需要，并考虑安全原则，坚持与人防相结合。

（4）以人为本原则。城市地下空间规划在编制中，不仅要重视地下空间开发利用的功能，更要重视人居环境品质的改善和人们对地下空间设施本身的使用，在功能和形态（平面和竖向）上都将人的需求置于一定的高度来综合考虑。

（5）分期建设原则。在空间和时序上分阶段、分区域进行发展与控制，强化重点区域的开发力度与局部地区的整体性，保留与远景发展结合的规划和空间预留，在长期规划的基础上有重点地分期实施，优先考虑能够有效地解决近期突出的城市问题，如交通设施、市政基础设施、公共设施等项目的安排，根据土地价值、使用功能及建设条件等因素划分不同的区域和时期进行开发。

2.2.5　城市地下空间规划与城市规划的关系

城市规划为地下空间规划的上位规划，编制地下空间规划要以城市规划为依据。同时，城市规划应积极吸取地下空间规划的成果，并反映在城市规划中，最终达到两者的和谐与协调。

（1）《城市规划编制办法》规定，城市地下空间规划是城市总体规划的一个专项子系统规划。这里所说的城市地下空间规划是指地下空间总体规划，故其规划编制、审批与修改应按照城市总体规划的规定执行。

（2）一般地，地下空间控制性详细规划可以单独编制，也可作为所在地区控制性详细规划的组成部分。单独编制的地下空间控制性详细规划，一般以城市规划中的控制性详细规划为依据，属于"被动"型的地下空间补充控制性规划。如果地下控制性规划与地区控制性详细规划协同编制，作为控制性详细规划的一个组成部分，则属于"主动"型的地下空间控制性规划，该规划易形成地上、地下空间一体化的控制。

（3）城市地下空间规划，属于城市规划的重要组成部分。因此，城市地下空间规划应包括地上、地下的一体化外部空间形态及环境规划与设计。

第3章 | 城市地下空间规划基础理论

3.1 城市地下空间资源评估

3.1.1 城市地下空间资源

城市地下空间已经被视为人类所拥有的、至今为止尚未被充分开发的一种宝贵资源，开发利用地下空间是开拓新的生存空间较为现实的途径。因此，人们只有采用多种途径和措施来提高城市地下空间的开发效率，才能摆脱目前城市发展的困境，促进城市的健康发展。

1981年5月，联合国自然资源委员会正式将地下空间列为"自然资源"。1991年，《东京宣言》指出：地下空间是城市建设的新型国土资源，它是自然资源之一，是土地资源向下的延伸，与其他国土资源（如矿产资源和水资源）一样，是人类赖以生存和发展的基础。因此，地下空间资源实际上是指可利用的已开发和未开发的地层空间范围内，实在的和潜在的空间场所的总称。

3.1.2 地下空间资源的容量

地下空间资源的容量即其占用的空间体积或容量，其数量指标可以用地下空间占有的空间体积或者有效利用的建筑面积来表达。地下空间资源容量概念有以下几个不同的层次。

（1）地下空间资源的天然蕴藏量。即在指定地下区域的全部空间总体积，包括可开发领域与不可开发领域的体积总和。

（2）可合理开发的资源容量。即在指定区域内，不受各种自然和建筑因素制约，在一定技术条件下可进行开发活动的空间领域总体积，在这个岩土体的空间范围内，开发活动不可侵犯周围受法律保护的领域，不威胁城市地质环境和已有建成物的安全。

（3）可供有效利用的资源容量。即在可供合理开发的资源分布区域内，符合城市生态和地质环境安全需要，保持合理的地下空间距离、密度和形态，在一定技术条件下能够进行实际开发，并实现使用价值的潜在建设容量。在数值上，可供有效利用的资源容量应为占有可供合理开发资源容量的一定比例。

（4）地下空间的实际开发容量。这是根据城市发展需求、生态与环境控制和城市规划和建设方案，实际确定或开发的地下空间容量。

3.1.3 城市地下空间资源评估的内容

城市地下空间资源评估，就是对地下空间资源在数量、质量和开发利用价值等方面的综合评价，是制定城市地下空间开发利用规划、采取合理的开发利用方式与施工方法的科学依据。地下空间资源评估内容包括以下三部分：

（1）地下空间资源调查和分析。包括地理空间信息资料、自然地质资料、城市规划资料、城市建设资料，获得地下空间资源的多源空间信息和影响地下空间资源开发利用要素的信息，为资源评价提供基础数据。

（2）地下空间资源质量评估。对地下空间资源开发的优势、有利条件、制约因素进行科学分析，评价地下空间资源可开发利用程度的综合质量，包括工程难度适宜性评价和潜在开发价值评价等。

（3）地下空间资源容量估算。估算和统计地下空间资源开发潜力，包括地下空间资源总量、可供合理开发的资源容量和可供有效利用的资源规模。

地下空间资源评估主要包括平面范围和深度范围两个方面。其中，平面范围包括对规划区划定边界范围的面积；深度范围一般指从地表至地下100m。

3.1.4 城市地下空间资源评估方法

1. 评估要素和指标

城市地下空间资源的影响要素包括自然地质条件、规划建设条件、社会经济条件等方面。

（1）自然地质条件要素。包括工程地质条件、水文地质条件、不良地质与地质灾害条件、生态环境条件等。

（2）规划建设条件要素。包括地面建筑情况、地下空间利用现状、地下埋藏物（矿藏和地下文物）、地面开敞空间（道路、广场、空地等）、旧城改造情况等。

（3）社会经济条件要素。包括人口状况、土地资源状况、交通状况、市政公用设施状况、城市防灾设施状况、城市历史文化保护状况、建筑空间容量限制等。

以上这些因素决定了地下空间资源开发利用的类型、开发条件、地质稳定性和生态敏感度，从而影响地下空间资源开发利用的适宜性和开发潜力。其中自然地质条件和规划建设条件等因素是决定地下空间资源可开发程度的重要工程条件；土地资源等社会经济条件因素是决定地下空间资源潜在开发价值和需求强度的主导因素。

地下空间资源评估可能选择的影响要素集合与指标如图3.1所示。地下空间资源评估可以根据不同城市、不同项目的特点选择影响要素指标，构建地下空间资源的评估体系。地下空间资源工程难度适宜性的评估指标一般由自然地质条件和规划建设条件两大类组成，每类指标由若干分级指标构成［图3.1（a）］，根据所评估的项目规模和设计深度，选用不同层级的指标，得到工程适宜性的评估结果，即地下空间资源的基本质量。地下空间资源开发利用价值评估指标一般由社会经济条件要素中的各个指标组成［图3.1（b）］，根据所评估项目规模和设计深度，不同的指标采用不同的定量方法，得到地下空间资源潜在价值的评估结果。地下空间资源的综合质量，是由基本质量评价结果和潜在价值评估结果根据权重参数进行求和的综合指标。

2. 评估方法

地下空间资源评估要素可分为两大类：一类是制约性影响要素，当该要素出现时，地下空间资源不宜开发或不可开发，且不可由其他要素替代。例如建筑物地基基础的保护范围、规划特殊用地、特级绿地和水资源保护地等生态敏感区、大型活动断层区域等；另一类是程度性影响要素，对地下空间资源的可开发性只有程度性影响，可以采取其他措施替代该要素，或采用补偿的办法抵消该要素的作用。

对制约性影响要素，一般采用排除法，找出不宜开发利用地下空间资源分布，间接获得可开发的潜在地下空间资源分布。对程度性影响要素，可根据其发展变化规律和已有知识建立评价分类标准，采用层次分析法或模糊综合评价法对其影响效果进行定量打分评估计算。

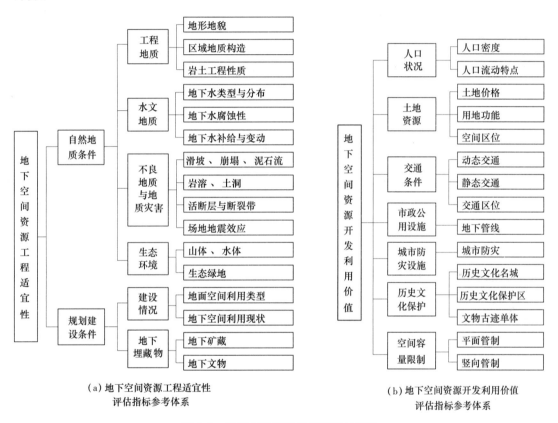

（a）地下空间资源工程适宜性
评估指标参考体系

（b）地下空间资源开发利用价值
评估指标参考体系

图 3.1 地下空间资源评估要素与指标

3.1.5 城市地下空间资源容量估算

地下空间资源的总蕴藏量中，排除受到不良地质条件、水文地质条件、地下埋藏物、已经开发利用的地下空间、建筑物基础和开敞空间制约的空间后，剩余的空间范围即为可供合理开发的资源蕴藏分布。

设 V 为评估范围内地下空间的总蕴藏空间，V_1 为不良地质条件和水文地质条件制约的空间，V_2 为受地下埋藏物制约的空间，V_3 为受已开发利用的地下空间制约的空间，V_4 为开敞空间和建筑物基础制约的空间，V_5 为可供合理开发利用的空间。则可供合理开发的地下空间资源为

$$V_5 = V - (V_1 + V_2 + V_3 + V_4)$$

各因素制约的空间可能重叠，如图 3.2 所示。

例如：

（1）V_1 与 V_2 的空间位置可能重叠，即地下埋藏物所在区域可能也是工程地质条件不良的地区。

（2）V_1、V_2 与 V_4 位置可能重叠，如城市保护绿地区域下部 10m 以上区域可能也是工程地质条件和水文地质条件不良区或地下埋藏物影响区域。

（3）V_3 与 V_4 空间位置可能会重叠，如保护、保留建筑物下部可能建有地下室。

如图 3.3 所示，阴影部分为影响因素制约区，圆圈内空白部分为可供合理开发的资源蕴藏分布区。

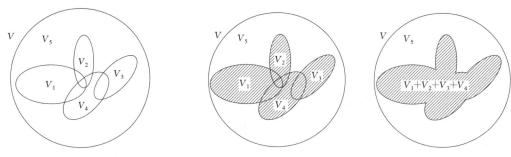

图 3.2　地下空间
　　　容量组成关系

图 3.3　排除法评判步骤示意图

在实际评价操作中，可采用图形叠加法和排除法取得地下空间可供合理开发的资源分布及容量。也就是说，首先按照各制约因素的影响深度范围进行层次划分，假定各层次内制约因素影响为均匀分布，对影响制约区进行图形叠加，则得到所有制约空间的总投影范围；用评估单元内资源天然总蕴藏量减去制约空间的位置和体积，则得到评估单位内可供合理开发的资源分布及容量。

3.2　城市地下空间需求预测

3.2.1　地下空间需求预测的意义

城市地下空间资源开发建设具有长期性、复杂性和不可逆性。地下空间规划是否科学合理，最本质的衡量要素为是否结合规划区发展实际、科学预测城市发展的需求、准确把握地下空间开发利用的主导方向。城市地下空间需求量是城市地下空间规划中的一个关键参量和重要依据，因而，需求量预测是城市地下空间整个规划过程中的一个必要程序。

地下空间开发利用的规模与城市发展对地下空间的预测量有关。地下空间预测量取决于城市发展规模、社会经济发展水平、城市的空间布局、人们的活动方式、信息等科学技术水平、自然地理条件、法律法规和政策等多种因素。

地下空间需求预测的目的在于以下两点。

（1）改变城市发展模式，拓展城市空间容量，完善城市功能，改善城市环境，提升城市活力与品质。

（2）对城市地下空间需求规模和理论规划量做出一个科学合理的估算与预测，引导城市地下空间资源在一个较为科学合理的限度和范围内有序开发。

3.2.2　地下空间需求预测理论和方法

从已经编制出台城市地下空间规划的城市来看，不同规模、类型的城市需求预测的方法不一样，规划的对象不同，其需求预测的方法也有所不同。

目前，地下空间开发规划的需求预测主要有以下几种方法。

1. 功能需求预测法

根据地下空间使用的功能类型进行分类，然后根据不同类型地下空间功能分别进行量的确定和预测，汇总得出地下空间需求规模，再根据城市发展需要确定其地下空间总的规划量。其预测方法技术框架如图3.4所示。

实际预测过程中，计算的具体步骤和功能分类上可能存在差别，有些城市在具体的预测过程中可能因为突出某些特定功能而需要进一步细化某些功能分类，但预测方法的原理仍属于功能预测法。

以济南市地下空间需求量预测为例，济南市首先将地下空间需求量比较大的主体内容分为7个大类：即居住区、城市公共设施、城市广场和绿地、工业及仓储物流区、城市基础设施各系统、防空防灾系统、地下储存系统。然后根据

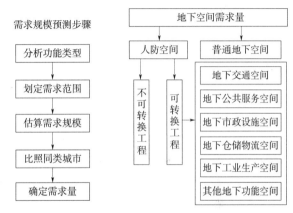

图3.4　地下空间功能需求预测法技术框架

各项不同的特点，选取适当的系数和指标，再按历年的平均发展速度推算出规划期内的发展量，最后综合成地下空间的需求量，见表3.1。

表 3.1　　　　　　　　　　　济南市地下空间需求统计表　　　　　　　　　　单位：万 m^2

序号	项　目	地下空间需求量	备　注
1	居住区	1149～1503	规划，不含现状
2	城市公共设施	768	含现状
3	城市广场	120	含现状
4	大型绿地	687	含现状
5	工业区	121	含现状
6	仓储物流区	91	含现状
7	轨道交通地下段	376	规划6条线；不含现状
8	地下公共停车	336	含现状

序号	项 目	地下空间需求量	备 注
9	人防	938	含现状；不单独计入预测总规模
10	各类地下贮库	100	含现状
	总计	3748～4102	

2. 建设强度预测法

该方法通过地面规划强度来计算城市地下空间需求量，即上位规划和建设要素影响和制约地下空间开发规模。将用地区位、地面容积率、规划容量等规划指标归纳为主要影响因素，并在此基础上将城市规划范围内建设用地划分为若干地下空间开发层次进行需求规模预测，剔除规划期内保留用地，确定各层次范围的新增地下空间容量，汇总得到城市总体地下空间需求量。其预测方法技术框架如图 3.5 所示。

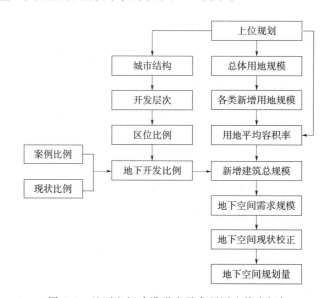

图 3.5 地下空间建设强度需求预测法技术框架

以北京市中心城地下空间规划为例，其需求量预测采用的是地面规划强度需求量预测法。首先将预测范围分为中心城、新城、镇及城镇组团三个层次来控制。其次确定各层次范围地块地面容积率，乘以各个地块新增建设面积，分别得出相应地块地上新增建设规模，结合规划期内新城和镇建设发展预测，估算出新建地下空间面积占地上建设规模的百分比，分别得出中心城、新城、镇及镇组团地下新增建设规模，得出北京城市地下空间新增总规模约 6000 万 m²，见表 3.2。

表 3.2　　　　　　　　　北京市域地下空间需求规模预测一览表

类别	新增建设用地/万 m²	平均容积率	新增建设规模/万 m²	地下空间比重/%	地下空间需求规模/万 m²
中心城	14800	1.0	14800	22	3256
新城	40200	0.6	24120	10	2412

类别	新增建设用地 /万 m²	平均容积率	新增建设规模 /万 m²	地下空间比重 /%	地下空间需求规模 /万 m²
镇及城镇组团	11600	0.4	4640	5	232
总计	66600	—	43560	—	5900

3. 人均需求预测法

从城市地下空间规划的人均需求指标着手，结合人口规模，估算城市规划人口对地下空间的总需求量。

人均需求预测法主要是根据城市规划范围内，未来规划期限内城市的人口数量和人均需求地下空间的标准进行预测和计算。其中人均需求地下空间的标准根据城市具体情况确定。

人均需求预测法一般是从两个指标开始分析预测：一个是地下空间开发的人均指标；另一个是人均规划用地指标。按照城市规划的人均指标预测，将人均的用地标准细分为人均居住用地、人均公共设施用地、人均绿地面积和人均道路广场用地等，在此基础上相加得到人均生活居住用地面积。根据城市总体规划中城市生活居住用地占城市总用地的比例，推算人均总用地量，结合规划的人口规模，计算得到城市地下空间需求的总量。表3.3是部分城市由人均需求预测法估算的地下空间人均需求指标。

表 3.3　　　　　　　　　　　　部分城市地下空间人均需求指标

指标＼城市	南京（2010 年）	重庆（2020 年）	成都（2020 年）
地下空间开发规模/万 m²	368	1370	1330
规划人口/万人	210	850	620
人均需求指标/（m²/人）	1.75	1.61	2.15

济南市地下空间规划在进行需求预测时应用了人均需求预测法。在预测时，取人均居住面积为 30m²，经过测算，地下空间建设比例取人均居住面积的 20.96%。统计资料表明，2009 年末济南全市户籍人口 603.27 万人，市区人口约 348.24 万人。根据控制性详细规划，规划区域内各片区的人口规模在 2020 年为 603.9 万人，则从 2011—2020 年，城镇人口增量为 603.9－348.24＝255.66 万人。根据人口增长量，济南城市居住区地下空间建设规模应为：255.66×30×0.2096＝1608 万 m²。

4. 综合需求预测法

该方法主要从 3 个方面综合计算得出城市地下空间需求规模，如图 3.6 所示。

（1）区位性需求。包括城市中心区、居住区、旧城改造区、城市广场和大型绿地、历史文化保护区、工业区和仓储区以及各种特殊功能区。

（2）系统性需求。有地下动态和静态交通系统、物流系统、市政公用系统、防空防灾系统、物资与能源储备系统。

（3）设施性需求。包括各种公用设施，如商业、办公、文娱、体育、医疗、教育、科研等大型建筑以及各种类型的地下储库。

在此功能性分析的基础上，依据需求定位，将城市各类用地进行梳理、归类，结合城市建设容量控制计算规划期内新增地下空间需求规模，汇总后计算得出地下空间需求总量。

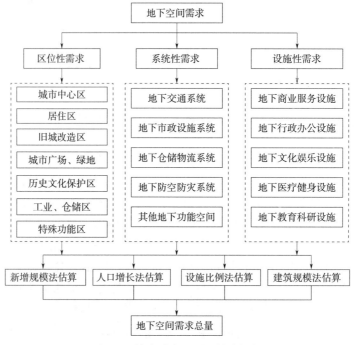

图 3.6 综合需求预测法技术框架

3.3 城市地下空间布局

城市地下空间的开发利用是城市功能从地面向地下的延伸，是城市空间的三维式扩展。在形态上，城市地下空间是城市形态的映射；在功能上，城市地下空间是城市功能的延伸和拓展，也是城市空间结构的反映。城市地下空间布局是城市地下空间总体规划的重要内容，是地下空间开发利用的基础性工作，主要任务是将地下空间各组成部分按照不同功能要求和发展序列有机地组合在一起。

3.3.1 城市地下空间的形态

1. 城市形态

城市形态是指城市整体和内部各组成部分在空间地域的分布状态。城市形态是一种复杂的经济、文化现象和社会过程，是在特定的地理环境和一定的社会历史条件下，人类各种活动与自然环境相互作用的结果。它是由结构（要素的空间布置）、形状（城市的空间轮廓）和要素之间的相互关系所构成的一个空间系统。城市形态的构成要素可概括为道路、街区、节点和发展轴。

道路是构成城市形态的基本骨架，是指人们经常通行的或有通行能力的街道、铁路、公路与河流等。道路具有连续性或方向性，并将城市平面划分为若干街区。道路网的结构和相互连接方式决定了城市的平面形式，并且城市的空间结构在很大程度上也取决于道路可提供的可达性。街区是由道路所围合起来的平面空间，具有功能均质性的潜能。城市就是由不同的功能区所构成的，并由此形成结构化的地域，街区的存在才能使城市形成明确的图像。

城市中各种功能的建筑物、人流集散点、道路交叉点、广场、交通站以及具有特征事物的聚合点，是城市中人流、交通流等聚集的特殊地段，这些特殊地段构成了城市的节点。

城市发展轴主要是由具有离心作用的交通干线（包括公路、地铁线路等）所组成，轴的数量、角度、方向、长度、伸展速度等将直接构成城市不同的外部形态，并决定着城市形态在某一时期的阶段性发展方向。

有关城市布局形态出现过许多类型的研究。综合不同的研究成果，按照城市的用地形态和道路骨架形式，可以分为集中式和分散式两大类。所谓集中式的城市布局，就是城市各项主要用地集中成片布置，这种布局可进一步划分为网格状、环形放射状等类型。分散性布局形态最主要的特征是城市空间呈现非集聚的分布方式，包括组团式、带状、星状、环状、卫星状、多中心与组群城市等多种形态。

2. 城市地下空间形态

城市地下空间的形态是各种地下结构（要素在地下空间的布置）、形状（城市地下空间开发利用的整体空间轮廓）和相互关系构成的一个与城市形态协调的地下空间系统。城市地下空间的形态要素可以概括为"点""线""面""体" 4 个方面。

（1）"点"，即点状的地下空间设施。相对于城市总体形态而言，一般占据很小的平面面积，如公共建筑的地下层、单体地下商场、地下车库、地下过街通道、地下仓库、地下污水处理场、地下变电站等。这些设施是城市地下空间构成的最基本要素，也是能完成某种特定功能的最基本单元。

（2）"线"，即线状地下空间设施。相对于城市总体形态而言，呈线性状态分布，如地铁、地下市政设施管线、长距离地下公路隧道等设施。线性地下设施一般分布于城市道路下部，构成城市地下空间形态的基本骨架。没有线性设施的连接，城市地下空间的开发利用在城市总体形态中仅仅是一些散乱分布的点，不可能形成整体的平面轮廓，并且也不会带来很高的总体效益。因此，线性地下空间设施作为连接点状地下设施的纽带，是地下空间形态构成的基本要素和关键，也是城市地面形态相协调的基础，为城市总体功能运行效率的提高提供了有力的保障。

（3）"面"，即由点状和线状地下空间设施组成的较大面积的面状地下空间设施。它主要是由若干点状地下空间设施通过地下联络通道相互连接，并直接与城市中的线性地下空间设施（以地铁为主）连通而形成的一组具有较强的内部联系的面状地下空间设施群。

（4）"体"，即在城市较大区域范围内由已开发利用的地下空间各分层平面通过各种水平和竖向的连接通道等进行联络而形成的，并与地面功能和形态高度协调的大规模网络化、立体型的城市地下空间体系。立体型的地下空间布局是城市地下空间开发利用的高级阶段，也是城市地下空间开发利用的目标。它能够大规模提高城市容量、拓展城市功能、改善城市生态环境，并为城市集约化的土地利用和城市各项经济社会活动的有序高效运行提供强有力的保障。

3.3.2　城市地下空间的功能层次

根据城市地下空间的使用情况和地面城市用地性质的不同，地下空间的功能在城市建设用地中具体表现为地下交通、商业、公共服务、市政设施、地下仓储物流、地下防灾等功能。地下空间的功能与地面不同，呈现出不同程度的混合性，可以分为以下3个层次：

（1）简单功能。功能相对单一，相互之间的连通不做强制性要求。如地下人防、交通、地下市政设施、地下工业仓储设施。

（2）混合功能。不同地块地下空间的功能会因不同用地性质、不同区位、不同发展要求呈现出多种功能相混合，表现为地下商业＋地下停车＋交通集散空间＋其他功能。

（3）综合功能。在地下空间开发利用的重点地区和主要节点，地下空间不仅表现为混合功能，而且表现出与地铁、交通枢纽以及与其他地下空间相互连通，形成功能更综合、联系更为紧密的综合功能。表现为地下商业＋地下停车＋交通集散空间＋其他＋公共通道网络。综合功能的地下空间主要强调其连通性。

在这三个层次中综合功能利用效率以及综合效益最高。中心城区商业中心区、行政中心、新区CBD等城市中心区地下空间开发在规划设计时，应该结合交通集散枢纽、地铁站等，把综合功能作为规划设计的方向。居住区、大型园区地下空间开发的规划设计应充分体现向综合功能的发展。

城市地下空间开发一般遵循以下几个阶段，见表3.4。

表3.4 城市地下空间发展阶段分析表

	初始化阶段	规模化阶段	网络化阶段	地下城阶段
功能类型	地下停车、民防、仓储等	地下商业、文化娱乐等	地下轨道交通	综合管廊、现代化地下排水系统
发展特征	单体建设、功能单一、规模较小	以重点项目为聚点，以综合利用为标志	以地铁系统为骨架，以地铁站点综合开发为节点的地下网络	交通、市政、物流等实现地下系统化构成的城市生命线系统
布局形态	散点分布	聚点扩展	网络延伸	立体城市
综合评价	基础层次	基础与重点层次	网络化层次	系统化层次

城市地下空间规划应符合城市经济和社会发展水平，与城市总体规划所确定的空间结构、形态、功能布局相协调。依托城市发展阶段和地下空间开发的需求特征，通过对地下空间开发的功能类型、发展特征、布局形态、总体定位等方面进行宏观层面的规划与引导。

3.3.3 城市地下空间布局的基本原则

尽管城市地下空间规划是城市总体规划的一个专业规划，但由于城市地下空间涉及城市的方方面面，同时要考虑与城市地上空间的协调，城市地下空间的布局是一个开放的巨大系统。因此，在城市地下空间布局时，既要符合城市总体布局必须遵循的基本原则，还应该遵循以下原则：

（1）可持续发展原则。可持续发展指既能满足当代人的需求，又不对后代人满足其需求的能力构成危害的发展，现在已经成为全世界社会发展所遵循的基本原则。在我国，建设布局合理、配套设施齐全、环境优美、居住舒适的人类社区，促进相关领域的可持续发展，是城市总体布局的基本原则之一。

城市地下空间规划作为城市总体规划的专业规划，在城市地下空间布局中，应坚持贯彻可持续发展的原则，力求以人为本的经济社会自然复合系统的持续发展，以保护城市地下空间资源、改善城市生态环境为主要任务，使城市地下空间开发利用有序进行，实现城市地下、地上空间的协调发展。

（2）系统综合原则。我国当前的城市化进入加速发展阶段，城市数量有了大幅度增加，城市用地紧张，城市问题的严重性在某些地区明显加剧，甚至呈现出区域化的态势。

城市的发展不是城市的简单扩大，而是体现新的空间组织和功能分工。需要综合考虑地上空间和地下空间的合理利用，增强城市立体化、集约化发展的观念，以促进城市的整体发展。城市地下空间规划的实践证明，城市地下空间必须与地上空间作为一个整体来分析研究，将城市交通、市政、商业、居住、防灾等统一考虑和全面安排。这是合理制订城市地下空间布局的前提，也是协调城市地下空间各种功能的必要依据。

（3）集聚原则。城市土地开发的理想循环应该是在空间容量协调的前提下，土地价格上升吸引人力、财力的集中，人力、财力的集中又再次使得土地价格上升……这种良性循环，是自觉或不自觉的强调集聚原则的结果。在城市中心区发展与地面对应的地下空间，应用于相应的功能（或适当互补）与地面上部空间产生更大的集聚效应，创造更多的综合效益，就是集聚原则的内涵。

国内一些城市的地下空间开发的实践表明，在城市中心区的地下商业设施投入运营后，与地上商业相互促进，形成了良好的共生关系。

（4）等高线原则。根据城市土地价值的高低可以绘出城市土地价值等高线。根据土地价值等高线图，找到地下空间开发的起始点以及以后的发展方向。土地价值高的点，城市问题最容易出现，地下空间一旦开发，经济、社会和防灾效益最高。地下空间沿等高线方向发展，这一方向上土地价值衰减慢，发展潜力大，沿此方向发展，可以避免地上空间发展过于集中、孤立，有利于有效发挥滚动效应。

3.3.4　城市地下空间的总体布局

城市的总体布局是通过城市主要用地组成的不同形态表现出来的。城市地下空间的总体布局是在城市性质和规模大体定位，城市总体布局形成后，在城市地下空间可利用资源、城市地下空间需求量和城市地下空间合理开发量的研究基础上，结合城市总体规划中的各项方针、策略和对地面建设的功能形态规模等要求，对城市地下空间的各组成部分进行统一安排、合理布局，将各部分有机联系后形成的。城市地下空间总体布局的核心是城市地下空间主要功能在地下空间形态演化中的有机构成。城市地下空间总体布局是城市地下空间开发利用的发展方向，用以指导城市地下空间的开发工作，并为下阶段的详细规划和规划管理提供依据。

城市地下空间总体布局的方法主要包括以下几方面：

（1）以城市形态为发展方向。与城市形态相协调是城市地下空间形态的基本要求，城市地面空间形态的布局形式分块状、带状、环状、串联状、组团状及星状，按城市地面交通或地形形态可分为单轴式、多轴式、环状、多轴放射等。

在进行城市地下空间布局时，应根据城市地面布局形态，遵循地上与地下对应等原

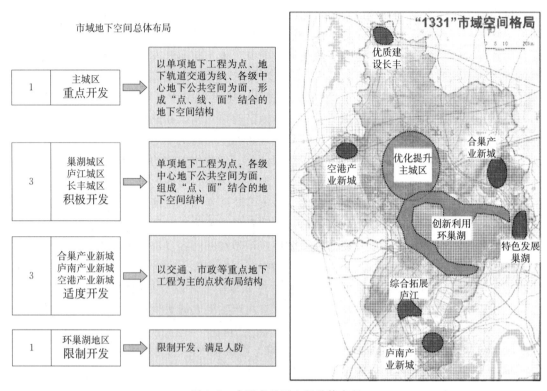

市域地下空间总体布局

| 1 | 主城区
重点开发 | → | 以单项地下工程为点、地下轨道交通为线、各级中心地下公共空间为面，形成"点、线、面"结合的地下空间结构 |

| 3 | 巢湖城区
庐江城区
长丰城区
积极开发 | → | 单项地下工程为点，各级中心地下公共空间为面，组成"点、面"结合的地下空间结构 |

| 3 | 合巢产业新城
庐南产业新城
空港产业新城
适度开发 | → | 以交通、市政等重点地下工程为主的点状布局结构 |

| 1 | 环巢湖地区
限制开发 | → | 限制开发、满足人防 |

图 3.7　合肥市地下空间总体布局

则，其发展轴应尽量与地面城市的发展轴相一致，这样的形态利于城市空间的发展、组织和协同。但是，当城市发展趋于饱和时，地下空间的形态将变成城市发展的制约因素。在多数情况下，城市相对于中心区呈现多轴方向发展，城市也呈同心圆式扩展，地铁呈环状与多轴交叉布局，城市地下空间整体形态呈现多轴环状发展模式。当城市形态受特有条件的限制时，轨道交通不仅是交通轴，而且是城市的发展轴，城市空间形态与地下空间的形态不完全是单纯的从属关系。多轴放射发展与以自然地理分割发展的城市地下空间有利于形成良好的地面生态环境，并为城市的发展留有更大的空间。

　　例如合肥城市地下空间总体布局（图 3.7）与合肥"1331"市域空间发展格局相契合，构建与整个城市发展战略相协调的城市地下空间发展格局，实现整个城市有机体的地上、地下协调发展，包括 1 个主城区、3 个副中心城区、3 个产业新城、1 个环巢湖示范区。

　　（2）以城市地下空间功能为基础。城市地下空间与城市空间在功能和形态方面有着密不可分的关系，城市地下空间的形态与功能同样存在相互影响、相互制约和相互补充的关系，城市是一个有机的整体，地上与地下不能相互脱节，其对应的关系显示了城市空间不断演变的客观规律。在确定城市地下空间功能时，应在城市地上空间功能分析的基础上，按照城市功能分区及城市上下功能互补与扩充原则，确定城市地下空间功能；根据城市工程地质、水文地质及环境地质条件，分析城市地质环境与地下空间的适应性；以城市地面形态及发展轴为主线，进行地下空间的布局。

　　（3）以城市轨道交通网络为骨架。轨道交通在城市地下空间规划中不仅具有功能性，同时在地下空间的形态方面起到重要作用。城市轨道交通对城市交通发挥作用的同时，也成为城市规划和形态演变的重要部分。地铁车站作为地下空间的重要节点，通过向周围的辐射，扩大地下空间的影响力。

地铁在城市地下空间中规模最大并且覆盖面广，地铁线路的选择充分考虑了城市各个方面的因素，将城市中各个主要人流方向连接起来形成网络，如连接城市中心区、城市新区、居住区。因此，地铁网络实际是城市结构的综合反映，城市地下空间规划以地铁为骨架，可以充分反映城市各方面的关系。

另外，除考虑地铁的交通因素外，还应考虑到车站综合开发的可能性，通过地铁车站与周围地下空间的连通，增强周围地下空间的活力，提高开发城市地下空间的积极性。

城市地铁网络的形成需要数十年，城市地下空间的网络形态的形成就更需要时日。因此，城市地下空间规划应充分考虑近期与远期的关系，通过长期努力，使城市地下空间通过地铁形成可流动的城市地下网络空间，城市的用地压力得到平衡，地下城市初具规模，同时城市中心区的环境得到改善。

（4）以大型地下空间为节点。在城市局部地区，特别是城市中心区，地下空间形态的形成分为两种情况：一种是有地铁经过的地区；另一种是没有地铁经过的地区。

有地铁经过的地区，在城市地下空间规划布局时，都应充分考虑地铁车站在城市地下空间体系中的重要作用，尽量以地铁站为节点，以地铁车站的综合开发作为城市地下空间局部形态。

没有地铁经过的地区，在城市地下空间规划布局时，应将地下商业街、大型中心广场地下空间作为节点，通过地下商业街或中心广场将周围地下空间连成一体。

3.3.5　城市地下空间的竖向分层布局

在城市地下空间总体规划阶段，城市地下空间竖向分层的划分必须符合地下设施的性质和功能要求。分层总的原则是以人为本、人物分离、上下对应、分层开发、功能分区及协同发展。

地下空间竖向开发深度及分层与社会生产力发展水平密切相关。在地下空间的发展历程中，许多国家根据自身的地质环境特点以及城市特点等形成了各自不同的地下空间分层划分标准。结合我国地下空间发展的实际与国内外地下空间开发趋势，一般可将地下空间分为 4 层，见表 3.5，也可将−30m 以下的深度范围统称为深层。

表 3.5　　　　　　　　　　　　　　　　　地下空间竖向总体分层

竖向分层	深度	主要开发功能
浅层	0～−15m	一般市政管线、地下步行道、地下停车场、地下商业等
中层	−15～−30m	地下停车场、地铁隧道、地铁车站、地下娱乐文化设施等
次深层	−30～−50m	地铁、地下调节池、地下能源设施、地下变电站和地下道路等设施功能
深层	−50m 以下	市政设施、深层仓储设施、地下研究设施及远期地下空间开发利用功能

有些城市也存在不同的划分标准，如《南京市城市地下空间开发利用总体规划（2015—2030）》中将全市地下空间总体划分为浅层（0～−15.0m）、中层（−15.0～−40.0m）、深层（−40.0m 以下）3 个层次。

第4章 城市地下空间规划编制体系

4.1 城市地下空间规划编制程序

国内很多城市对城市地下空间规划的编制已经进行了有益探索。例如，北京、上海、广州、深圳、南京、杭州、武汉、成都、昆明等都已经编制了城市地下空间（总体及概念性）规划，对城市未来地下空间开发的规模、布局、功能、开发深度、开发时序等做了规划，明确了城市地下空间开发利用的指导思想、重点开发区等，为下一阶段城市科学合理开发利用地下空间奠定了基础。此外，很多城市在旧城改造或者新城建设时，结合地面规划，编制了区域地下空间控制性详细规划。例如，北京朝阳CBD、杭州钱江新城核心区、武汉王家墩商务区等，通过控制性详细规划的编制，对该区域地下空间开发深度、强度、规模进行了明确，提出了地下空间布局结构和形态，并对应提出了符合该区域地下空间开发的策略和投资模式。

地下空间的规划编制，一般需要经历"资料调研、分析借鉴、论证预测、专家咨询、总结提炼"等多项基础环节准备工作，明确地下空间开发建设的基础条件与发展趋势，分析总结地下空间规划目标与发展策略，并在此指导下确定地下空间规划方案，保证规划编制的科学性与适用性。总体采用基础性调研阶段和规划编制阶段两大工作阶段。

4.1.1 地下空间规划的推进方法

（1）"调查—分析—规划"的技术路线。现状调查是规划的第一步，需听取多方意见，研究相关规划，分析其他类似项目的经验和教训，把各项资料进行详细的分析和研究，为规划提供充分的依据。

（2）"需求—供给—开发"的研究思路。地下空间开发利用规划需要综合平衡需求与供给两个方面，均基于全面的调研，要进行地下空间资源的评估以及现状地下空间设施调查分析，研究地下空间资源的适度供给与技术经济社会环境效益，二者的结合点是地下空间的开发需求与有效供给在空间形态和发展时序上科学布局与资源配置。规划需要寻求最佳的结合点，为规划方案的优化奠定科学基础。

（3）"比较—借鉴—应用"的案例研究。积极借鉴国内外类似地区的地下空间开发，从使用功能、开发规模、交通组织等方面借鉴成功的经验，应用到本项目中。

（4）"宏观—中观—微观"的规划顺序。首先在调研的基础上，从宏观层次上确定规划范围，预测地下空间开发规模，进行地下空间开发利用的总体布局，选定重点开发片区；在中观层次上，主要研究和编制地下交通、市政、防灾、公共服务等分项地下空间功能设施的规划；在微观层次上，主要结合近期启动建设片区，结合重点项目进行地下空间控制性详细规划的编制，并开展地下空间规划实施与政府管理规章制度的相关研究。

4.1.2 城市地下空间规划基础调研

地下空间规划的前期基础调研准备阶段，首先应梳理上位规划及已经审批通过的相关专项规划，分析以上规划对城市建设及地下空间开发利用的发展要求，并借鉴国内外类似城市地下空间开发建设经验，对城市发展现状及地下空间利用现状进行深入调研，确定地下空间开发利用的潜力、发展条件、限制条件及发展需求，确定地下空间的发展模式及发展重点，明确各类地下空间设施的规划布局及系统整合关系，为地下空间的编制提供基础依据。

地下空间规划的基础调研工作主要包括以下相关内容：

（1）规划背景及规划基本目的。明确规划区发展性质、发展目标定位，预测规划区发展的新需求及新动向，分析地下空间开发利用对规划区快速发展的积极作用。

（2）上位规划及相关规划对规划区建设及地下空间利用的要求解读。分析上位规划对规划区建设及地下空间开发利用的发展要求，梳理地下空间发展需求及重点，使地下空间规划与城市规划及相关规划紧密衔接，提高规划可操作性。

（3）国内外地下空间开发成功经验借鉴。分析、借鉴国内外同类地区地下空间开发利用的成功规划、建设、运营及管理经验，对比规划区建设实际，提出符合城市地下空间发展的合理化模式。

（4）城区建设及地下空间开发利用的基础条件评价。结合规划区建设现状以及分析相关规划对地下空间开发利用的要求，综合评价地下空间后续开发建设的基础发展条件，包括现状建设基础、自然条件基础、经济基础、社会需求基础、重大基础设施建设（轨道交通等）的带动效益等，综合评价规划区建设及地下空间开发的发展潜力。

（5）城市建设及地下空间开发利用的需求预测分析。通过对城市地下空间开发利用的基础条件及发展潜力分析，进一步预测规划区建设对地下空间开发利用的主导需求，预测地下空间发展功能与发展规模需求。

（6）地下空间开发利用的重点片区及设施的规划发展目标与策略分析。通过对上述环节的基础调研与分析评价，综合制定规划近期、中期、远期地下空间开发利用的规划目标及发展策略，明确各重点片区的地下空间开发利用模式。

4.1.3 地下空间规划编制

根据基础性调研阶段形成的基本结论，确定地下空间开发利用的总体规划布局，竖向分层、地下空间分项系统布局，重点片区规划及近期建设规划，同时编制地下空间规划保障措施。具体开展以下相关内容的规划编制。

（1）地下空间开发利用的总体发展布局及空间管制。确定地下空间开发利用的总体布局结构、强度分布、功能布局及总体竖向分层。

确定地下空间开发的分区管制，并制定分区管制措施。包括对关键性公共用地下空间资源的管制与预留、对各地下空间专项设施的地下化建设要求、对未来轨道沿线及区域、重大市政管廊走廊下的地下空间资源的管控与预留，形成规划管制导则。对重点区域内，除编制管制导则外，还需编制地下空间控制性详细规划及法定图则，法定图则绘制在地下空间控制性详细规划中完成。

（2）地下空间开发利用的分项系统规划及系统整合规划。确定地下空间开发利用的分项系统设施布局，包括地下交通系统设施、地下公共服务系统设施、地下市政公用系统设施、地下防灾系统设施、地下能源及仓储系统设施以及各设施的系统整合规划。

（3）重点片区范围内地下空间开发利用的规划布局。确定各片区内各地下空间专项设施的系统整合规划布局，为地下空间控制性详细规划的编制提供依据。

（4）地下空间近期建设规划。结合城市近期建设计划，确定地下空间近期发展重点地区及近期重点建设设施。

（5）地下空间远景发展规划。对地下空间远景发展进行展望。

（6）地下空间建设发展保障措施。对地下空间开发提出管理体制、机制、法制等方面的保障措施和政策制定建议。

（7）地下空间控制性详细规划制定。制定地下空间规划控制技术体系，确定地下空间使用性质及开发容量控制，地下空间分项系统控制，地下空间建筑控制，地下空间竖向及连通控制，地下空间分期时序及衔接控制，公共性及非公共性地下空间开发利用布局，并绘制地下空间控制性详细规划图则。

4.2　城市地下空间规划的主要内容

城市地下空间规划是城市总体规划的组成部分，对指导城市当前的建设和未来的发展都至关重要，具有法律效力，因此其编制过程必须有严密的组织和严格的程序，并遵循正确的指导思想，承担指导、监督地下空间发展的主要任务，并涵盖所有有关地下空间开发利用的主要内容。总体来说，城市地下空间规划编制应该依据《中华人民共和国城乡规划法》及《城市规划编制办法》。在《中华人民共和国城乡规划法》中，对城市地下空间开发利用提出了应"遵循统筹安排、综合开发、合理利用"规划原则。

城市地下空间规划分为总体规划、详细规划两个阶段进行编制。在实际工作中，地下空间总体规划可以分"总体规划纲要"和"总体规划"两个层次进行编制。"总体规划纲要"主要对总体规划需要确定的主要目标、方向和内容提出原则性的意见，作为总体规划的依据。

在城市总体规划编制之前或同时，可根据需要进行专项规划编制。专项规划主要确定各专业规划在地下空间的内容、容量及布局，确定平面、竖向位置及建设时序，协调解决各专业间的关系。大、中城市在总体规划基础上，可以编制分区规划。

地下空间详细规划可以结合地上控制性详细规划和修建性详细规划分两个层次同步编制，也可以依据地上规划单独编制地下空间控制性详细规划和地下空间修建性详细规划。

在《城市规划编制办法》中，要求在总体规划阶段"提出地下空间开发利用的原则和建设方针"，并把"城市地下空间开发布局"作为总体规划的强制性内容。在控制性详细规划阶段中，提出应"确定地下空间开发利用的具体要求"。

4.2.1　地下空间总体规划

地下空间开发利用总体规划，主要研究解决规划区地下空间开发利用的指导思想与依据原则、发展需求与规划目标，并以此为基础分析评价规划区地下空间资源潜力与管控区划，研究确定地下空间开发利用的总体布局与分项功能设施系统的规划与整合，以及近期重点开发利用片区与项目的规划指引。

城市地下空间总体规划阶段的期限应与城市总体规划一致，规划期限一般为 20 年，同时应当对城市远景发展作出轮廓性的规划安排。近期建设规划期限一般为 5 年。

地下空间总体规划主要内容包括以下几项。

1. 规划背景及规划基本目的

对规划编制的背景及基本目的进行研究分析，明确规划编制的要求和意义。

2. 现状分析及相关规划解读

（1）现状分析。

对规划区地下空间使用现状进行调查，包括地下空间现状使用功能、分项功能使用规模、分布区位、建设深度、建设年限、人防工程建设、平战结合比例、年报建与竣工比例等内容，分析总结地下空间建设特点、历年增长规模、增长特点、融资渠道、政策保障等现状特征，评价发展问题，并作为地下空间规划编制的基本出发点，使规划编制更符合规划区发展实际，解决实际问题。

（2）相关规划解读。

对规划区城市总体规划、综合交通规划、城市各专项规划进行分析解读，挖掘上位规划及相关规划对地下空间的要求及总体指导，剖析地下空间在解决城市问题方面对既有地面规划的补充思路，作为地下空间规划的基本出发点。

3. 地下空间资源基础适宜性评价

地下空间资源属于城市自然资源，对地下空间资源进行评估是城市规划中新出现的自然条件和开发建设适建性评价的延伸和发展，即对地下空间开发利用的自然条件与空间资源适建性进行评价。

此部分规划内容是基于规划区基础地质条件和地勘调查成果，以及规划区建设现状，对规划区地下空间资源进行自然适宜性和社会需求度的评价，解明地下空间资源适宜性质量等级，估测可合理开发利用地下空间资源储量，区划地下空间资源的价值区位，为地下空间开发利用规划编制提供科学依据。

可具体按照下述体系编制。

（1）规划区基础地质条件综述及既有勘查成果调研。

（2）地下空间资源评估层次及技术方法。

（3）地下空间资源的自然条件适宜性评估。

（4）地下空间资源的社会经济需求性评估。

（5）地下空间资源综合评估。

4. 地下空间需求预测

对规划区地下空间的开发需求功能进行预测，并在确定功能的基础上对分项功能进行规模预测。

可具体按下述体系进行编制。

（1）规划区地下空间开发功能预测。

（2）规划区地下空间开发规模预测。

（3）规划区地下空间时序发展预测。

5. 地下空间发展条件综合评价

对规划区地下空间发展条件进行综合评价，评价内容包括现状建设基础、自然条件基础、经济基础、社会基础及重大基础设计建设带动效益等多个方面。

6. 地下空间规划目标、发展模式与发展策略制定

在深入调研地下空间建设现状、进行地下空间资源评估、预测地下空间开发规模的基础上，制定符合规划区实际发展的地下空间开发目标及发展策略，建立规划发展目标指标体系，形成可操作的目标价值体系，并制定分期、分区、重点突出的发展战略。

7. 地下空间管制区划及分区管制措施

制定规划区地下空间管制区划，编制相应的地下空间开发利用管控导则，针对不同管制分区、不同性质与权属的地下空间类型，提出因地制宜、符合实际的管控措施。

8. 地下空间总体发展结构及布局

紧密结合上位规划、规划区发展总体布局和城市空间的三维特征，在地下空间发展目标与策略指导下，确定规划区地下空间的总体发展结构、发展强度区划、空间管制区划、总体布局形态和竖向分层。

可具体按下述体系进行编制：

（1）地下空间总体发展结构。

（2）地下空间发展强度区划。

（3）地下空间发展功能区划。

（4）地下空间管制区划。

9. 地下空间竖向分层规划

通过地下空间总体发展结构和布局的研究，结合规划区近期、中期、远期的发展需求，提出规划区地下空间总体竖向分层。

10. 地下空间分项功能设施系统规划与整合

（1）地下空间交通设施系统规划。结合城市宏观交通矛盾问题及交通组织特征，分析预测规划区现状及未来发展的交通模式及可能遇到的交通问题，分析论证规划区交通设施地下化发展的可行性和必要性，并借鉴发达城市及地区的发展经验，提出符合规划区交通发展需求的地下交通功能设施，提出地下交通组织方案，包括地下轨道交通、地下公共车行通道、地下人行系统、地下静态交通、地上地下交通衔接规划、竖向交通规划及其他地下交通设施和地下交通场站规划，制定地下交通的各项技术指标要求，划定重大地下交通设施建设控制范围。

可具体按下述体系进行编制：

1）城市及规划区交通发展现状调研及问题分析。

2）规划区交通设施地下化可行性分析。

3）规划区交通设施地下化需求性分析。

4）规划区地下交通设施系统发展目标与策略。

5）规划区地下交通设施系统规划。

6）规划区地下交通设施系统指标要求及重大地下交通设施建设控制范围。

（2）地下空间市政公用系统规划。规划应从市政公用设施的适度地下化和集约化角度，在对城市市政基础设施宏观发展现状深入调研的基础上，结合规划区建设发展实际，统筹安排各项市政管线设施在地下的空间布局，研究确定规划区地下空间给排水、通风和空调系统，供电及照明系统等布局方案，展开对部分基础设施地下化的建设需求性、建设可行性、具体功能设施规划、设施可维护性及综合效益评价等方面的探讨，制定各类设施的建设规模和建设要求，对规划区建设现代化、安全、高效的市政基础设施体系提供全新、可行的发展思路。

可具体按下述体系进行编制：

1）城市及规划区市政公用设施发展现状调研及问题分析。

2）规划区市政公用设施地下化和集约化可行性分析。

3）规划区市政公用设施地下化需求性分析。

4）规划区市政公用设施系统发展目标与策略。

5）规划区市政公用设施系统规划。

6）规划区市政公用设施系统指标要求及重大市政公用设施建设控制范围。

（3）地下公共服务设施系统规划。规划应认清地下公共服务设施不是地下空间开发利用的必需性基础设施，其开发主要依托交通设施带来客流，并完善交通设施，承担客流疏散与设施连通等交通功能，并兼顾公益性功能的地下商业开发需谨慎论证。同时，开发建成的地下公共服务设施要有良好的导向性及舒适的内部环境。

规划应结合规划区发展实际，在充分调研城市地下商业开发及投资市场活跃度的基础上，系统分析规划区发展地下公共服务设施的必备条件，并结合规划区主要商业中心及交通枢纽，论证地下公共服务设施的选址可行性，同时分析开发规模，并对运营管理提出保障措施。

可具体按下述体系进行编制：

1）城市及规划区地下公共空间建设现状调研及问题分析。

2）规划区地下公共服务设施地下化和集约化可行性分析。

3）规划区地下公共服务设施地下化需求性分析。

4）规划区地下公共服务设施系统发展目标与策略。

5）规划区地下公共服务设施系统规划。

（4）地下人防及防灾系统规划。规划应以城市规划区综合防灾系统建设现状为宏观背景，探索规划区地下空间防空防灾设施与城市防灾系统的结合点，根据城市人防工程建设要求，预测规划区地下人防工程需求，合理安排各类人防工程设施规划布局，制定各类设施建设规模和建设要求，系统提出人防工程设施、地下空间防灾设施与城市应急避难及综合防灾设施的结合发展模式、规划布局以及建设可行性，并对提高地下空间内部防灾性能提出建议和措施。

可具体按下述体系进行编制：

1）规划区人防工程及地下防灾设施建设现状调研。

2）规划区人防工程及地下防灾设施需求预测分析。

3）规划区人防工程及地下防灾设施的发展目标与策略。

4）规划区人防工程规划布局。

5）规划区地下综合防灾设施规划布局。

6）规划区人防及地下防灾设施与城市建设相结合的实施模式分析。

11. 地下空间生态环境保护规划

规划应从地下水环境、振动、噪声、大气环境、环境风险、施工弃土、辐射、城市绿化等方面，对地下空间开发利用对区域生态环境的影响方式、影响程度进行定量或定性分析，客观评价地下空间开发利用对城市大气环境质量和绿化系统的积极改善作用，同时对可能引起的各种环境污染提出规划阶段的减缓措施和建议。

可具体按下述体系进行编制：

（1）规划区城市生态环境保护现状。

（2）规划区地下空间开发与生态环境的相互作用机制。

（3）规划区地下空间开发对典型生态环境问题的影响与保护措施。

（4）地下空间开发建设的环境风险评价方法及保护政策建议。

12. 地下空间近期建设规划

结合城市近期建设计划，确定规划区地下空间近期发展重点地区及近期重点建设设施。

13. 地下空间远景发展规划

确定规划区地下空间远期目标和愿景。

14. 地下空间规划实施保障

规划应结合目前国内外地下空间开发投融资实践中的典型做法与热点问题进行评析，并结合规划区地下空间开发的实际特点，从政策保障机制、法律保障机制、规划保障机制、开发机制和管理机制等方面提出规划区地下空间开发实施具体机制和政策建议，确定地下公共空间的建设、运营和管理及产权归属等重大问题。

可具体按下述体系进行编制：

（1）规划区地下空间建设实施保障措施现状。

（2）国内外地下空间建设管理保障措施借鉴。

（3）规划区地下空间管理体制、机制和法制适用性及模式。

4.2.2 地下空间控制性详细规划

地下空间控制性详细规划，主要对地下空间总体规划确定的地下空间开发重点片区，研究编制地下空间开发利用控制性详细规划。根据地下空间开发利用总体规划确定的发展策略及规划要求，并对各项地下空间分项系统设施确定规划布局，划定开发建设控制线、明确开发强度、开发功能与建设规模、出入口布局、连通口布局与预留等控制要求；对重要节点片区各设施建设时序、分期连通措施等提出控制要求。

该层次规划编制的内容体系主要包括以下几点。

1. 上位规划（地下空间总体规划）要求解读

对规划区上位地下空间总体规划进行分析解读，挖掘上位规划中对规划区地下空间的要求及总体指导，梳理地下空间发展需求及重点。

2. 重点地区地下空间设施规划

重点地区地下空间总体布局及分项系统布局规划。可具体按下述体系进行编制：

（1）重点地区地下空间总体规划。

（2）重点地区地下交通设施系统规划。

（3）重点地区地下公共服务设施系统规划。

（4）重点地区地下市政公用设施系统规划。

（5）重点地区地下人防及防灾设施系统规划。

3. 地下空间规划控制技术体系

明确公共地下空间及非公共地下空间的规定性与引导性要求。可具体按下述体系进行编制：

（1）公共性地下空间开发规定性与引导性控制要求。

（2）非公共性地下空间开发规定性与引导性控制要求。

（3）公共性与非公共性地下空间开发衔接控制要求。

（4）地下空间分项系统设施规定性与引导性控制要求。

4. 地下空间使用功能及强度控制

确定规划区地下空间开发利用的功能及对各类地下空间开发进行强度控制。

5. 地下空间建筑控制

地下空间建筑控制包括地下空间平面建筑控制和地下空间竖向建筑控制。

6. 地下空间分项设施控制

地下空间分项设施包括各分项设施规模、地下化率、布局、出入口、竖向、连通及整合要求等。重点对地下车行及人行连通系统、地下公共服务设施、综合管廊、公共防灾工程等设施提出控制要求。

可具体按下述体系进行编制：

（1）地下交通设施系统控制及交通组织控制。

（2）地下公共服务设施系统控制。

（3）地下市政公用设施系统控制。

（4）地下公共防灾设施系统控制。

7. 绿地、广场的地下空间开发控制

对绿地、广场的地下空间根据使用功能、开发强度的需求进行开发控制。

8. 地下空间规划控制导则

根据规划控制指标体系制定规划区地下空间开发利用管制导则。包括：地下空间使用功能、强度、容量，地下空间的公共交通组织，地下空间出入口，地下空间高程，地下公共空间的管制，地下公共服务设施、公共交通设施和市政公用设施管制等，并对规划区的控规进行校核和调整，制订管理单元层面的地下空间开发控制导则。

9. 分期建设时序控制

结合地下空间功能系统开发建设的特点，提出规划区地下空间开发的分期建设及时序控制。

10. 法定图则绘制

绘制体现规划区内各开发地块地下空间开发利用与建设的各类控制性指标和控制要求的图则。

11. 重要节点城市地下空间设计深化

对交通枢纽节点、核心公建片区、公共绿地、公园地下综合体等节点进行深化。重点对节点地下空间的城市设计、动态及静态交通组织、防灾（含消防、人防）设计引导，以及分层布局、竖向设计、衔接口、出入口及开敞空间等进行设计，并对建设方式、工法、工程安全措施进行说明，测算技术经济指标及投资估算。

4.2.3 地下空间修建性详细规划

依据地下空间总体及控制性详细规划确定的控制指标和规划管理要求，进一步明确公共性及非公共性地下空间建设实质范围，确定各项设施的规定性控制指标及竖向设计；深化重要节点设计、交叉口、连接口、出入口设计方案；提出环境设计引导；明确建设时序控制、工程安全控制、投资估算及规划实施保障措施等。

4.3 城市地下空间规划成果体系

地下空间规划成果一般由文本、图纸、附件（说明书）、模型制作等组成。

4.3.1 地下空间总体规划成果体系

地下空间总体规划的成果应包括规划文本、规划图纸以及附件3部分。

1. 规划文本的主要内容

（1）总则，说明规划的目的、依据、原则、期限、规划区范围。

（2）地下空间开发建设基本目标。

（3）地下空间开发利用的功能规划。

（4）地下空间开发利用的总体规模。

（5）地下空间开发利用与保护的空间管制。

（6）地下空间开发利用的总体布局规划。

（7）地下空间开发利用的竖向分层规划。

（8）地下空间功能系统专项规划。

（9）地下空间开发利用近期建设与远景发展规划。

（10）规划实施的保障措施。

（11）附则与附表。

2．主要规划图件

（1）地下空间开发利用现状图。

（2）地下空间可开发资源分布图。

（3）地下空间开发利用总体布局规划图。

（4）地下空间开发利用重要节点地区布局示意图。

（5）地下空间开发利用功能规划图。

（6）地下空间开发利用竖向分层规划图。

（7）地下空间开发利用专项系统规划图。

（8）地下空间近期规划建设示意图。

3．附件

附件包括规划说明书、专项课题的研究成果。

4.3.2 地下空间详细规划成果体系

地下空间详细规划是城市详细规划的有机组成部分，规划成果包括规划文本、规划图纸与控制图则、附件。

1．规划文本的主要内容

（1）总则，说明规划的目的、依据、原则、期限、规划区范围。

（2）地下空间开发利用的功能与规模。

（3）城市地下公共空间开发建设规划管理细则。

（4）地块地下空间开发建设规划管理细则。

（5）规划实施的保障措施。

（6）附则与附表。

2．规划图纸

（1）地下空间开发利用现状图。

（2）地下空间规划布局结构图。

（3）地下空间开发利用分层平面规划图。

（4）地下空间专项系统规划图。

（5）地下空间重要节点平、剖面图。

（6）地下空间开发时序示意图。

3. 控制图则

将规划对公共地下空间以及各开发地块地下空间开发建设的各类控制指标和控制要求反映在分幅规划设计图上。

4. 附件

附件包括规划说明书、专项课题的研究成果。

4.4 规划案例

4.4.1 北京的地下空间规划

1. 概述

北京平原地区尤其是中心区主要以土层结构（第四系沉积物）为主，岩石层基本在地底下 30～50m，承压水层在地下 20～50m，地下空间开发环境优良。

2004 年北京全市地下空间总建筑面积位为 2744 万 m^2。其中，中心城区地下空间总建筑面积 1674 万 m^2。2001—2004 年，平均每年增加的地下空间建筑面积约 300 万 m^2。

北京是中国最早建设地铁的城市，从 1965 年建设第一条地铁至今已经经历 50 余年。截至 2016 年 12 月 31 日，北京地铁共有 19 条运营线路（包括 18 条地铁线路和 1 条机场轨道），组成覆盖北京市 11 个市辖区，拥有 345 座运营车站（换乘车站重复计算，不重复计算换乘车站则为 288 座车站）、总长 574km 运营线路的轨道交通系统。远景规划 2020 年将建成 30 条运营线路。

此外，北京在地下商业、地下市政设施等方面的开发利用也发展快速。目前，北京城市地下空间开发利用已涉及城市功能的方方面面。

2. 总体规划编制

2004 年北京编制了《北京中心城中心地区地下空间开发利用规划》，确立了城市地下空间资源开发利用的目标和要求，并以此为框架，通过重点地区地下空间控制性详细规划的编制分阶段、分步骤深化和落实总体规划构想。

《北京中心城中心地区地下空间开发利用规划》为国内特大城市首次在总体规划层面上编制的全市范围的地下空间规划。工作中，采用"规划纲领—专题研究—规划综合"的工作方式和"政府组织、专家领衔、先期研究、部门合作、总规落实"的组织方式。对地下空间所涉及的诸多问题（如资源评估、生态环境保护等）进行了深入探索和反复尝试，具有示范意义（表 4.1）。

表 4.1　　　　　　　　　　北京市地下空间规划成果一览表（部分）

规划层次	规划名称
总体规划	《北京中心城中心地区地下空间开发利用规划》（2004）
控制性详细规划	《北京商务中心区（CBD）地下空间规划》（2009）
	《北京王府井商业区地下空间开发利用规划》（2003）

该规划的核心内容包括以下几个。

（1）经过资源评估提出城市有效开发利用地下空间资源量：浅层为 1.56 亿 m²；次浅层为 3.14 亿 m²。

（2）提出地下空间发展的总体规模。截至 2020 年，北京市域地下空间总规模为 9000 万 m²，中心城为 6000 万 m²，其中公共空间为 4000 万 m²。

（3）提出 4 个核心原则，即综合利用、连通整合；以轨道交通为基础；以城市公共中心为重点进行布局；分层开发、分步实施。

（4）提出地下空间"双轴、双线、双环、多点"的平面布局模式和地下 10～30m 为近期利用重点的竖向布局要求（图 4.1）。

（5）提出地下空间重点开发地区以及近期建设规划。地下空间开发利用重点地区为王府井、中央商务区等 17 处；主要节点包括木樨园、公主坟等 21 处。此外，还包括新城中心区、边缘集团公共中心。

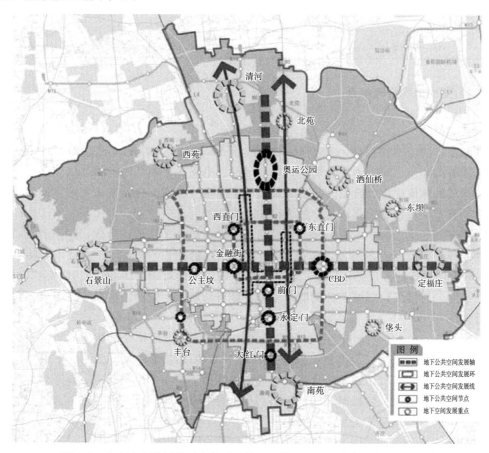

图 4.1　北京中心城区地下空间"双轴、双线、双环、多点"布局示意图

该规划综合全面、体系完整，同期开展了 17 项专题研究，分别为：北京市区中心地区地下空间利用现状调查与分析；国内外大城市地下空间开发利用情况分析；北京中心城中心地区地下空间资源评估；北京地下空间开发利用前景分析；北京地下空间开发利用发

展目标研究；北京地下公共空间系统规划；北京城市重点地区地下空间开发利用研究；北京地下交通系统规划研究；北京地下市政设施系统规划研究；北京城市地下综合管沟规划研究；北京城市地下空间与防空防灾系统规划研究；北京城市地下空间开发利用生态环境保护研究；北京地下空间开发利用的技术保障措施；北京地下空间开发利用与旧城历史文化名城保护；北京城市地下空间开发利用的政策问题研究；北京地下空间开发利用的投融资体制研究；北京城市地下空间开发利用的综合效益评估。研究内容覆盖了地下空间开发利用的各个方面，作为规划编制基础和专项探索。

　　根据总体规划，北京也明确了需要编制地下空间详细规划的区域类型。CBD、中关村西区、奥运中心区、金融街、王府井商业区等城市重点地区也都陆续编制了地下空间详细规划（部分成果见表 4.2）。

表 4.2　　　　　　　　　　北京市地下空间详细规划成果一览表（部分）

类型	商务区	商业中心区	文化体育中心区	交通枢纽地区
案例	北京商务中心 中关村西区 金融街地区	王府井商业区 西单商业区 前门大栅栏地区	奥林匹克公园地区 永定门地区	东直门交通枢纽 六里桥交通枢纽 动物园交通枢纽

4.4.2　合肥的地下空间规划

1. 概述

　　合肥市作为安徽省省会，是全省的政治、经济、文化中心。近年来合肥城市面貌日新月异，随着国际及沿海产业资本加速向内地转移、中央关于中部崛起战略的实施、安徽省会经济圈战略的推进以及合肥现代化滨湖大城市战略的实施，合肥城市发展空间将进一步拓展，其经济和城市建设将以更大的规模和更快的速度发展。

　　但在其现代化发展中，合肥同其他大城市一样，出现了城市综合症，越来越拥挤的城市、越来越显得脆弱的各类城市基础设施需要更多的空间。如何为各种城市设施安排空间，实现合肥城市的可持续发展，是合肥发展必须解决的难题。因此，充分利用其城市地下空间资源，对增强合肥城市抗灾能力、完善城市功能、走内涵式的城市发展之路都起着极其重要的作用。

　　截至 2012 年，合肥城市地下空间的开发进程与其城市地位还不相适应，主要以人防工程和地下停车场为主，大型地下综合体和地下商业设施等其他类型的地下设施刚刚起步，对地下空间开发利用的系统化不够，也未进行地下空间的专项规划，地下空间开发缺乏正确引导和科学的开发机制。2012 年 6 月，合肥市轨道交通 1 号线工程正式全线开工建设，地下空间开发利用进入加速发展阶段。

2. 总体规划编制

　　2013 年，合肥市编制了《合肥城市地下空间开发利用规划（2013—2020）》，此次规划范围是主城区约 1220km²，重点编制范围为市区范围面积约 887km²（不含巢湖水面）。规划期限近期为 2013—2015 年，远期为 2016—2020 年。

　　规划主要包括 8 个方面的内容，即合肥城市地下空间现状分析、城市地下空间资源评估与需求规模、城市地下空间发展战略与目标、城市地下空间开发利用总体框架、城市地下空间专项系统规划、城市地下空间控制指引、城市地下空间近期规划与远景规划、城市地下空间实施措施与政策建议等。

其核心内容包括以下几项。

（1）对合肥地下空间资源条件进行评估。初步估算合肥市区地下空间可有效开发资源量（折算成建筑面积）为4.95亿～8.56亿 m^2 ，主城区可有效开发资源量（折算成建筑面积）为6.85亿～11.82亿 m^2 。以自然地质条件对地下空间资源开发的适宜分区为基础，结合城市建设影响条件，包括现状地面建筑、历史文物保护、旧城改造、地下空间现状等因素，把合肥主城区范围内的地下空间开发控制分为3个区，分别为慎建区、限建区和适建区三类控制分区。

（2）提出合肥地下空间发展目标。近期目标：紧密结合轨道交通建设，大力促进轨道站点周边地下空间的连通和整合开发，形成地下空间网络骨架；结合重点地区的规划建设，整合地上、地下资源，从总体发展考虑，优化地下空间网络节点，进一步完善城市地下空间系统，提高城市空间利用率。

远期目标：注重分层立体综合开发、横向相关空间连通、地面建筑与地下工程协调发展，初步建立与城市发展空间相适应、与地上空间开发相结合、以地下轨道交通为骨架，由地下交通设施、地下公共设施、地下防灾减灾设施和地下市政设施组成的复合型、现代化的城市地下空间综合利用体系。

（3）提出合肥市域地下空间总体布局模式。依据规划方案，合肥市域地下空间总体布局将重点开发主城区；积极开发巢湖城区、庐江城区、长丰城区；适度开发合巢产业新城、庐南产业新城、空港产业新城；限制开发环巢湖地区，如第3章图3.7所示。

（4）提出合肥市主城区的地下空间布局。以城市轨道交通网络为骨架，以城市中心、副中心、高强度商业（商务）区、综合交通枢纽为片区，以换乘轨道站点以及大型公共设施等为节点，结合城市一般地区的地下空间开发，逐步形成"点、线、面"相结合的地下空间开发利用总体结构。

按照《规划》设计，在2020年之前，合肥主城区地下空间将形成"两轴一环、多片多点、指状延伸"的总体结构，将规划发展轨道1号线和轨道2号线形成的"十字形"地下空间发展轴，轨道3号线和轨道4号线形成的"环形"地下空间发展轴。发展合肥火车站地区、老城商业中心区、高铁站地区、滨湖核心区等10个重点地区，合肥站、大东门站、三孝口站、三里庵站等20个主要节点，如图4.2所示。紧密结合轨道交通建设，大力促进轨道站点周边地下空间的连通和整合开发，形成地下空间网络骨架；结合重点地区的规划建设，整合地上、地下资源，从总体发展考虑，优化地下空间网络节点，进一步完善城市地下空间系统，提高城市空间利用率，促进城市和谐发展。

（5）进行城市地下空间专项系统规划。主要开展地下交通系统规划、地下市政设施、地下综合防灾规划。

（6）提出近期地下空间建设重点区域。根据规划，近期建设重点为"两轴、四片"。"两轴"即为沿轨道1号线、2号线两条轴线。"四片"即为火车站片区、高铁站片区、老城商业中心区、滨湖核心区4个重点区域，如图4.3所示。

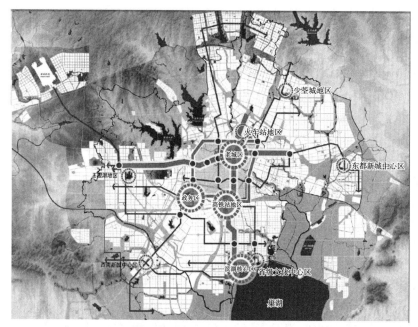

图 4.2 合肥市主城区地下空间平面布局结构

图 4.3 合肥市主城区地下空间近期重点开发区域示意图

　　同时，该规划还提出了相关的实施措施和政策建议。包括：完善地下空间的立法，加强技术标准规范制定；完善地下空间规划编制体系，推进重点地区综合开发；启动编制高铁站片区、滨湖核心区地下空间控制性详细规划等。

　　合肥城市地下空间开发利用规划（2013—2020）的文本内容具体见本书附录。

第5章 城市地下交通系统

5.1 概述

5.1.1 城市地下交通设施分类

城市地下交通是指一系列交通设施在地下进行连续建设所形成的地下交通体系和网络。地下交通规划是城市地下空间规划中最为重要的功能设施规划,地下空间的发展布局、总体形态、发展方向以及地下空间服务设施的分布、重点建设区域等规划内容往往是围绕着地下交通设施中的地下轨道交通线网及站点展开。在近二三十年中,地下轨道交通、城市公路隧道、越江或越海隧道,以及地下人行道、地下停车场等都有了很大发展。尤其在国外许多大城市已经形成了完整的地下交通系统,在城市交通中发挥了重要作用。

地下交通系统按其交通形态,可划分为地下动态交通系统和静态交通系统。根据功能不同,地下动态交通系统可分为地下轨道交通系统、地下道路交通系统、地下人行交通系统、地下交通枢纽;地下静态交通系统主要是地下停车场(库)。

5.1.2 地下交通设施规划原则

(1)适应性原则。适应城市发展建设的要求,使城市地上、地下交通系统有机统一,协调发展,上下各种交通方式之间合理衔接、换乘便捷;地下交通建设应与城市建设总体布局一致。

(2)适度超前原则。城市地下交通规划应基于发展的角度,以城市总体规划为依据,结合城市中长期发展目标,适度超前地对地下交通设施进行规划布局,为城市的不断扩展做出前瞻性计划,以满足持续增长的交通需求。

(3)公交优先原则。地下交通系统以疏导地面交通为首要任务,以缓解城市交通拥堵和停车难为导向,通过大力发展地下公共交通设施,消除道路对城市的分割,拉近城市空间距离,充分发挥土地的集聚效应。

(4)统筹规划原则。地下交通设施规划建设应该充分考虑动、静态交通的衔接以及个体交通工具与公共交通工具的换乘;城市主干道的规划建设应为未来开发利用不同层次的地下空间资源预留相应的空间;城市建设与更新应该充分考虑交通设施的地下化、交通立体化的发展模式。

5.1.3　地下交通设施规划布局

地下交通设施规划以引导城市的现代化、贯彻公共交通优先为导向，营造一个以人为本的便捷、舒适的交通环境为目标。

在开发布局上，逐步形成以地下轨道交通线网为骨架，以地铁车站和枢纽为重要节点，注重地铁和周边地下空间的联合开发，形成有机的交通网络服务体系。

在空间层次上，避免地铁与建筑和市政浅埋设施的相互影响，地铁尽量利用次浅层和次深层地下空间。

在城市中心城区范围内，以地铁为依托，结合轨道交通线网的建设，形成地下和地面相互联系的立体交通体系，利用地铁客流合理开发商业，提高地下空间的使用效率和开发效益。规划的社会停车场原则上应该地下化，解决停车难的问题，既充分利用主城区内稀缺的土地资源，又不影响城市景观；在中心商业区应该规划地下步行交通系统，净化地面交通，实现人车分流，达到商业功能与交通功能的和谐统一。

5.2　城市地下轨道交通系统

5.2.1　城市地下轨道交通概述

城市轨道交通是城市公共交通系统中的一个重要组成部分，泛指在城市沿特定轨道运动的快速大运量公共交通系统。根据我国 2007 年颁发的《城市公共交通分类标准》，城市轨道交通主要有 7 类，即地铁系统、轻轨系统、单轨系统、有轨电车、磁浮系统、自动导向轨道系统和市域快速轨道系统。目前我国的城市轨道交通以地铁、轻轨两种制式居多。

将城市轨道交通系统建造于地下，称为"地下铁路"，简称为地铁、地下铁或捷运（如台湾地区）等。在英语中称为 subway、underground、metro 或 tube。目前，地铁已经不再局限于运行线在地下隧道中的这种形式，地下、地面、高架三者有机结合，一般以地下线路为主。

"轻轨"（Light Rail Transit，LRT）指的是客流量较小或编组规模较小的轨道交通线路。轻轨以高架和地面较为常见，但也同样适用于地下。

从运输能力、车辆设计以及建设投资等方面来看，轻轨与地铁均有所差别，主要区分方式是运量不同，地铁能适应的单向最大高峰客流量为 3 万～6 万人次/h，轻轨能适应的单向最大高峰客流量为 1 万～3 万人次/h。运量的大小决定了车辆编组数（地铁列车编组可达 4～10 节，轻轨列车编组为 2～4 节）、列车车型、轴重、站台长度等。

本章所指城市地下轨道交通系统主要指城市地铁运输系统。

地铁设计年限一般分为初期、近期与远期 3 个阶段，时间均从工程建成通车之年算起。目前，国内准备修建地铁与轻轨的城市，在工程可行性研究和设计中，为了从客流角度评估现时修建工程的必要性和减少工程初期投资，都预测了工程建成通车后 3 年，即初期的客流量，并据此配备运营车辆和相应的车辆检修设备。根据国外的经验，设计年限一般近期定为 10～15 年，远期为 20～30 年较为合适。我国《地铁设计规范》（GB 50157—2013）规定，设计年限近期按建成通车后第 10 年，远期按建成通车后第 25 年。

5.2.2 地铁路网规划

地铁路网主要由线路和车站构成。线路即标准段，也称区间地铁。在平面上，可以划分为直线段和曲线段；在纵断面上由上坡和下坡组成，即采用节能坡的形式。车站分换乘站和枢纽站。地铁车站是联络地上和地下空间的节点，是客流出入口和换乘点，地铁区间段承担轨道交通运输任务，由数条地铁线组成网络，每条地铁线一般长 20～30km，站的前后设站前或站后折返线，换乘站在两条线路之间设置联络线，联络各地铁车站。

地铁路网规划是城市全局性的工作，是城市总体规划的一部分。地铁路网由若干地铁线路所组成，是一个技术独立的城市公交客运网，也是整个城市公交系统的一部分。为了充分发挥它的作用，除了要有先进的技术外，还要有合理的路网规划；否则，会因无计划盲目的修建地铁而造成各条线路客流不均匀、换乘不便、发挥效能差，并且带来很多技术不合理等不良现象。

5.2.2.1 城市地铁客流预测

客流量是城市地铁规划设计的主要依据。在规划线网时，先要根据居民出行调查 OD 分布图（Origin and Destination，又称起讫点调查，主要调查居民出行起点和终点）及城市道路等资料，初拟线网方案，然后预测线网客流量以测试线网设计的合理性，如发现不当之处，要重新调整线网规划，并重做客流预测，如此反复，直至满意为止。在工程可行性研究阶段，客流量是工程修建必要性和可行性的主要依据；在工程设计中，其系统运输能力、车辆选型及编组、设备容量及数量、车站规模及工程投资等，都要依据预测客流量的大小来确定。

客流预测是指在城市的社会经济、人口、土地使用以及交通发展等条件下，利用交通模型等技术手段，预测各目标年限地铁线路的客流量、断面流量、站间 OD、平均运距等线路客流数量特征的过程。通过对城市主要干道的客流预测，定量地确定各条线路单向高峰小时客流量，也就可以确定每条线路规模。

地铁客流预测，随着发展时期的不同而有不同的模式。近些年许多城市地铁路网规划时采用的客流预测模型是："现状 OD"→"出行需求预测"→"远期地铁"。此模式遵循交通需求预测的"四阶段法"：交通出行产生、交通的分布、交通方式的划分和交通在路网上的分配。

地铁客流预测可分为工程可行性研究和设计两个阶段。地铁工程可行性研究阶段的客流预测为确定系统选型、线路运力规模、车辆编组、车站和车辆基地的规模等提供依据。设计阶段的客流预测为确定车站形式、出入口布设、换乘通道设计等内容提供依据，在工程可行性研究阶段的客流预测基础上，待车站出入口方案初步确定后进行。

5.2.2.2 地铁路网的组成

地铁路网中的每一条线路必须按照运营要求布置各项组成部分，以发挥其运营功能。路网通常由区间隧道、车站、折返设备、车辆段（车库及修理厂）以及各种联络支线（渡线）所组成，如图 5.1 所示。

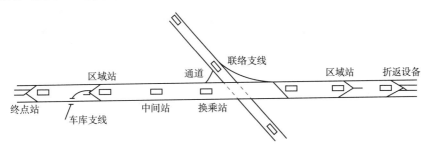

图 5.1　地铁线路网组成示意图

（1）区间隧道。区间隧道是供列车通过，内铺轨道，并设有排水沟、安装牵引供电装置、各种管线及通信信号设备的地方。

（2）车站。车站是旅客上、下车及换乘地点，也是列车始发和折返的场所。

（3）折返设备。供运营列车往返运行时的掉头转线及夜间存车、临时检修等。

（4）车辆段（车库）。车辆段一般位于靠近线路断点的郊区，早上车辆向市中心发车，夜间收班向郊区入库。车辆段设有待避线、停留线、检车区、修理厂、调度指挥所和信号所等。其规模按该地铁所拥有的车辆数（运行车辆、预备车辆、检修车辆的总和）来决定。

（5）联络线。路网中地下线路与地面车库应有专用线联系，此种专用线一般不宜和折返线合用。此外，在线路的交叉线附近，为了便于两线间车辆互相调配，可设联络线。为了便于车辆折返，在适当位置设有渡线。

5.2.2.3　城市地铁路网的形态

地铁路网的形态是数条线路和车站在平面上的分布形式。在几何上，是线段之间组合关系的总和。带节点的线段是路网的基本单元，其表现形式为单线或单环。根据线环的组合方式，城市地铁路网可以分为放射形、环形及棋盘形 3 种基本形态及其组合形态。随着城市的发展和功能的日益完善，城市地铁网的形态也由简单变复杂，其路网的功能和结构也日臻完善和强大。基本形态是城市地铁网的初级形态。在基本形态的基础上，将出现多种组合形态，如放射环状、棋盘环形、棋盘环形对角形及其混合形态。各种组合形态是城市地铁路网发展的高级形式。地铁路网基本形态组合如图 5.2 所示。

（1）放射形。以市中心为原点，径向线向周围地区发射，形成放射状的形态。放射形是线形的一种组合形态，其特点是通过径向地铁线路和站点，将城市中心区与城市发展圈连接起来，郊区客流可直达市中心，也可通过市中心由一条线路转往另一条线路。其缺点是城市各圈层之间不能直接由地铁贯通，线路之间换乘不便，须借助地面公共交通系统。

例如，美国波士顿地铁路网就属于典型的放射形，如图 5.3 所示。

（2）环形。环形是以城市中心区为圆心，布置环形线路而形成的路网结构。其特点是路网与城市圈层外延发展相一致，覆盖范围广；不足之处是路网环间缺乏联系，须借助地面交通。这种形态往往出现在地域辽阔的平原地区，且在地理上各向发展均衡的城市。一

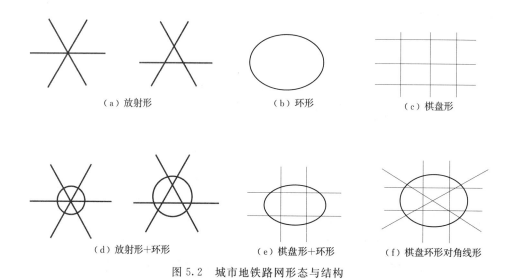

（a）放射形　　　　　　　　（b）环形　　　　　　　　（c）棋盘形

（d）放射形+环形　　　　　（e）棋盘形+环形　　　　　（f）棋盘环形对角线形

图 5.2　城市地铁路网形态与结构

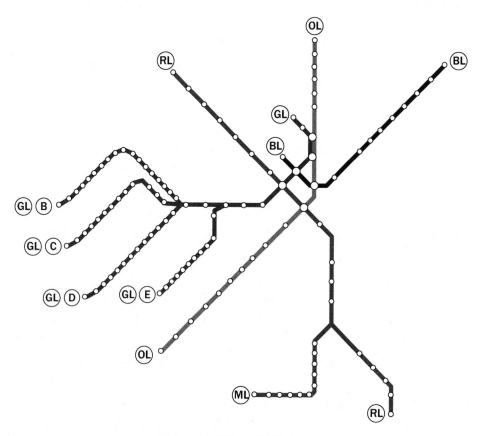

图 5.3　美国波士顿地铁路网图

般在城市地铁建设的初期出现，如北京地铁2号线，如图5.4所示。随着城市的发展，环形路网通常会发展成环形＋线形等复合形式。

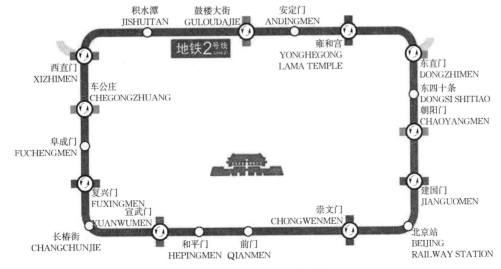

图 5.4 北京地铁 2 号线路图

（3）棋盘形。棋盘形是指由近似相互平行与垂直的线形地铁线路构成的路网。棋盘形是线形的另一组合形式，其特点是路网在平面上纵横交错，呈棋盘格局，换行节点多，通达性好，但线路节点相互间的影响较大。图5.5所示为深圳地铁路网。

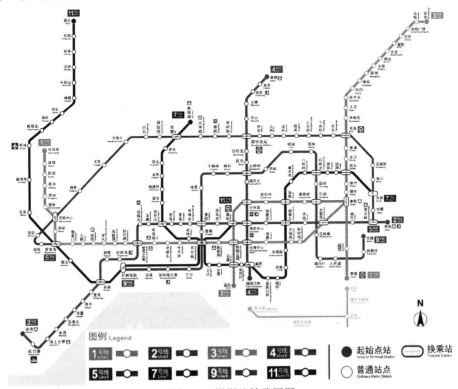

图 5.5 深圳地铁路网图

棋盘形路网由典型的纵横线路构成，形成棋盘形格局。随着城市的发展，棋盘形也会发展为多种复合类型，如纽约地铁属于非规则型棋盘式路网，具有棋盘形＋放射形的特点。

（4）放射形＋环形。是指放射形地铁线路与环形地铁线路组合而成的路网结构。在几何上，环形线路是具有一定曲率半径的闭环或开环线段，一般与所有放射形线路交叉，可以直接换乘，整个路网的连通性较好，能有效缩短市郊间乘客利用轨道交通出行的里程和时间，并起到疏散市中心客流的作用。如莫斯科地铁路网（图5.6）。整个莫斯科地铁线路以克里姆林宫为中心向四周辐射，连接市中心和郊区的居民住宅区、景点和购物广场，并与铁路客运站相连通，覆盖了整个莫斯科市区和郊区，具有很强的可达性，是一种放射形和环形完美结合的地铁路网。

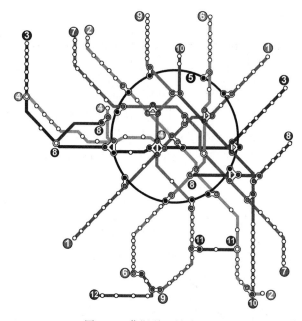

图5.6　莫斯科地铁路网图

（5）棋盘形＋环形。棋盘形＋环形是指棋盘形与环形地铁路网组合而成的复合型地铁路网。它具有棋盘形与环形路网的特点，网形规整，覆盖范围大，通达性强。在棋盘形地铁路网中采用复合环形路网，结合对角放射形路网的布局可扩大覆盖范围，减少换乘节点，提高路网的通达效率。例如，伦敦地铁路网是一种典型的棋盘形＋环形路网，如图5.7所示。

（6）棋盘环形对角线形。它是指由棋盘环形地铁路网与对角线形构成的一种地铁路网形式。这种路网除具有棋盘环形路网的特点外，最主要特点是具有贯穿市中心区的对角线形地铁线路，路网覆盖范围大，由市中心达到市区及远郊的换乘站点最少，交通便捷。许多现代化大城市都具有棋盘环形对角线形路网的特点。

如北京地铁路网（图5.8），最初就是由2号环形线与1号线形线构成的环形＋线形的基本路网。经过后来的发展，基本路网结构进一步扩大，形成了2号、10号、13号环线

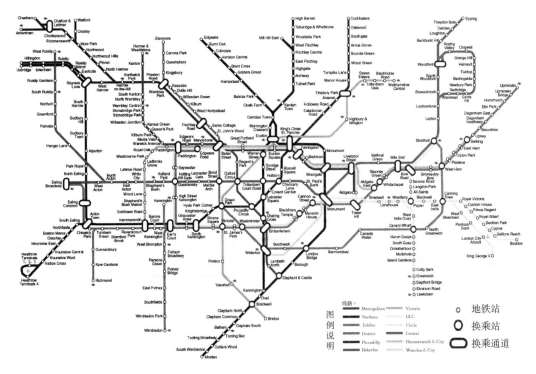

图 5.7　伦敦地铁路网图

及1号、6号、4号、8号、5号与机场快线构成的具有环形＋棋盘形＋放射形多元特点的
路网格局。

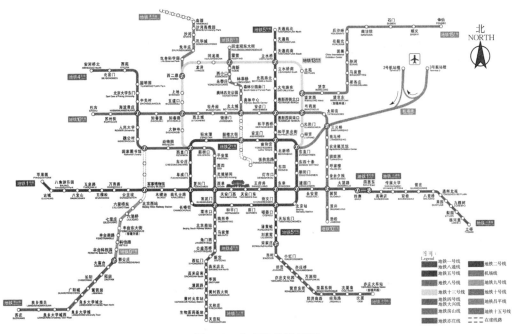

图 5.8　北京地铁路网图

（7）混合形。混合形是指由多种路网形式组合而成的综合路网形态。这种路网由于线路和站点错综复杂，在平面上很难用一种主体形式来体现。例如，巴黎、东京、纽约、首尔等国际大都市的地铁路网都体现了混合形的特点。巴黎地铁路网如图 5.9 所示。

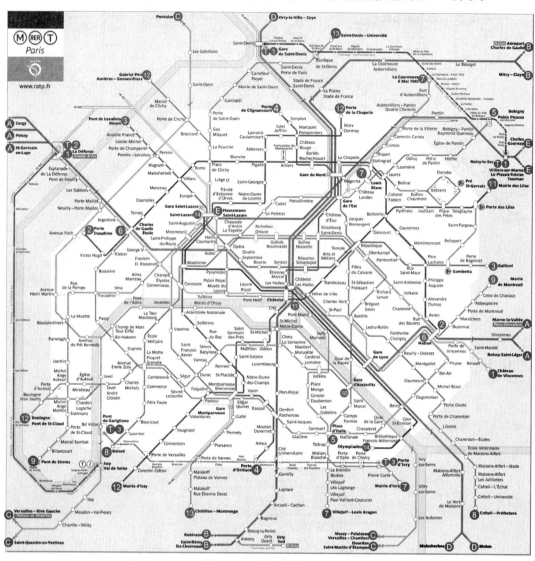

图 5.9　巴黎地铁路网图

（8）其他形式。对于许多规模不大，或地理位置特殊的城市，客流流向较为集中单一，往往不需要修建多条轨道交通线进而形成较大规模的路网，也就因地制宜地出现了其他各种形式的几何图形，如图 5.10 所示，如日本京都的地铁线为十字形（图 5.11）、法国里尔的 X 形（图 5.12）。

以上介绍了城市地铁路网常见的一些形式。地铁路网的形式与城市形式、地形地质条件及城市发展规划密切相关，其形式多种多样，人们只能从城市主体形态中抽象出能反映

图 5.10　其他形式的地铁路网图

（a）　（b）　（c）
（d）　（e）　（f）

城市形态特征的东西，难以一概而论。

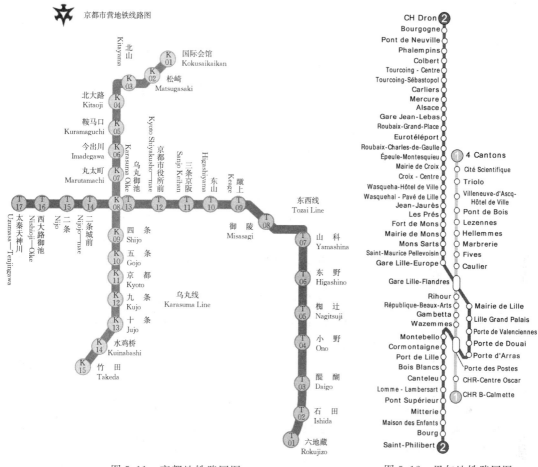

图 5.11 京都地铁路网图　　　　图 5.12 里尔地铁路网图

但是，随着城市的发展，城市地铁路网的路线及站点增多，覆盖范围增大，通达性越来越强，路网的构成由简单到复杂，很难以一种简单的路网形式出现。因此，也很难对路网的形态进行详尽地分类，往往在一种形式中包含了其他形式，混合形是今后大城市地铁路网发展的必然趋势。

5.2.2.4　地铁路网规划的基本原则

地铁建设涉及原有城市的状态及交通运输近期状况和远期发展方向、规模和城市的战备防护要求等，并且地下铁路是地下工程，所以改建、扩建极为困难。因此，在修建地铁开始，就应该对各方面的因素进行周密考虑，从长远观点做好路网规划。

在具体的路网规划中，一般应遵循以下原则：

（1）路网的规划要与城市客流预测相适应。通过对城市主要干道的客流预测，定量地确定各条线路单向高峰小时客流量，也就可以确定每条线路规模。在大城市轨道交通能为居民提供优质交通服务，尤其对中、远程乘客来说，轨道交通是最能满足其出行要求的交通方式。居民每天出行的交通流向与城市的规划布局有着密切的关系，规划路线沿城市交通主客流方向布设，这就照顾了大多数居民快速、方便出行的需求，并且能充分发挥地铁运量大的作用。

（2）路网规划必须符合城市总体规划。根据城市总体规划和城市交通规划做好地铁路网规划，地铁路网规划又是大城市总体规划的重要组成部分。交通引导城市发展是一条普遍规律。其目的是根据城市规模、城市用地性质与功能、城市对内与对外交通情况，经详细的交通调查和综合研究，编制科学的路网规划，力求使乘客以最短的行程和最少的时间到达目的地。

地铁路网规划要与城市远景规划相结合，要具有前瞻性。随着城市经济的发展，城市规模会不断扩大，一般为了减少中心城（老城区）的负荷过重，往往都规划成集团式的城市，即在中心城的周围发展若干个卫星城的方式来扩大城市，所以，在制订地铁路网规划时，一定要根据城市规划发展方向留有向外延伸的可能性。

（3）规划线路要尽量沿城市主干道布设。沿交通主干道设置的目的在于接收沿线交通，缓解地面压力，同时也较易保证一定的客运量。线路要贯穿连接城市交通枢纽对外交通中心（如火车站、飞机场、码头和长途汽车站等）、商业中心、文化娱乐中心、大型生活居住区等客流集散数量大的场所，最大限度地吸引客流。

（4）路网中线路布置要均匀，线路密度要适量，乘客换乘方便，缩短出行时间。路网密度、换乘条件及换乘次数同出行时间关系很大，并且直接影响着吸引客流的大小问题。一般认为，市区地铁吸引客流的半径以 700m 为宜，即理想的路网线间距在市区是 1400m 左右，除特殊情况外，最好不要小于 800m 且不大于 1600m。路网布局尽量减少换乘次数，使乘客能直达目的地，出行时间短。

（5）路网要与地面交通网相配合，充分发挥各自优势，为乘客提供优质交通服务。地铁是属城市大运量的交通体系，由于投资巨大，为了达到较高的运输效益和经济效益，路网密度不宜过小；否则，会给长距离乘坐地铁的乘客带来不便和增加出行时间。而路面常规公共交通是接近门到门的交通服务，若能与地铁衔接，既方便了乘客，使其缩短了出行时间，又能为地铁集散大量客流，使其充分发挥运量大的作用。所以，大城市的交通规划，一定要发展以地铁为骨干，常规公共交通为主体，辅以其他交通方式，构成多层次立体的有机结合体，使其互为补充。在编制地铁路网规划时，一定要重视与其他交通的衔接问题。只有这样才能充分发挥各自的优势和地铁的骨干作用。

（6）路网中各条规划线上客流负荷量要尽量均匀，避免个别线路负荷过大或过小的现象。注重考虑线路吸引客流能力，穿越商业中心、文化政治中心、旅游点、居民集中区次数要均衡。

（7）选择线路走向时，应考虑沿线地面建筑情况，要注意保护重点历史文物古迹和环境。要充分考虑地形、地貌和地质条件，尽量避开不良地质地段和重要的地下管线等构筑物，以利于工程实施和降低工程造价。线路位置应考虑能与地面建筑、市政工程相互结合及综合开发的有利条件，以充分开发利用地上、地下空间资源，有利于提高工程实施后的经济效益和社会效益，同一定规模的其他地下建筑相连接，如与商业中心地下街、下沉式广场、地下停车场、防护疏散通道等连接。

（8）车辆段（场）是轨道交通的车辆停放和检修的基地，在规划线路时，一定要规划好其位置和用地范围。

（9）在确定路网规划中的线路修建程序时，要与城市建设计划和旧城改造计划相结合，以保证快速轨道交通工程建设计划实施的可能性和连续性以及工程技术上和经济上的合理性。

5.2.2.5　地铁路网规划的基本步骤

地铁路网规划的基本步骤如下。

（1）调查收集资料。收集和调查城市社会经济指标及线路客流量指标，如城市GDP、人均收入、居住人口、岗位分布、流动人口、路段交通量、OD（Origin Destination）流量，为城市交通现状诊断及客流预测提供基础数据。这里，OD流量是指线路起点到终点的客流量。

（2）交通现状分析。通过对交通线网各路段的交通量、饱和度、车速、行程时间等指标进行统计、计算和分析，对现状交通网进行诊断，确定问题。

（3）客运需求量预测。根据城市社会经济发展规划，对城市人口总量、出行频率、出行距离、交通方式、交通结构等进行调查和分析，以对城市地下轨道交通的客运需求量进行预测。

（4）城市发展战略与政策研究。包括远景城市人口、工作岗位数量及分布、城市规划发展形态及布局、中心区及市区范围人口密度及岗位密度分布。

（5）城市交通战略研究。从城市交通总能耗、总用地量、总出行时间等角度论证城市地铁交通在不同时期客运份额的合理水平，确定不同时期城市地铁交通的客运目标。

（6）确定发展规模。在现状诊断和需求预测的基础上，结合城市综合交通战略、城市地铁建设资金供给等情况，确定未来若干规划期地铁交通网的发展规模。

（7）编制路网方案。根据地铁交通路网规模，结合客流流向和重要集散点，编制路网规划方案。应考虑重要换乘枢纽的点位，确定平面图，根据城市发展现在或将来的需要，先确定由几条线路组成，包括环线，再进行其他线路的扩展。方案设计与客流预测是相互作用的，在预测过程中需要不断重复上述过程。

（8）客流预测及测试。针对路网方案，利用预测的客流分析结果进行客流测试，获得各规划线路断面和站点的客流量、换乘量及周转量等指标，为方案评价提供基础数据。

（9）建立评价指标体系，对各方案进行定性和定量的分析比较。

（10）确定最优方案，并结合线路最大断面流量等因素确定轨道交通的系统模式。

5.2.3　地铁线路设计

5.2.3.1　地铁线路分类

地铁线路按其在运营中的作用，分正线、辅助线和车场线。正线供载客列车运行，包括区间正线、支线、车站正线；辅助线为空载列车折返、停放、检查、转线及出入车辆段服务，包括折返线、渡线、车场出入线、联络线等；车场线是车辆段场区作业的全部线路。

地铁的线路按照敷设形式有地下线式、地面线式、高架线式及敞开式。地下线式是指线位埋设在地表以下，以隧道形式敷设，进入市区，尤其是在繁华地带的线路主要采用此种敷设方式；地面线式是指直接铺设在地面上的线路，一般适用于城乡结合部及市域间的地铁使用，类似于普通铁路；高架线式是指直接铺设在高架桥面上的线路，一般在道路路面宽阔、上跨道路、铁路、河流等地段采用；敞开式是类似于半路堑的形式，轨面位于地表以下，但顶部是敞开的一种线路敷设方式，一般在线路由地下过渡为地面、高架或相反时常见。

5.2.3.2 地铁线路设计的任务

地铁线路设计的任务是在规划路网和预可行性研究的基础上，对拟建的地下铁道线路的平面和竖向位置，通过不同的设计阶段，逐步由浅入深，进行研究和设计，达到最佳确定地下铁道线路在城市三维空间的位置。线路设计一般分为以下 4 个阶段：

（1）可行性研究阶段。主要通过线路多方案比选，完善线路走向、路由、敷设方式，稳定车站、辅助线等的分布，提出设计指导思想、主要技术标准、线路平纵剖面及车站的大致位置等。

（2）总体设计阶段。根据可行性研究报告及审批意见，通过方案比选，初步选定线路平面位置、车站位置、辅助线形式、不同敷设方式的过渡段的位置，提出线路纵剖面的初步标高位置等。

（3）初步设计阶段。根据总体设计文件及审查意见，完成对线路设计原则、技术标准等的确定，确定线路平面位置，基本确定车站位置及线路纵剖面设计。

（4）施工设计阶段。根据初步设计文件、审查意见和有关专业对线路平纵剖面提出的要求，对部分车站位置及个别曲线半径等进行微调，对线路平面及纵剖面进行精确计算和详细设计，提供施工图纸和说明文件。

5.2.3.3 地铁选线的基本原则

线路选线既是路网规划及预可行性研究阶段的内容，也是可行性研究阶段的内容，包括线路走向、线路分布、线路路由、车站分布、线路交叉形式、线路敷设方式等的选择。地铁选线应遵循以下原则：

（1）在地铁线设计时，线路的方向、长度和建设顺序，地铁站和车库配置的地点，地铁站换乘枢纽和地铁站与铁路火车站的换乘枢纽，以及地铁生产性企业的配置地点应该与城市总体规划、城市交通运输规划及城市地铁路网总体方案一致。

（2）地铁线之间的相交、地铁线与其他形式的交通线之间的相交应规定在纵断面的不同水平上，在个别情况下，有专门任务时才允许组织交叉行驶。地铁线应设计成双轨并靠右行驶。

（3）地铁线的埋置深度与平面曲线的选择，应该考虑地铁站的配置、乘客最短的乘行时间、工程地质及水文地质条件、地貌地形条件、介质的腐蚀性及对周围环境保护的最大可能，按电能消耗为最小的最经济纵剖面、历史文化古迹与建筑保护的规定，以及沿路建筑物对地铁列车引起的噪声和振动的保护进行确定。

（4）地铁线应该设计为地下浅埋或深埋，在非居民区、与河流交汇处、沿铁路线等条件下，技术经济可行时允许建成地面段或高架段。

（5）地铁车站应该配置在客源丰富的位置生成节点，如城市干线的广场、干线交汇点、火车站、河岸码头、公共汽车站、体育场、公园及工业联合企业地铁线汇交处。

（6）在拟定地铁线配置与发展方案时，应该预见到对于浅埋线施工，有一个不小于40m的技术区宽度。技术区内，在施工结束前不允许建筑房屋。

（7）每条线路长度不宜大于35km，旅行速度不应低于35km/h；超长线路应以最长交路运行1h为目标，旅行速度达到最高运行速度的45%～50%为宜。地铁网应与铁路总网相连，每50～75km设一个连接点。

（8）车站间距一般应当为大于800m，小于2000m，通常在1100m左右。国外部分大城市地铁站平均间距参见表5.1。当大于3000m时，应在区间隧道中设置紧急出入口。

表 5.1　　　　　　　　　　国外主要城市地铁平均站间距离统计表

城市	居民人口/万人	地铁路网/km	区间平均长度/m
伦敦	7.2	421	1300
巴黎	10.2	192	561
纽约	17.8	414	805
东京	25.8	197.6	1080
墨西哥	18	131.5	1110
芝加哥	7.1	143.9	1030
大阪	8.3	86.1	1150

（9）车站站厅出入口的水平标高应高于1/300概率的城市暴雨洪水位1.0m。

此外，地铁建设应遵循经济、环保、安全、高效的原则。在规划设计中，应尽量缩短地铁线的地下运输段距离，预测客流量尽量由地面改造分担，在满足运输量及安全等要求的前提下，使地铁规模小型化。

地铁线的地下部分工程造价昂贵，对于城市来说，地铁线往往贯穿市中心区和城郊，城郊的建筑密度、交通容量等与市中心有很大差别。因此，在城郊或城市中心区某些特定的位置，可以将地下铁路上升为地面或高架铁路，成为地上、地下有机结合的城市地下快速轨道交通系统，而达到降低造价的目的。但对于一座城市来说，地位不同，作用不同，在规划设计时，除经济、环保、高效外，还应考虑其战略地位及其战略安全性。

地铁沿线的客流量是不一致的。一般而言，城市中心区客流量高而郊区低。因此，如以城市中心区高峰时间内的最大客流量作为地铁运营能力的设计标准，有时显得过于保守而浪费。此时，应充分考虑与地面其他交通形式的结合，使其他交通合理分担客流。

地铁规模小型化的途径是使用小型车辆、减小隧道断面面积和适当缩小车站规模。

5.2.3.4　线路平面设计

地铁为城市繁荣和经济发展服务，为市民的出行提供快速交通工具，因此地铁的设计必须遵循城市的整体发展及改造规划。

地铁是在高人口密度、高建筑物密度的城市市区环境里修建，空间十分拥挤且宝贵。

地铁线路必须为节约土地及空间而精心设计，尽量与道路红线及城市主要建筑物平行。地铁隧道、车站出入口等，有条件与城市建筑结合的，应尽量结合。

城市中的车站往往不在一条直线上，曲线连接不可避免。理想的线路平面是直线和很少的曲线组成，而且每一曲线应采用尽可能大的半径。最小曲线半径与地铁线路的性质、车辆性能、行车速度、地形地貌等条件有关，并且对行车安全与稳定以及基建投资等均有很大影响。

地下线路位于规划道路范围内是常用的线路平面位置，对道路红线范围以外的城市建筑物干扰较小；在某些特定有利条件下可将线路置于道路范围之外，以达到缩短线路长度、减少拆迁、降低造价的目的，如老街区改造时同步规划设计等。高架线路设计一般要顺着城市主路平行设置，并且尽可能减少高架桥柱对道路宽度的占用。

5.2.3.5 线路纵剖面设计

地铁纵剖面设计应保证列车运行的安全、平稳。选线时应尽量避开不良地质现象或已存在的各类地下埋设物、建筑基础等，并使地铁隧道施工对周围环境的影响控制到最小范围。地铁线路的曲线段应综合考虑运输速度、平稳维修及建设土地费用等对隧道曲率半径的要求与影响，制订最优路线。地面线和高架线要注意城市景观。

在制订地铁隧道纵向埋深时，主要应考虑以下因素。

（1）埋深对造价的影响。明挖法施工，造价与埋深成正比；暗挖法施工，隧道段埋深与造价关系不大，车站段埋深越大造价越高。

（2）地下各类障碍物对地铁隧道的影响。

（3）两条地铁线交叉或紧挨时，两者之间的位置矛盾与相互影响。

（4）工程与水文地质条件的优劣对地铁隧道的影响。

5.2.3.6 车站定位

车站定位应充分考虑地铁与公交汽车枢纽、轮渡和其他公共交通设施及对外交通终端的换乘，应充分考虑地铁之间的换乘。

车站定位要保证一定的合理站距，原则上城市主要中心区域的客流应尽量予以疏导。地铁车站的规模可因地而异，但应充分考虑节约。

5.2.4 地铁车站设计

地铁作为大城市的重要交通手段，已广泛地应用于人们的日常出行、购物休闲等方面。地铁车站是供旅客乘降、候车、换乘的地下建筑空间，应保证旅客方便、安全、迅速的进出站，并有良好的通风、照明、卫生、防灾设备等，给旅客提供舒适、清洁的环境。

地铁站与周围地下空间相同，是城市空间系统的有机组成部分，其开发利用的规模和布局受城市发展的具体情况影响，处于不同城市区位的地铁车站周边地下空间具有不同的开发模式。总体而言，城市地铁提高了地下空间的可达性和使用价值，促使周围土地开发多层地下空间。由于商业对可达性的要求较高，地铁站周围地区设有地下商业层的建筑明显多于其他地区。同时，由于地铁站在城市交通中的骨干地位，将促使周围的其他换乘设施地下化，地铁站周围地区地下车库、地下车站、地下道路的数量通常多于其他地区。地铁站周围空间的地下化，使城市土地的利用率大大提高。

地铁车站设计，首先要确定车站在城市地铁交通网中的位置，然后根据客流量及站位特点确定车站规模、平面布置、合理的站内客流流线、地面客流吸引、交通方式间的换乘等方案。

5.2.4.1　地铁车站设计的一般要求

车站设计原则力求简洁、明快、大方，易于识别，应体现现代交通建筑的特点，体现"以人为本"的设计思想，尽可能为城市增添新的现代城市建筑与交通建筑相结合的景观。

地铁车站规划及设计有以下几点要求：

（1）地铁车站站址的选择要满足城市规划、城市交通规划及轨道交通规划的要求，并综合考虑该地区地下管线、工程地质、水文地质条件，以及地面建筑物的拆迁和改造的可能性等情况。

（2）车站的总体设计要注意与周边环境的协调。

（3）车站的规模及布局要满足路网远期规划的要求。车站是乘客候车、上下列车及列车停靠的场所，站台的长度、宽度及容量必须满足远期的旅客乘降和疏散要求。车站客流集中，一般都与地面交通有较大的换乘，车站布局设计应有效地组织客流集散，力求换乘路径便捷、减小乘客在换乘时的步行距离。

（4）选择合适的车站形式。因地制宜，结合地面物业布置车站各类设备的空间，减少用地面积和空间规模，降低造价。

（5）贯彻以人为本的思想。车站需要解决好通风、照明、卫生、防灾等问题。

5.2.4.2　地铁车站的形式与分类

通常，地铁车站按其运营功能、站台形式、布置方式、埋深或结构形式等可以进行不同分类。

1. 按车站运营性质分类

按运营功能分为中间站、换乘站、区域站、始终站等，如图5.13所示。

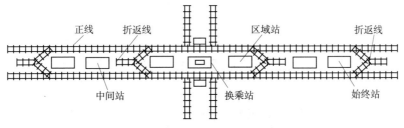

图5.13　地铁车站按运营功能分类示意图

（1）中间站。中间站仅供旅客乘降之用，是路网中数量最多、最通用的车站。中间站的通过能力，决定了线路的最大通过能力。

路网修建初期，多数车站属于中间站。但随着线路数目的增多，在交叉点处的中间站，就要起到换乘作用，因而应根据路网的远景规划，留有余地，以备扩建，以保证在不停车的条件下修建换乘通道及设备。

在分段修建和分期通车的情况下，有些中间站初期作为临时终点站。

（2）换乘站。位于地铁不同线路的交叉点的车站，除供旅客乘降外，还可供旅客由此站经楼梯、地道等通道去其他站层，换乘另一条线的列车。

（3）区域站。区域站是有折返设备的中间站，列车可在此类车站折返或停车。根据线路上的客流分布，可从此类车站始发区间列车，进行区域旅客列车运站。

（4）始终站。线路的起始点，除供旅客上下车之外，还用以列车的停留和折返、临时检修。

2. 按车站站台形式分类

按地铁站站台布置形式，可分为岛式、侧式与岛侧混合式。站台基本形式如图 5.14 所示。

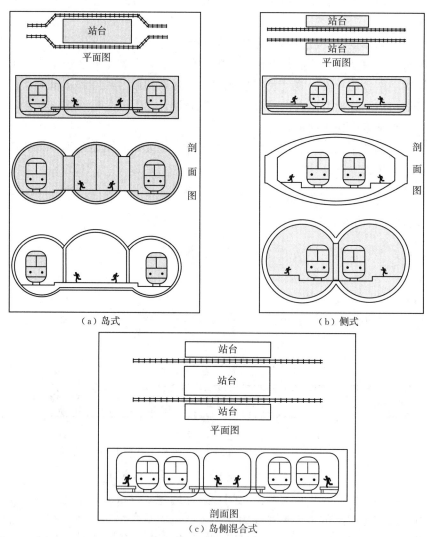

（a）岛式　　　　　　　　　　　　（b）侧式

（c）岛侧混合式

图 5.14　地铁车站常见的站台形式

（1）岛式站台：站台位于上、下行车线路之间。此种站台供两条线路使用。岛式站台适用于规模较大的车站，如区域站、换乘站。这种方式上、下行线共用一个站台，可以起到分配和调节客流作用，对于需要中途折返的乘客比较方便。

（2）侧式站台：站台位于上、下行车线路的两侧。侧式站台适用于轨道布置集中的情况，有利于区间采用大的隧道或双圆隧道双线穿行，具有一定的经济性。但在城市地下工况条件复杂的情况下，大隧道双线穿行缺乏灵活性。而且，候车客流换乘不同方向的车次必须通过天桥才能完成，会给乘客带来一定不便。侧式站台多用于客流量不大的车站及高架车站。

（3）岛侧混合式站台：岛侧混合式站台是将岛式站台及侧式站台同设在一个车站内。此种站台的主要目的一方面是为了解决车辆中途折返，满足列车运营上的要求；另一方面也是为了避免站台产生超荷现象。但此种站台形式造价高，进出站设备比较复杂，因而较少采用。

对于岛式或侧式站台的选用，没有特别决定性的条件可循，两者各有优缺点，在使用时应根据实际情况选用。但对客流随时间而有向某一方向偏大的车站来说，采用岛式站台较为有效。

3. 按车站与地面相对位置关系分类

可以分为地下车站、地面车站、高架车站三大类，其中地下车站根据埋深又可以分为浅埋和深埋车站。地铁车站的埋深是指车站内轨顶面至地面的垂直距离。一般认为，当该距离大于 20m 时为深埋车站，而小于 20m 时为浅埋车站。

4. 按车站结构横断面形式分类

（1）矩形断面车站。矩形断面是车站中常选的形式，一般用于浅埋车站。车站可设计成单层、双层或多层；跨度可以选用单跨、双跨或多跨。

（2）拱形断面车站。拱形断面常用于深埋车站，有单拱、多跨连拱等形式。单拱断面中部起拱，高度较高，两侧拱脚处相对较低，中间无柱，因此建筑空间显得高大宽敞，如建筑处理得当，常会得到理想的建筑艺术效果。

（3）圆形断面车站。圆形断面用于深埋或盾构法施工的车站。

（4）其他类型断面车站。其他类型断面车站主要有马蹄形、椭圆形等断面形式的车站。

明挖法多采用矩形断面，盾构法则采用圆形断面，矿山法多采用马蹄形断面。常见断面形式如图 5.15 所示。

5.2.4.3　地铁车站组成

地铁标准站一般由车站主体（站台、站厅），出入口及通道，通风道及地面风亭等三大部分组成，如图 5.16 所示。

1. 车站主体

车站主体是列车的停车点，它不仅要供乘客上下车、集散、候车，一般也是办理运营业务和运营设备设置的地方。车站主体根据功能可分为车站公共区和车站配套用房区。

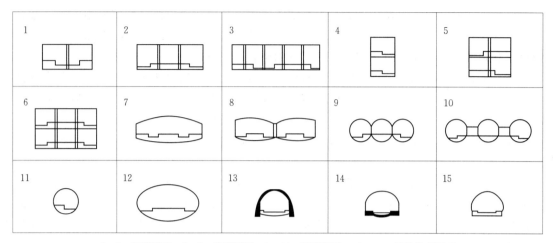

1~6—矩形断面；7、8—拱形断面；9~11—圆形断面；12~15—其他类型断面

图 5.15　车站结构横断面

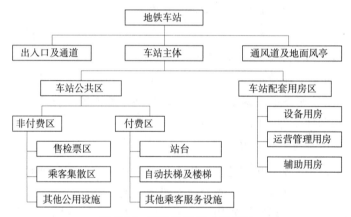

图 5.16　车站设施组成示意图

（1）车站公共区。车站公共区为乘客使用空间，又可分为非付费区和付费区。非付费区是乘客未购票正式进入站台前的流动区域，一般应有一定的空间布置售票、检票设施，还可根据需要设银行、公用电话、小卖部等小型便民服务设施。非付费区最小面积一般可以参照能容纳高峰小时 5min 内可能聚集的客流量水平来推算。付费区是乘客购票进入站台的流动区域，包括部分站厅、站台、楼梯和自动扶梯等，是为停车和乘客乘降提供服务的设施。

车站设计的重点是要确保车站公共区人流线路清晰、车站设施与设备的设置合理，公共区布置应综合考虑车站类型、总平面布局、车站平面布置、结构断面形式、空间尺度等因素。

（2）车站配套用房区。车站配套用房包括运营管理用房、设备用房和辅助用房三部分。

1）运营管理用房：为保证车站具有正常运营条件和运营秩序而设置的供车站日常运营的工作人员或部门使用的办公用房。主要包括站长室、行车值班室、业务室、广播室、会议室和公安保卫室等。

2）设备用房：为保证列车正常运行、保证车站及地下区间具有良好环境条件、满足车站和区间防灾要求的设备用房。主要包括通风与空调房、变电所、控制室、消防泵房等。

3）辅助用房：为保证车站内部工作人员正常工作生活所需的辅助用房。主要包括卫生间、茶水间、更衣室、休息室等。

车站用房应根据运营管理需要设置，在不同车站只配置必要房间，尽可能减少用房面积，以降低车站投资。

2. 出入口及通道

出入口及通道是供乘客进出站的建筑设施。其位置的选择、规模大小，应满足城市规划的要求和交通的要求，并应方便乘客进出站。

3. 通风道及风亭

地下车站需要考虑通风道及地面通风亭，其作用是保证轨道交通车站具有一个舒适的地下环境。

5.2.4.4　地铁车站规模

车站规模主要是指车站外形尺寸大小、层数及站房面积多少等。在进行车站总体布局以前，要确定车站的规模。

车站规模主要根据本站远期预测高峰小时客流量、所处位置的重要性、站内设备和管理用房面积、列车编组长度及该地区远期发展规划等因素综合考虑。其中远期预测高峰小时客流量是确定车站规模的一个重要指标（初期为建成通车也就是交付运营期后第3年，近期为第10年，远期为第25年），车站内布置的设施数量、尺寸等均在此基础上进行计算。以各车站早晚高峰时期客流量及相应的高峰小时系数为依据，车站的规模等级适用范围见表5.2。

表5.2　　　　　　　　　　　　　　车站规模等级适用范围

规模等级	适　用　范　围
特级站	客流量大于5万人
一级站	客流量3万～5万人，适用于客流量大、地处市中心区的大型商贸中心、大型交通枢纽中心、大型集会广场、大型工业区及位置重要的政治中心区
二级站	客流量1.5万～3万人，适用于客流量较大、地处较繁华的商业区、中型交通枢纽中心、大中型文体中心、大型公园及游乐场、较大的居住区及工业区
三级站	客流量小于1.5万人，适用于客流量小、地处郊区各站

一般来讲，城市中心区的客流量多于市区其他地方的客流量，市区的客流量多于郊区的客流量。市中心区往往又是城市的政治、经济、文化中心，位置重要。因此，车站的规模应该有所区别。

车站规模的大小，将直接影响地铁工程造价的高低。规模太大，则不经济；规模太小，又不能满足运营要求和远期的发展，造成使用上的不便及改建、扩建上的困难。因此，在确定车站规模等级时需要慎重研究确定。

5.2.4.5 地铁车站总平面布局

车站总平面布置主要根据车站所在地周边环境条件、规划部门对车站布置的要求，以及选定的车站类型，确定车站的站位，合理地布设车站出入口、通道、风亭等设施，使乘客能安全、便捷地进出车站；还应恰当地处理车站出地面的附属设施与周边建筑物（含规划建筑物）、道路交通、公交站点、地下过街通道或天桥、绿地等之间的关系，使之统一协调。另外，车站周边地上、地下空间综合利用，是近年来地铁建设的新趋势，结合地铁站点建设统一考虑周边交通接驳地上、地下商业和其他设施配套建设，也应成为车站设计者考虑的重要因素。因此，该部分的设计应从全面收集、分析站址建设条件信息入手，根据每个站点具体的情况合理进行站位及附属设施布置。

1. 车站站位布置

在车站总平面布置中，主要考虑车站在线路中的位置已经初步确定后，如何在车站选址地点，根据周围建筑及街区情况，充分发挥地铁车站作为过街通道、疏散地面客流等多重功能，合理确定车站的平面位置，为地铁出入口、通风道等设施的设置以及运营期客流进出站创造有利条件。

一般车站按照纵向位置分为跨路口、偏路口一侧、两路口之间三种设置方式，按照横向位置分为道路红线内外两种位置，具体如图 5.17 所示。

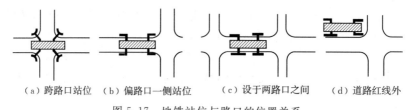

（a）跨路口站位　（b）偏路口一侧站位　　（c）设于两路口之间　　（d）道路红线外

图 5.17　地铁站位与路口的位置关系

（1）跨路口站位。车站跨主要路口，在路口各角均设有出入口，乘客从路口任何方向进入地铁不需穿马路，换乘方便。由于路口处往往是城市地下管线集中交叉点，需要解决施工冲突和车站埋深加大的问题。乘客目的地有三类，即地铁紧邻的活动节点如交叉路口街角往往建有大型办公及购物中心、地铁站周围换乘设施如停车场与公交车站及地铁站周围较远活动节点。此时，为解决因车站埋深加大而导致的乘客不便问题，地铁站规划设计应与这些活动节点的地下层相同。因此，在进行地铁站规划设计时，应将跨站口站位与周围城市空间进行综合设计，以确保跨路口站位获得最大城市效益。跨路口站位对于解决城市空间密集问题、促进地下空间发展较为有利。

（2）偏路口站位。车站偏路口一侧设置。车站不易受路口地下管线的影响，减少车站埋深，方便乘客使用，减少施工对路口交通的干扰，减少地下管线拆迁，工程造价低。但车站两端的客流量悬殊，无站口道路一侧换乘不便，降低了车站的使用功能。如果将出入口伸过路口，获得某种跨路口站位的效果，可改善其功能。

（3）两路口站位。当两路口都是主路口且相距较近（小于 400m），横向公交线路及客流较多时，将车站设于两路口之间，以兼顾两路口。

（4）贴道路红线外侧站位。一般在有利的地形地质条件下采用。基岩埋深浅、道路红线由空地或危房旧区改造时，可少破坏路面，少动迁地下管线，减少交通干扰。

2. 出入口布置

出入口是连接地面与地铁站内部的通道，应能比较直接地联系地面空间和地铁车站地下空间。确定出入口位置前，应先根据规划、消防疏散等专业的要求确定其数量。每个车站直通地面室外空间的出入口数量不应少于 2 个，并能保证在规定时间内，将车站的全部人员疏散出去。地铁车站的出入口数量与地铁站高峰客流输送量有关。

在选择出入口位置时注意以下几个方面的问题：

（1）出入口布置应与主客流的方向一致，一般选在城市道路两侧、交叉口及有大量客流的广场附近，或者结合地面商业建筑设计。出入口宜分散均匀布置，出入口之间的距离应尽可能大些，使其能够最大限度吸引客流，方便乘客进出车站。

（2）单独修建的出入口，其位置应符合城市规划部门的规划要求，一般都设在建筑红线以内。如有困难不能设在建筑红线以内，应经城市规划部门同意，再选定其他位置。地面出入口的位置不应妨碍地面行人交通。

（3）出入口宜设在火车站、公共汽车站等地面交通集散地附近，方便换乘。应尽量避免与地面客流相互干扰，减少出入口被堵塞的可能。

（4）在建设条件许可的情况下，宜与过街天桥、过街地道、地下街、邻近公共建筑物相结合或连通，统一规划，同步或分期实施。如兼作过街地道或天桥时，其通道宽度及其站厅相应部位应计入过街客流量，同时考虑地铁夜间停运时的隔离措施。

（5）出入口布置时还需要考虑火灾等灾害工况下的人员安全疏散及消防救援实施的要求。

3. 风亭（井）布置

地下车站按通风、空调工艺要求，一般需设活塞风井、进风井和排风（兼排烟）井。在满足功能的前提下，风井应根据地面建筑的现场条件、规划要求、环保和景观要求集中或分散布置。风亭设置应满足规划部门所规定的后退红线的要求，单独修建的车站地面通风亭与周围建筑物之间的距离还应满足防火距离要求。

5.2.4.6 地铁车站建筑设计

1. 站台设计

站台是供乘客上下车及候车的场所，可分为车站公共空间（乘客使用空间）和车站配套用房空间。站台层需布置楼梯、扶梯及站内用房等，并需对站台的长度、宽度、高度等进行设计。

（1）站台长度。站台长度分为站台总长度和站台有效长度两种：站台总长度是包含了站台有效长度和所设置的设备、管理用房及迂回风道等的总长度，即车站规模长度；有效站台是乘客等候列车和上、下列车的公共区域，站台有效长度即站台计算长度，其量值为远期列车编组有效使用长度加停车误差。

站台有效长度计算公式如下：

$$l = l_a a + s_0 \tag{5.1}$$

式中　l——站台有效长度，m；

　　　l_a——所用车型的车辆全长，即车辆两端车钩连接面间距，m；

　　　a——远期列车最大编组数量；

　　　s_0——列车停车误差，m；采用屏蔽门系统时取 $s_0 = \pm 0.3\text{m}$，无屏蔽门时应取 $1 \sim 2\text{m}$。

常用的轨道交通列车车型车辆尺寸数据见表 5.3，可根据设计基础资料中所给定的车辆类型进行对应选取。

表 5.3　　　　　　　　　　　　地铁车辆的主要技术规格

名　称		A 型车	B 型车
车体基本长度/mm	无司机室车辆	22000	19000
	单司机室车辆	23600	19600
车钩连接中心点间距离/mm	无司机室车辆	22800	19520
	单司机室车辆	24400	20120
车体基本宽度/mm		3000	2800
载员/人	坐席　无司机室车辆	56	46
	坐席　单司机室车辆	56	36
	定员　无司机室车辆	310	250
	定员　单司机室车辆	310	230
	超员　无司机室车辆	432	352
	超员　单司机室车辆	432	327

常见轨道交通列车编组情况及适用客流量和站台长度估算见表 5.4，可对站台有效长度的计算结果进行校核，初步计算结果可适当加长、取整。

表 5.4　　　　　　　　各种轨道交通车辆编组适应客流量和站台长度估算表

车型	编组	断面客流量/(万人/h)	站台长度/m	适应范围/(万人/h)
A 型车	4 辆	3.72	93	3.7～7.4
	6 辆	5.58	140	
	8 辆	7.44	186	
B 型车	4 辆	2.85	78	2.8～4.3
	5 辆	3.59	98	
	6 辆	4.32	120	

（2）站台宽度。由于地铁车站站台类型不同（如岛式、侧式），因此应根据对应站台类型选取不同的公式进行计算。

岛式站台宽度包含了沿站台纵向布置的楼梯（及自动扶梯）的宽度、结构立柱（或墙）的宽度和侧站台宽度。侧式站台宽度可分为两种情况：沿站台纵向布设楼梯（自动扶梯）时，则站台总宽度由楼（扶）梯的宽度、设备和管理用房所占宽度（移出站台外侧不计宽度）、结构立柱的宽度和侧站台宽度等组成；通道垂直于站台长度方向布置时，楼梯（自动扶梯）均布置在通道内，站台总宽度包含设备和管理用房总宽度（移出站台外侧不计宽度）、结构立柱（或墙）的宽度和侧站台宽度。

按照《地铁设计规范》（GB 50157—2013），岛式站台宽度按式（5.2）计算：

$$B_d = 2b + n \cdot z + t \tag{5.2}$$

侧式站台宽度按式（5.3）计算：

$$B_c = b + z + t \tag{5.3}$$

其中

$$b = \frac{Q_{\text{上}} \cdot \rho}{L} + b_a \tag{5.4}$$

或

$$b = \frac{Q_{\text{上、下}} \cdot \rho}{L} + M \tag{5.5}$$

式中　b——侧站台宽度，m；式（5.2）和式（5.3）中的 b 应取式（5.4）式（5.5）两式计算结果的较大值。

n——横向柱数；

z——纵梁宽度，m；

t——每组楼梯与自动扶梯宽度之和（含与纵梁间所留空隙），m；

$Q_{\text{上}}$——远期或客流控制期每列车超高峰小时单侧上车设计客流量，人；

$Q_{\text{上、下}}$——远期或客流控制期每列车超高峰小时单侧上、下车设计客流量，人；

ρ——站台上人流密度，取 $0.33 \sim 0.75 \text{m}^2/\text{人}$；

L——站台计算长度，m；

M——站台边缘至屏蔽门立柱内侧距离，m，取 $M = 0.25\text{m}$，无屏蔽门时，$M = 0$；

b_a——站台安全防护宽度，取 0.4m，采用屏蔽门时用 M 替代 b_a 值，m。

站台宽度计算式（5.4）、式（5.5）两者取大者的含义是：式（5.4）是指列车未到站时，上车等候乘客只能站立在安全带之内，此时侧站台计算宽度是上车乘客站立候车所需要的宽度加上安全带宽度；式（5.5）是指列车进站停靠后，上、下客进行交换中安全带宽度已被利用。最终侧站台计算宽度应按两种不同工况下取其大者。采用上述两种不同工况计算式对于客流量比较大的车站，其结果差距明显。

注意在计算中均应换算成远期或客流控制期高峰时段发车间隔内的设计客流量，即"设计客流量×超高峰系数/高峰小时每侧的发车次数"。

为保证车站安全运营和安全疏散基本需要，我国《地铁设计规范》（GB 50157—2013）规定了车站站台等的最小宽度尺寸，见表 5.5。

表 5.5　　　　　　　　　　　　车站各部位最小宽度　　　　　　　　　　　　单位：m

名　称	最小宽度
岛式站台	8.0
岛式站台的侧站台	2.5
侧式站台（长向范围内设梯）的侧站台	2.5

续表

名　称		最小宽度
侧式站台（垂直于侧站台开通道口设梯）的侧站台		3.5
站台计算长度不超过 100m，且楼梯、扶梯不伸入站台计算长度	岛式站台	6.0
	侧式站台	4.0
通道或天桥		2.4
单向楼梯		1.8
双向楼梯		2.4
与上、下均设自动扶梯并列设置的楼梯（困难情况下）		1.2
消防专用楼梯		1.2
站台至轨道区的工作梯（兼疏散梯）		1.1

（3）站台高度。站台高度是指线路走行轨顶面至站台地面高度。站台实际高度是指线路走行轨下面结构底板面至站台地面的高度，它包括走行轨顶面至道床底面的高度。站台高度的确定，主要根据车厢地板面距轨顶面的高度而定。

2. 站厅设计

车站大厅（简称"站厅"）的作用是将进出车站的乘客迅速、安全、方便地引导到站台乘车或者使下车乘客迅速离开车站，因而它是一种过渡空间。一般的，站厅内要设置售检票及问讯等为乘客服务的各种设施。站厅层内设有地铁运营设备用房、管理用房，具有组织和分配人流的作用。

根据车站运营及合理组织客流路线的需要，站厅划分为付费区及非付费区两大区域。付费区是指乘客需经购票、检票后方可进入的区域，经此到达站台，设有通往站台的楼梯、自动扶梯、补票处等。在换乘车站，还须设有通向另一车站的换乘通道。

非付费区也称免费或公用区，乘客可以在本区自由通行。设有售票处、问询处、公用电话等。进、出站检票口应分设在付费区与非付费区之间的分界线上，其两者之间的距离应尽量远一些，以便分散客流，避免相互干扰拥挤。

站厅层内划分为付费区和非付费区以后，限制了地铁车站不同出入口人员的穿行。由于地铁车站一般修建在城市主要道路下面，站厅还具有过街通道的功能。因此，为了便于各个出入口之间的联系和穿行，可以在站厅的一侧或双侧设置通道。

站厅应有足够的面积，除考虑正常所需购票、检票及通行面积外，还需要考虑乘客作短暂停留及特殊情况下紧急疏散的情况。站厅的面积主要由远期车站预测的客流量大小和车站的重要程度决定，一般可以根据经验和类比分析确定。

3. 车站用房布置

车站用房面积受组织管理体制、设备的技术水平等制约，变化较大。一般根据工程的具体特点和要求，由各专业根据本专业的技术标准和设备选型情况，结合本站功能需要进行确定。

表 5.6 是根据我国目前城市轨道交通的建设水平和实际工程经验，进行总结归纳提出

的车站各类用房的面积，可供规划阶段参考。

表 5.6　　　　　　　　　　　　车站各类用房面积参考值

房间名称	参考面积/m²	设置要求
站长室	10～15	站厅层，靠近控制室
车站控制室	25～35	站厅层客流大的一端
站务室	10～15	站厅层
会计室	20～30	站厅层
会议室	20～30	站长室附近
行车主值班室	15～20	不设车站控制室时设在站厅层
行车副值班室	8～10	站台层
安全保卫室	10～20	站厅层客流量大的一端
工作人员休息室	10～20	无要求
更衣室	10～20	无要求
清扫员室	8～10	站厅层
盥洗室及开水间	10～15	站台层
厕所	10～20	站台层
售票处	每处 5～8 台	站厅层
乘务员休息室	10～20	无要求
工区	10～20	按要求设置
牵引变电所	320～460	按需要设在站台层
降压变电所	130～210	一般在站台层
环控及通风机室	1300～2000	站厅层两端或站台层
通信机械室	30～35	靠近车站控制室
信号机械室	30～35	靠近车站控制室
防灾控制室	15～20	靠近车站控制室或与它合并
消防泵房	50	设在方便消防人员使用处
污水泵房	20	厕所下方或附近
废水泵房	20	站台端部

车站的各类用房是决定车站规模的最大因素，在满足使用功能要求的条件下应该想办法减少各类用房的面积，以减小车站规模，降低车站造价。

4. 出入口设计

（1）出入口的分类。按地铁车站出入口与通道的平面形式分类，具体有如下几类（图5.18）：

1）一字形出入口：出入口、通道一字形排列。这种出入口占地面积少，建筑及施工简单，布置比较灵活，人员进出方便，比较经济。由于口部较宽，不宜修建在路面狭窄地区。

2）L形出入口：出入口与通道呈一次转折布置。这种形式人员进出方便，结构及施工稍复杂，比较经济。由于口部较宽，不宜修建在路面狭窄地区。

3）T形出入口：出入口与通道呈T形布置。这种形式人员进出方便，结构及施工稍复杂，造价比前两种形式高。由于口部比较窄，适用于路面狭窄地区。

4）∏形出入口：出入口与通道呈两次转折布置。由于环境条件所限，出入口长度按一般情况设置有困难时，可采用这种布置形式出入口。这种形式的出入口人员要走回头路。

5）Y形出入口：这种出入口布置常用于一个主出入口通道有两个及两个以上出入口的情况。这种形式布置比较灵活，适应性强。

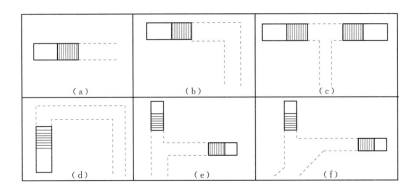

图 5.18　车站出入口按平面形式分类

（a）一字形出入口；（b）L形出入口；（c）T形出入口；（d）∏形出入口；（e）、（f）Y形出入口

按照出入口的修建形式可以分为独建式和附建式；按照形态可以分为敞口式出入口、半封闭式出入口、全封闭式出入口。

（2）出入口宽度和数量。《地铁设计规范》（GB 50157—2013）规定：车站出入口的宽度应按照远期分向客流量乘以 1.1～1.25 的不均匀系数计算确定。出入口宽度 B 可按照式（5.6）计算：

$$B = \frac{Mab}{Cn} \tag{5.6}$$

式中　M——车站设计高峰小时客流量；

　　　a——超高峰系数；

　　　b——客流不均匀系数；

　　　C——一定服务水平下出入口断面单位宽度的乘客通过能力；

　　　n——出入口数量。

出入口有效净宽平均为 2.5～3.5m，出入口最小宽度应满足表5.5的要求。

客人行走密度一般取 1.2 人/m²，行走速度一般取 1.0m/s。单向行走时楼梯通过能力按：下行时，一般取 70 人/min；上行时取 63 人/min；混行时取 53 人/min 计算。通道通行能力则按照单向时每米 88 人/min、双向时 70 人/min 计算。

我国《地铁设计规范》规定，车站出入口的数量，应根据客运需要与疏散要求设置，浅埋车站的出入口不宜少于4个。当分期修建时，初期不得少于2个。规模较小车站的出入口数量可酌减，但不得小于2个。车站出入口的总设计客流量，应按该站远期高峰小时的客流量乘以1.1～1.25的不均匀系数。

5. 风亭、风道

风亭、风道的面积取决于当地气候条件、环控通风方式和车站客流量等因素，由环控专业计算确定。

风亭、风道的设置除要与周围环境相结合外，着重要考虑内部的工艺流程，将尽可能多的设备安置在风道内，缩短地下车站的长度。

6. 车站防灾设计

车站防灾包括车站紧急疏散、车站消防和车站防洪防涝。

（1）车站紧急疏散。车站内所有人行楼梯、自动扶梯和出入口宽度总和应分别能满足远期高峰小时设计客流量在紧急情况下，6min内将一列车满载乘客和站台上候车乘客（上车设计客流）及工作人员疏散到安全地区。此时车站内所有自动扶梯、楼梯均作上行，其通过能力按正常情况下的90%计算，垂直电梯不计入疏散能力内。车站设备用房区内的步行楼梯在紧急情况下也应作为乘客紧急疏散通道，并纳入紧急疏散能力的验算。车站通道、出入口处及附近区域，不得设置和堆放任何有碍客流疏散的设备及物品，以保证疏散的畅通性。

（2）车站消防。车站内划分防火分区，中间公共区（售票区或站台）为一个防火分区，设备用房区各为一个防火分区。有物业开发区的车站，物业开发区为独立的防火分区。每个防火分区内设置两个独立的、可直达地面的疏散通道。所有的装修材料均按一级防火要求控制。

（3）车站防洪防涝。车站防洪防涝设计按有关设防要求执行。

7. 其他设计

地铁车站设计还包括检票售票设施设计、自动扶梯和楼梯设计、照明系统设计、无障碍设计、车站装修设计、人防设计等内容。

5.2.5　地铁换乘设计

5.2.5.1　换乘的形成与规划

换乘车站的功能是把线网中各独立运营的线路搭接起来，为乘客换乘其他线的列车创造方便条件，使线网形成一个四通八达的整体。城市轨道交通建设网络化发展的基本特征就是形成越来越多的线网交汇处的换乘节点。换乘站作为城市轨道交通路网中的交通转换点，起着极其重要的作用，其设计是否合理，能否实现便捷、高效、舒适的换乘要求，已成为地铁设计中需要解决的关键问题。

换乘车站或换乘枢纽的规划选址一般位于中心城区、客流集散量大或者换乘需求高的区位。其分布从城市整体位置看，与城市结构特征相吻合；从线网位置看，其分布与线网客流特征吻合。所以对于整个线网的整体功能来说，换乘点的合理分布、换乘方式的灵活便捷非常重要。

目前，我国各城市随着地铁线网越来越完善，形成了许多换乘车站或大型综合换乘枢纽。例如，截至 2015 年北京地铁通车线路达到 19 条，其中换乘站达到 74 座；上海地铁世纪大道站成为了上海轨道交通 2 号线、4 号线、6 号线和 9 号线的四线换乘枢纽。这些换乘车站或换乘枢纽，对方便乘客乘车，提高城市的整体水平和投资效益，发挥着重要作用。

5.2.5.2 换乘方式与特点

轨道交通车站的换乘方式与线路走向、换乘客流量、线网建设时序、站点周边环境、施工工艺等因素密切相关，其中线路间的交汇形式是换乘方式的首要控制因素。

（1）站台换乘。站台直接换乘有两种方式。一种是两条不同线路的站线分设在同一站台的两侧，乘客可在同一站台由 A 线换到 B 线，即同站台换乘。双岛式站台的结构形式可以在同一平面上布置，也可以双层布置，如图 5.19 所示。这两种形式的换乘站只能实现 4 个换乘方向的同站台换乘，另外 4 个方向换乘要采用其他换乘方式。采用同站台换乘方式要求两条线要有足够长的重合段，在两线分期修建的情况下，近期需要为后期线路车站及区间交叉的空间做好预留，同站台换乘存在工程量大、线路交叉复杂、施工难度等问题，所以尽量选用在两条线建设期相近或同步建成的换乘点上。

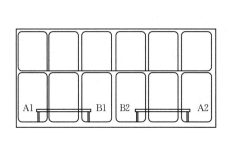 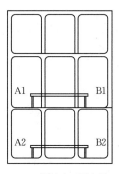

（a）同站台水平布置　　　　　　　　（b）同站台双层布置

图 5.19　同站台换乘

另一种站台直接换乘是指乘客由一个车站的站台通过楼梯或自动扶梯直接换乘到另一个车站的站台。这种换乘方式要求换乘楼梯或自动扶梯应有足够的宽度，以免造成乘客堆积拥挤，发生安全事故。

（2）站厅换乘。站厅换乘是指乘客由一个车站的站台通过楼梯或自动扶梯到达另一个车站的站厅或两站共用的站厅，再由这一站厅通到另一个车站的站台的换乘方式。在站厅换乘方式下，乘客下车后，无论是出站还是换乘，都必须经过站厅，再根据导向标志出站或进入另一个站台继续乘车。站厅换乘一般用于相交车站的换乘，换乘距离比站台直接换乘要长。站厅换乘方式与站台直接换乘相比，由于乘客换乘线路必须先上（或下），再下（或上），换乘总高度落差大，较为不便。若站台与站厅之间采用自动扶梯连接，则可改善换乘条件。站厅间换乘方式有利于各条线路分期建设。

（3）通道换乘。在两线交叉处，车站结构完全脱开，车站站台相距有些距离或受地形条件限制不能直接设计通过站厅进行换乘时，可以考虑在两个车站之间设置单独的换乘通道来为乘客提供换乘途径。用楼梯将两座车站站台直接连通，乘客通过该楼梯与通道进行换乘，这种情况也称通道换乘。通道换乘设计要注意上下楼的客流组织，更应该避免双方向换乘客流与进出站客流交叉紊乱。通道换乘方式布置较为灵活，对两线交角及车站位置有较大适应性，预留工程少，甚至可以不预留，容许预留位置将来作适当调整。通道宽度根据换乘客流量的需要设计，换乘条件取决于通道长度，一般不宜超过100m，这种换乘方式最有利于两条线路工程分期实施，后期线路位置调节有较大的灵活性。换乘通道一般应尽可能布置在车站的中部，并避免和出入站乘客交叉。由于受各种因素影响，换乘通道一般都较长，这样使得乘客的换乘距离和时间都比前两种换乘方式要长，要注意尽可能减少通道长度。

（4）站外换乘。站外换乘方式是乘客在车站付费区以外进行换乘，实际上是没有专用换乘设施的换乘方式，往往是无地下交通线网规划而造成的后遗症。由于乘客增加一次进、出站手续，再加上站外与其他人流交织和步行距离长而显得极为不方便。对轨道交通自身而言，是一种系统性缺陷的反映。因此，站外换乘方式在线网规划中应注意尽量避免。

（5）组合式换乘。在换乘方式的实际应用中，往往采用两种或几种换乘方式组合，以达到完善换乘条件，方便乘客使用，降低工程造价的目的。例如同站台换乘方式辅以站厅或通道换乘方式，使所有的换乘方向都能换乘；站厅换乘方式辅以通道换乘方式，可以较少预留工程量等。通过换乘方式的组合，不但有足够的换乘通过能力，还有较大的灵活性，为工程实施及乘客换乘提供方便。

5.2.5.3　换乘车站形式

换乘车站设计与一般车站存在差异，主要体现在车站结构形式上。根据换乘车站的平面位置，可以将换乘车站形式分为以下几种。

（1）一字形换乘。两个车站上下重叠设置构成一字形组合的换乘车站，一般采取站台直接换乘或站厅换乘。图5.20为这种车站示意图。

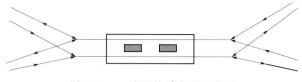

图 5.20　一字形换乘车站示意图

（2）L形换乘。两个车站平面位置在端部相连构成L形，高差要满足线路立交的需要。这种车站一般在相交处设站厅进行换乘，也可根据客流情况，设通道进行换乘。其简要示意图如图5.21所示。

（3）T形换乘。两个车站上下相交，其中一个车站端部与另外一个车站中部相连，在平面上构成T形，一般可以采用站台或站厅换乘，如图5.22所示。

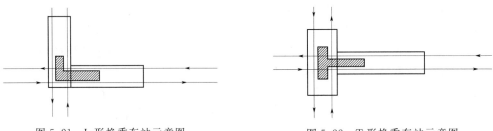

图 5.21　L 形换乘车站示意图　　　　　　图 5.22　T 形换乘车站示意图

（4）十字形换乘。两个车站在中部立交，在平面上构成十字形，这种车站一般采用站台直接换乘或站厅加通道换乘，如图 5.23 所示。

（5）工字形换乘。两个车站在同一水平面设置，以换乘通道和车站构成工字形，这种车站一般采用站厅换乘或站台到站台的通道换乘，如图 5.24 所示。

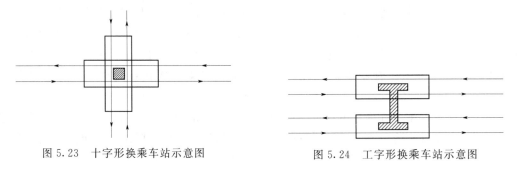

图 5.23　十字形换乘车站示意图　　　　　图 5.24　工字形换乘车站示意图

5.3　城市地下道路系统

5.3.1　城市地下道路概述

相对于地面道路、高架道路，城市地下道路是指地表以下供机动车或兼有非机动车、行人通行的城市道路。建设城市地下道路，构建城市立体交通，将对缓解交通拥堵起着越来越重要的作用。作为城市道路网的重要组成，城市地下道路在缓解城市交通压力、改善城市生态环境和提高区域品质等方面具有重要意义。

从 20 世纪初开始，欧洲各国以及美国、日本等就开始进行了地下道路规划和建设，以解决地面交通空间不足，通过整合交通系统置换地面空间。在 20 世纪 70—80 年代很多国家根据自身特点制定了一系列城市隧道的设计及安全、运营方面的规范。

在地下道路规划建设上，日本走在世界的前列。由于东京地块开发已定型，且日本房产业主拥有地表建筑及地下 40m 空间范围的所有权，导致为改善交通而建设道路的土地成本巨大。为缓解日益拥堵的交通，完善规划路网，东京都于 2003 年通过《大深度地下法》。法案允许东京都在地下大于 40m 及建筑桩基下大于 10m 的地下空间建设地下道路等市政设施，且无需土地补偿费。自此，东京将建设大深度地下道路为缓解道路拥堵的一种重要手段。

我国的地下道路系统研究同样是伴随着地下空间开发利用的研究而日益兴起的。1966

年上海开始修建我国第一条地下道路——打浦路隧道（跨黄浦江，见图 5.25），全长
2.736km，原为双向两车道（2010 年 2 月修建了打浦路复线，改造后的断面为双向 4 车
道），限速 40km/h，并于 1971 年 6 月建成通车。此后一段时间内地下道路建设工程较少。
自 20 世纪 90 年代开始，地下道路逐渐成为地下空间开发的一个重要研究对象。出于对缓
解交通拥堵、提高路网连通性等因素的考虑，全国多个城市开始修建地下道路。

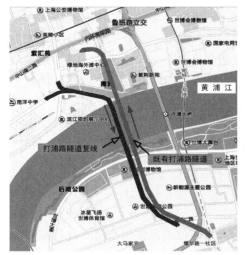

图 5.25　上海打浦路隧道

我国早期建设的地下道路大多以地下立交和穿越城市障碍物的越江和山体隧道为主，
近年来，北京、上海等大城市中心区也逐渐出现了系统化和规模化的地下道路系统。

国际上许多发达国家大城市的经验证明，规划和发展城市地下道路，可以从一定程度
上改善区域路网，降低污染，保护生态，增加地面绿化和改善城市环境。

5.3.2　城市地下道路的分类

1. 按长度分类

城市地下道路按照主线封闭段长度可分为特长距离、长距离、中等距离和短距离 4 类
（表 5.7）。

表 5.7　　　　　　　　　　　　　　地下道路长度分类

分类	特长距离 地下道路	长距离地 下道路	中等距离 地下道路	短距离 地下道路
长度 L/m	$L>3000$	$3000 \geqslant L \geqslant 1000$	$1000>L>500$	$L \leqslant 500$

国内外一般认为 500m 以下为短距离地下道路，大多是交叉口下立交，可采用自然通
风，设施配置简单。

中等距离地下道路长度为 500～1000m，通常为跨越几个交叉口，或穿越较长障碍物
的地下道路，设施要求相应较高。

长距离地下道路长度为 1000～3000m，此类地下道路应充分考虑其交通功能和配套设

89

施,尤其是地下道路出入口与地面道路的衔接,以及内部交通安全配套设施。

特长地下道路大于 3000m,其中不少为多点进出快速路或主干路,交通功能强,实施影响大,上海市规划设计中的北横通道属于此类地下道路。该类型地下道路需充分考虑总体布置、通风、消防、逃生等系统设计。

2. 按服务车型分类

城市地下道路根据服务车型一般可分为混行车地下道路和小客车专用地下道路。

以往地下道路大多是大型车和小客车混合使用,由于城市道路服务车种以小客车为主,考虑到实施条件、工程成本、运行安全等因素,近年来小客车专用的地下道路越来越多,如法国 A86 地下道路、上海外滩隧道等。对于小客车专用地下道路,道路设计的相关技术标准可以适当降低,减小工程实施难度和经济成本,节约地下空间资源。

除上述小客车专用地下道路,近年来还出现了其他专用车型的地下道路,如公交专用地下道路,在地下建造适合公交车运营的专用道路与车站设施,形成地下公交快速通道,减少公交车延误,提高公共交通出行服务水平。地下公交快速通道造价相对昂贵,至今为止,世界上投入营业运营的道路极少。

3. 按断面形式分类

(1) 单层式与双层式横断面。城市地下道路横断面根据道路用地和交通运行特征可分为单层式和双层式两种布置方式。图 5.26 所示为圆形断面的单层和双层地下道路。

(a) 单层　　　　　　　　　　　　　(b) 双层

图 5.26　圆形断面的单层和双层地下道路

单层式地下道路是指在同层布置供车辆行驶,设置单层车道板。下部和上部的空间用于布置设备布线、通风孔道和疏散逃生设施等。单层式地下道路的内部空间利用率相对较低,需采用双孔实现双向交通的通行,一定程度上对城市地下空间侵占较多。上海延安东路隧道、南京长江公路隧道、武汉长江隧道、钱塘江隧道等都为单层式。

双层式地下道路是指在同孔同一断面上布置两层车道板,分别满足上下行方向交通通行。行车道的上、下部空间用于布置排风道,侧壁空间可布设管线和逃生设施等。法国 A86 隧道、马来西亚 SMART 隧道、上海外滩隧道等采用的是双层式。上海复兴东路隧道为双孔双层隧道,双层布置同向交通,上层为两条小车专用道,下层为一条大车道和一条应急车道。

从空间利用角度来看,双层式地下道路一定程度上优于单层式地下道路,尤其是对于城市地下空间有限情况下,采用双层式布置,布局更紧凑,占用地下资源更少。

（2）敞开式与封闭式横断面布置。城市地下道路横断面根据地下道路的空间是否封闭，可分为敞开式和封闭式两种形式，如图5.27和图5.28所示。

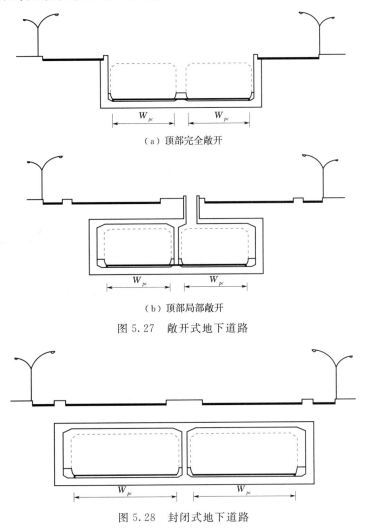

（a）顶部完全敞开

（b）顶部局部敞开

图 5.27　敞开式地下道路

图 5.28　封闭式地下道路

敞开式地下道路是指交通通行限界全部位于地表以下、顶部打开的形式。其中，顶部打开包含两种形式：顶部全部敞开和顶部局部敞开。

敞开式和封闭式的地下道路在通风、照明等方面的设计存在较大差异。对于顶部局部打开的地下道路，可利用敞开口作为自然通风口，利用地下道路外风压、内外热压差、交通通风压力进行通风换气，火灾时结合机械系统排烟。合理设置开口的位置和面积，一般情况下能够满足正常运营时污染物的稀释、分散排放的需要。

4. 按交通功能分类

根据已建的城市地下道路交通的功能形态特点，城市地下道路可分为以下几个主要类型。

（1）地下快速道路。布置于城市地下的快速机动车道。此种类型地下道路通常距离较长、规模较大，设有多个出入口，与地面路网联系紧密；以服务中长距离交通为主，在交通网络中承担了较强的系统性交通功能。采用城市快速路或主干道路标准，是城市骨干网络的重要组成部分，对完善城市道路网路具有重要作用。

当地面空间难以满足新的动态交通用地、地面交叉路口多且影响交通、地形复杂、地面空中交通体系难以满足要求及其他因素影响时，应考虑修建地下快速道。通常，地下快速道具有以下优点：干扰少，速度快，行车效率高；可实现与地下其他空间的多功能利用，改善地面环境的景观保护。

如图 5.29 所示成都红星路南延线金融城下穿隧道即为城市快速路，主线隧道全长 2793m。这条地下快速路还预留了"集散通道"，可以直通地下停车场、地下商业区，并有 8 个出入口和地面相连。

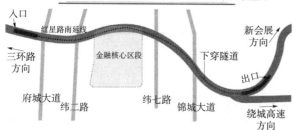

图 5.29　成都红星路南延线金融城下穿隧道

（2）地下节点立交道路。地下节点立交道路是建设于地下的立体公路交通。在《城市桥梁设计规范》（CJJ 11—2011）中对这类地下道路称为"地下通道"。实际应用中，这种类型的地下道路通常也称为"下立交"，其功能是为改善节点交通矛盾，或改善区域景观环境而设置，对改善重要路口交通矛盾、简化交叉口交通组织、提高交叉口通行效率效果明显，如图 5.30 所示。

图 5.30　穿越平面交叉口的地下道路

当地面公路与铁路相交、两条或多条公路交叉且需要快速大容量交通及其他须避免平面交叉时，均应考虑地下立交交通。

（3）地下穿越连通隧道。这种类型的道路主要以穿越障碍物（江、河、湖、海、山体）

或因城市风貌保护等原因而修建，连通两端地面道路。根据两端衔接路网情况，可以分为两类：一类是与快速路网衔接的地下道路；另一类是与地面主、次干道衔接的地下道路。在布置模式上，这些地下道路一般都以单点进出为主，中间不设出入口，内部没有车流交织，交通功能较为单一。

这种类型的地下道路应用较为广泛。例如我国的香港、青岛、上海、武汉等城市建成使用的穿越海底或江底的隧道，以及武汉的东湖隧道、南京的玄武湖隧道等。图5.31所示为南京纬三路双层结构的过江隧道。

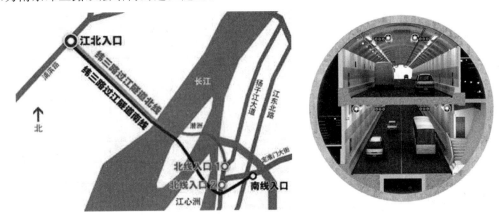

图 5.31　南京纬三路过江隧道

（4）地下交通联系隧道。地下交通联系隧道（Urban Traffic Link Tunnel，UTLT）是一种新型城市地下交通系统，具有缓解城市重要区域地面交通压力的功能，此类隧道常设置于城市繁华区或中心区的路面下，与大型公共建筑地下车库相连，由"环形主隧道"和"连接隧道"组成，其中环形主隧道引导车行方向，连接隧道将地下开发空间与地面道路有机连接。图5.32所示为连接地下停车库的交通联系隧道示意图。

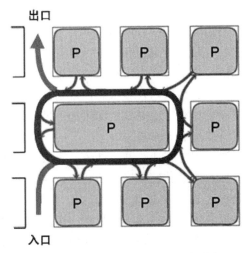

图 5.32　交通联系隧道（P 代表停车场）

按车辆允许行驶速度的设置，可分为地下快速道和地下普通道。一般地下快速道上的运行速度应低于地面，专用地下快速道的车速以 60km/h 为宜。我国几条典型的交通联系隧道统计见表5.8。

表5.8 我国典型交通联系隧道统计

编号	工程名称	全长/km	隧道断面尺寸/m	出入口数量/个	车道/条	隧道埋深/m
1	北京中关村科技园西区 UTLT	1.9	宽 7.7 高 3.4	10（连地面） 29（连车库）	1～2	5～10
2	北京金融街 UTLT	2.2	宽 9.2～10 高 5.5	6（连地面） 22（连车库）	1～2	11
3	北京奥林匹克公园 UTLT	5.5	宽 12.25 高 3.5	25（连地面） 34（连车库）	1～4	7.8～13
4	北京 CBD UTLT	1.5	宽 12.25 高 3.5	4（连地面） 18（连车库）	1～3	15～20
5	苏州火车站 UTLT	2.17	宽 7.5 限界高 3.6	4（连地面）	1～2	—
6	上海 CBD UTLT	3.29	宽 12.25 限界高 3.2	30（连地面）	1～3	12
7	重庆解放碑 UTLT	3.0	宽 7～9 净高 5.5	—	—	20

5.3.3 城市地下道路规划的原则

城市地下道路系统对既有的地面道路网络起到补充完善的作用，并改良局部道路交通状况和道路景观。但地下道路的规划建设具有投资大、周期长、不可逆转性等显著特点。所以地下路网的规划是否合理，直接影响到地下道路发挥功效的大小。城市地下道路规划设计的应遵循以下原则：

（1）地下道路建设应与当地经济规模及城市总体规划协调一致。地下道路工程作为耗资大、技术要求高的建设项目，路网的规划和建设需要有一定的经济和交通量支撑。规模过大，直接造成设施闲置与浪费，也会产生不良经济效果和社会评价。因此地下路网的规划必须要与当地的经济规模、发展预期以及城市总体规划相协调一致，这样不仅可以满足经济发展需要，也使城市发展更加有序、高效；同时地下道路网的规划，也直接为城市发展提供一种指导思路、发展方向、引导布局。

（2）城市地下道路规划建设要与其他路网协调统一。城市地下道路与现有路网的结合是一项系统工程，如果不能慎重考虑其流动性、复杂性，将导致整个地下道路网规划的事倍功半或局部失效。在进行地下公路交通规划设计时，应协调地面、地上空间的交通体系，与地面路网、高架道路形成协调统一的有机联系。充分考虑路网之间的协调可以减小地下道路对周边道路的影响、合理分流；如果不能处理好这种衔接关系，不仅不能保证机动车出行的通达性，同时给地面交通带来压力。在城市中心区，地下道路可以与主要商业中心、文娱体育中心、办公商务中心等主要地下空间连通，与地面、地上高架、地铁等交通形式实现三位一体，解决中心城区的客流输送问题。

（3）地下道路的建设需要充分考虑地质条件的适宜性。隧道工程作为地下道路的主体，地质条件对它的规划、建设及运营有决定性影响。影响城市地下道路的地质条件主要包括：工程地质及水文条件、地下空间利用现状。

工程地质及水文条件的评价主要参考地质环境稳定性、适宜性，隧道涌、突水，以及隧道围岩的稳定性。地质活动不强烈区以及适宜的地应力是修建地下道路的良好条件；围岩的性状决定施工方法、工艺和造价。

城市地下空间利用现状，包括已有地下道路、地下停车设施、已有地铁洞室等各种地下设施。充分考虑已有地下设施，不仅能够使现有路网更加合理，还能为机动车出行等提供便捷，满足"以人为本"的规划理念，更重要的是从规划上保证建设过程中安全性。

（4）地下道路的规划建设要注意与周边环境协调。城市地下道路规划要注意处理好城市历史风貌、城市空间环境的关系。洞口、风亭及其地面附属设施设计应与周边环境、景观相协调。穿越名胜古迹、风景区时，应保护原有自然状态和重要历史文化遗产。

（5）城市地下道路规划建设必须要充分考虑其功能定位。城市地下道路服务对象是日益增加的机动车辆，包括中小货车及小汽车，其功能要求相对明确。针对服务对象的出行特点，地下道路规划时可以重点考虑城市重要的地上地下停车设施、机动车拥有率高的居民社区、商务中心及城区物流中心等。

城市地下道路的隧址属于不可再生资源，其具有封闭和半封闭的特点。结合建筑形式和线路特性，可以适当考虑市政管网基础设施及其他交通基础设施的合建等，这样不仅可以高效地利用路网，也方便了市政设施的维修养护，同时避免基础设施的重复建设。如图5.33所示为武汉三阳路长江隧道为"公铁合建"过江通道，隧道分楼上楼下两层结构，上层为汽车专用通道；下层为地铁专用通道，通道左侧设置烟道和管廊，右侧设置紧急疏散通道和逃生楼梯间。

图 5.33　武汉三阳路长江隧道

此外，地下道路网系统的功能可以分为多功能服务系统及区域性道路服务系统，针对这样的划分结合城市的交通问题，就可以从功能上考量规划的总体规模及布局。如地下交通联系隧道，要考虑服务区域的范围和大小。

（6）地下道路的规划要有一定的前瞻性和可拓性。城市的发展日新月异，对交通的需求不断增长，城市机动车保有量持续增长对城市地下路网的规划提出了更高要求。准确的预测城市未来的交通需求非常困难，这需要我们在路网的规划过程中具有一定的前瞻性和可拓展性。

5.3.4　城市地下道路规划的要点

（1）合理选择道路形式。地下道路形式不单纯是对地下空间的开发利用，而是从路网系统需要到社会、经济、环境影响全面权衡的选择结果。对于城市中心区的重要通道，地下道路形式固然可以化解诸多难以协调的矛盾，但并非需要全线采用，而是根据具体工程环境灵活选用。以城市地面、上部、地下空间立体开发，对城市快速交通网络和城市现状进行全面分析，优化原有城市交通网络体系，找出其中适宜或只能利用地下空间的部分。

（2）比选及优化平面线位。对选定路段的地下管线布置与埋设、构筑及建筑物等地下空间利用现状的制约因素进行研究，确定适合于道路的有利地段。在骨干路网中确定基本方位后，地下道路具体平面线位的选定在很大程度上取决于实施条件和投资成本。在一些城市中心区，除了地面建筑的动迁以外，还涉及地下管线等的迁改。在很多旧城区，地下管线密集。因此，在项目前期规划设计阶段应对地下主要管线进行梳理勘察，并将其纳入方案综合优化比选的要素。

（3）综合统筹交通组织。地下道路规划需从区域路网整体角度出发，统筹确定交通组织和管理方案，其中出入口匝道位置和间距的设定是关系区域路网服务能力和交通组织的重点。不合理的出入口设置和交通组织会使地下道路交通对周边地区路网产生冲击，导致交通瓶颈产生，影响地下道路与周边道路交通功能发挥。进出口匝道之间的距离应满足最小距离要求。

（4）合理控制竖向间距。城市中心区地下道路沿线会与各类建筑物、河道及管线发生穿插，在规划时需要合理把握竖向控制间距指标。适宜的竖向间距控制能够优化影响地下道路整体结构埋深，保证工程自身及相关工程的结构安全，对节省工程投资也具有积极作用。

（5）合理选用技术标准。城市地下道路技术标准具有特殊性，规划设计时需要符合相关的要求。设计速度、功能等级宜与两端接线的地面道路相同，具体设计速度的选择应根据道路交通功能、通行能力、工程造价、运营成本、施工风险、控制条件以及工程建设性质综合确定。地下道路的设计净空、车道宽度是影响地下道路截面尺寸的重要因素，考虑到工程经济性，在满足行车安全的情况下应尽可能采用较低标准，但对于较长的地下道路，低标准的车道宽度和设计净空对驾驶的舒适性存在影响，规划设计时需要选择合适的标准满足人性化的行车要求。

5.4　城市地下停车系统

5.4.1　概述

地下停车场也称地下停车库，是城市地下空间利用的重要组成部分。由于城市汽车总量在不断增加，建筑物地面停车空间严重不足，停车难、行车难现象普遍，应充分利用地下空间建设停车场以缓减城市交通拥挤。因此，大规模地下空间的开发均须进行停车场规划。

地下停车场出现于第二次世界大战后，当时主要是出于战争防护、战备物资储存及物资输送方面的需要，此时的地下空间是地下停车场的雏形。到20世纪50年代后期，欧美等国家和地区经济迅速崛起，私用汽车数量大增，原地面建筑的规划空间有限，停车设施严重不足，问题初显端倪。应时之需，迫切需要建造大规模的地下停车场。例如，1952年建造的洛杉矶波星广场的地下停车场，共3层，4个地面进出口，6个层间坡道，拥有41座地下停车场，5.4万个车位。日本于20世纪60年代进行地下停车场规划，到70年代，在主要大城市进行了公共停车场规划，共拥有214座，车位总容量达4.42万个。

中国地下停车场的规划建设始于20世纪70年代，主要是出于民防的需要。随着科技水平的迅速发展和城市机动化水平的提高，汽车已逐渐成为人们生活中的必需品，城市汽车保有量迅速增加。2006年中国已超过德国，仅次于美国、日本，成为世界第三大汽车生产国。截至2017年6月，全国机动车保有量达3.04亿辆，其中汽车保有量达2.05亿辆，由此带来的城市交通拥堵、能源安全和环境问题将更加突出。以北京为例，2013年全市机动车拥有量为543万辆，按小型机动车停车面积为18～28m²/辆，若70%为小型车，则所需停车面积达6841万～10642万 m²。由于车辆处于非行驶状态时都需要足够空间停放，所以城市中车辆的增多直接导致停车空间需求量的增长。

随着经济的发展，作为城市静态交通主要内容的停车设施有了较大的发展。但当前城市停车仍以地面停车为主，而地面停车又以路边停车为主，地下停车库停车所占的比例仍然很低。在很多城市，由于中心城区规划建设早，道路相对狭窄，交通流通能力差，地面停车空间有限，地下停车规划开发度低。要解决城市中心旧城区的停车空间问题，除了要进行旧城规划改造，扩大地面交通和加强地下交通空间开发外，对旧城内绿地、公园的地下空间开发也是一条有效解决途径。

随着一个国家经济和社会的发展，汽车将成为大多数家庭的生活必需品，汽车保有量将持续增长。城市未来的土地资源、空间资源、城市环境及规划建设将面临新的挑战。在充分利用城市地面、地上空间解决快速增长的动、静态交通需要的同时，还须通过地下空间资源的开发利用，加强地下交通规划建设，优化城市空间结构，整合城市空间资源、动态使用路内停车设施，并发挥经济的杠杆作用，调整停车收费政策，提高地下停车的便捷性。

地下停车的高代价及不便捷性是停车问题的两个技术瓶颈。对于地下停车的高代价问题，应根据城市等级进行政策性调整。对于大城市，城市交通问题涉及政治、经济及社会等多个方面，应鼓励地下停车，以减少路内停车，缓减交通压力。应加强大都市公用地下停车设施的运营、维护成本等方面的经济调查，研究在中心区地下停车采用政策性补贴的可行性，使地下停车费用低于地面停车的费用。地下停车场使用不便问题可以通过停车设施系统的综合规划加以有效解决，优化出入口设置，减少步行距离，缩短地下停车出入库时间，同时把静态交通视为城市大交通的一个子系统，在城市化的进程中与动态交通系统相协调，将动、静态交通相结合，在综合解决城市交通问题的大背景下，解决停车问题。正确处理地面与地下关系、主体与出入口布置等地下空间规划和设计中的问题，有利于地下车库平战结合，利于地下空间合理利用，可将宝贵的地面空间让给居住地面建筑和绿地。

5.4.2 地下停车场的类型和规模

5.4.2.1 地下停车场的分类

地下停车场是指在城市某个区域内，具有联系的若干个地下停车位及其配套设施所构成的停车设施的总体。地下停车场具有整体的平面布局和停车、管理、服务及辅助等综合功能。

地下停车场有以下几种分类方式：

（1）按照地下停车场建造位置及与地面建筑的关系，可分为单建式地下停车场、附建式地下停车场及混合式地下停车场。

1）单建式地下停车场，指地下停车场的地面没有建筑物，独立建立于城市广场、道路、绿地、公园及空地之下的停车场。其特点是不论其规模大小，对地面上的空间和建筑物基本上没有影响，除少量出入口和通风口外，顶部覆土后仍是城市开敞空间。此外，柱网、外形轮廓不受地面建筑物的限制，可根据工程地质条件按照行驶和停放技术要求，合理优化停车场形态与结构，提高车库面积利用率。单建式地下停车场布置如图5.34所示。

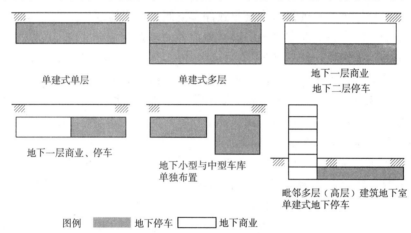

图 5.34 单建式地下停车场布置方式

2013年，武汉市建成的首个"水下停车场"——台北路地下停车场（图5.35）就是一个典型的利用城市公共绿地地下空间建设的单建式地下停车场，既解决了停车问题，又有利于城市地面环境的美化。

2）附建式地下停车场，指地面建筑物下的地下停车场。其特点是新建停车场须同时满足地面建筑、地下停车场使用功能的要求，柱网的选择及停车场形态、结构等受建筑物承载基础的限制。通常利用大型公共建筑高低层组合特点，将地下停车场布置在较大柱网的低层地下室，把裙房中餐厅、商场、活动室、动力房及中水处理设施等使用功能与地下停车场相结合。附建式地下停车场的布置如图5.36所示。

随着城市的发展，大城市的住宅小区对地下停车场的需求将越来越大。这些居住区的地下停车场通常都属于附建式停车场，大部分位于建筑物及住宅小区空地下方。

3）混合式地下停车场，指单建式与附建式相结合的地下停车场。其特点是在位置上建筑物与广场、公园、空地等毗邻，且建筑物内办公、购物等活动与公共交通均具有大的

图 5.35　武汉市台北路地下停车场（左边是停车场通道，右边是四方湖）

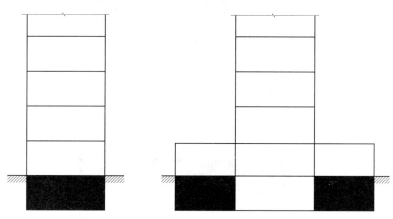

（a）多层（高层）地下停车库　　　　　　　（b）高层裙房下的地下停车库

图 5.36　附建式地下停车场布置方式

静态交通需求。

（2）按照使用性质与功能特点可以分为公共地下停车场、配建停车场和专用地下停车场。

1）公共地下停车场，指为社会车辆提供停放服务的、投资和建设相对独立的停车场所。主要设置在城市公园、广场、大型商业、影剧院、体育场馆等文化娱乐场所和医院、机场、车站、码头等公共设施附近，向社会开放，为各种出行者提供停车服务，服务于社会大众。

2）配建停车场，指在各类公共建筑或设施附属建设，为与之相关的出行者及部分面向社会提供停车服务的停车场。

3）专用地下停车场，指服务于专业对象的停车场所，如地下消防车库、救护车库等。

（3）按停车方式分为自走式停车场、机械式停车场和自走-机械混合式停车场。

1）自走式地下停车场。其优点是造价低，运行成本低，进出车速快，驾驶员将车辆通过平面车道或多层次停车空间之间衔接通道直接驶入/出停车泊位，从而实现车辆停放目的，不受机电设备运行状态影响。不足之处是交通运输使用面积占整个车场面积的比重大。

2）机械式地下停车场，是一种立体的停车空间，利用机械设备将车辆运送且停放到指定泊位或从指定泊位取出车辆，从而实现车辆停放目的。机械式停车场具有减少车道空间、提高土地利用率和人员管理方便等优点。缺点是一次性投资大，运营费高，进出车速慢。图 5.37 为 2016 年投入使用的杭州密渡桥路"井筒式"地下车库立体停车效果图。该车库设了 3 个井筒，相对应的，停车库设了 3 个出入口，每个井筒 19 层，能停 38 辆车，两边是停车位，中间是提升通道。

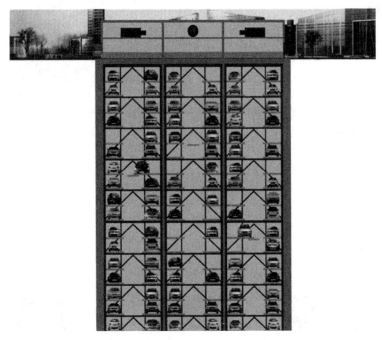

图 5.37　杭州密渡桥路地下车库立体停车效果图

3）自走-机械混合式，是一种自走式与机械式结合的半机械式地下停车场。其特点是没有垂直升降梯，采用坡道进出地下停车场，当车辆驶入停车单元后，通过电动伺服的水平输送带定位到所泊车位，然后通过垂直升降到停车场地面水平，车辆驶入输送带，再通过输送带垂直升降，将所停车辆停放到指定泊位。

由于半机械化停车场一般采用双层布置，因此，大大提高了地下空间的利用效率。其不足之处是初期投资大，受数字自动化水平的限制，通常需要有专门的停车调度人员操作完成停车过程。

（4）按停车车辆特性分为机动车停车场和非机动车停车场。

1）机动车停车场，是指供机动车停放的场地，包括机动车停放维修场地。

2）非机动车停车场，是指供各种类型非机动车停放的场地，主要是自行车停车场。

按照地下停车场所处地层建设介质的地质条件，可分为土层地下停车场和岩层地下停车场。

5.4.2.2 地下停车场的规模

按照我国的行业标准《车库建筑设计规范》（JGJ 100—2015），机动车车库建筑规模应按停车当量数划分为特大型、大型、中型、小型，非机动车车库按照停车当量数划分为大型、中型、小型，见表5.9。

表 5.9 车库建筑规模及停车当量数

类型 \ 规模（当量数）	特大型	大型	中型	小型
机动车库停车当量数	>1000	301～1000	51～300	≤50
非机动车库停车当量数	—	>500	251～500	≤250

5.4.2.3 地下停车场的系统组成

从系统设置方式看，地下停车场系统是由地面设施和地下设施两部分组成。地面设施包括车辆出入口及进入出入口之前的路段（包括减速车道及候车排队区域）、人员出入口及紧急出入口、引导标示系统、通风采光等配套设施等；地下设施包括若干各地下停车场（库），这里通称为地下停车单元，以及连接各个停车场（库）的地下通道、各种辅助配套设施等，如图5.38（a）所示。

从系统功能分类看，地下停车场系统由"硬件"设施和"软件"系统两部分组成。"硬件"设施包括地下停车设施（停车单元），地下停车服务设施（收费站、洗车站、餐厅等），地下停车管理设施（门卫室、调度室、办公室、防灾中心等），地下停车辅助设施（风机房、水泵房、消防水库等）；"软件"系统包括停车智能管理系统、停车诱导系统等，如图5.38（b）所示。

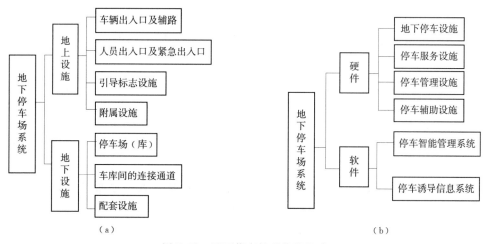

（a）　　　　　　　　　　　　（b）

图 5.38 地下停车场系统的组成

5.4.3 地下停车场规划布局

5.4.3.1 地下停车场的规划步骤

地下停车场规划应遵循以下基本步骤：

（1）城市现状调查。内容包括城市性质、人口、道路分布等级、交通流量、地面地下建筑分布及其性质、地下设备设施的分布及其性质等。

（2）城市土地使用情况。内容包括土地使用性质、价格、政策、使用类型及其分布等。

（3）机动车发展预测、道路发展规划、机动车发展与道路现状及发展的关系。

（4）原有停车场和车库的总体规划方案、预测方案。

（5）停车场的规划方案编制与论证。

5.4.3.2 地下停车场规划要点

在进行单建式地下停车场规划时，应注意以下几点：

（1）结合城市总体规划，重点以市中心向外围辐射形成综合整体布局，考虑中心区、副中心区、郊区道路交通布局及主要交通流量规划。

（2）停车场地址选择交通流量大、集中、分流地段。注意地段公共交通流及客流，是否有立交、广场、车站、码头、加油站及宾馆等。

（3）考虑地上、地下停车场比例关系。地下空间造价高、工期长，尽量利用原有地面停车设施。

（4）考虑机动车、非机动车比例。预测非机动车转化为机动车、停车设施有余量或扩建的可能性。

（5）结合旧区改造规划停车场，节约使用土地，保护绿地，重视拆迁的难易程度等。

（6）规划应注意停车场与车库相结合，地面与地下停车场、原停车场、建筑物地下车库相结合。

（7）尽量缩短停车位置到目的地的步行距离，最大不要超过 0.5km。

（8）应考虑地下停车场的平战转换及其作为地下工程所固有的防灾、抗灾功能，将其纳入城市综合防护体系规划。

5.4.3.3 地下停车场的选址原则

城市干线道路、铁路网络、交通枢纽、城市绿地等构成了城市的基本骨架，其空间位置是地下停车场选址的主要依据。中心区交通枢纽附近通常聚集了许多商业设施，相应地产生了更多的停车需求，而中心区交通枢纽地下化成为地下停车场建设的契机。

对于附建式地下停车场，由于建造于地面建筑下，其位置由地面建筑的总体布局确定，一般不存在选址问题，只需满足地面建筑和地下停车两种功能要求，把裙房中餐厅、商场、楼前广场等功能与地下停车相结合即可。

这里，主要介绍单建式地下停车场选址应遵循的原则：

（1）根据城市总体规划及道路交通总体规划，选择道路网中心地段、人流集散中心及地面景观保护地段，如城市中心广场、站前广场、商业中心、文体娱乐中心及公园等。

（2）停车场与地下街、地铁车站、地下步行道等大型地下设施相结合，充分发挥地下停车场的综合效益。

（3）保证停车场合理的服务半径。公用汽车库服务半径不超过 500m，专用车库服务半径不超过 300m，停车场到目的地步行距离为 300～500m。

（4）工程地质及水文地质条件良好，避免地下水位过高、工程地质及水文地质复杂的地段。

（5）避开已有地下公共设施主干管、线及其他地下工程。

（6）地下停车场设置在露出地面的构筑物如出入口、通风口及油库等位置时，应符合防火要求，与周围建筑物和其他易燃、易爆设施保持规定的防火间距，避免排风口对附近环境造成污染。车库之间以及车库与其他建筑物之间的防火间距不应小于表 5.10 的规定。

表 5.10　　　　　　　　　　　　　**停车场的防火间距**　　　　　　　　　　　单位：m

防火间距 汽车库名称和耐火等级	建筑物名称 和耐火等级	停车库、修车库、厂房、库房、民用建筑		
		一、二级	三级	四级
停车库	一、二级	10	12	14
修车库	三级	12	14	16
停车场		6	8	10

（7）地下公共停车场的规划在容量、选址、布局、出入口设置等方面要结合该区域已有或待建建筑物附建式地下停车场的规划来进行。

（8）要考虑地下停车场的平战转换及其防灾减灾功能，可以将其纳入城市综合防护体系规划。

5.4.3.4　地下停车场的平面形态

地下停车场的平面形态可分为广场式矩形平面、道路长条形平面、竖井环形式及不规则平面。

（1）广场式矩形平面。地面环境为广场、绿地，在广场道路的一侧设地下停车场，可按广场的大小布局，也可根据广场与停车场的规模来确定。地下停车场总平面一般为矩形等规则现状。例如，日本川崎火车站前广场地下停车场设在广场西南路边一侧，上层为商场，下层存车 600 辆，入口设在环路一侧。

（2）道路式长条形平面。停车场设在道路下，基本按道路走向布局，出入口设在次要道路一侧。此类停车场把地下街同停车场相结合，即上层为地下街，下层为停车场，停车场的柱网布局与商业街可以吻合，平面形状为长条形。

（3）竖井环形式。竖井环形式是一种垂直井筒的地下停车场，通常采用地下多层，环绕井筒四周呈放射形布置泊车位。一般竖井采用吊盘，竖井直径 6m，停车场外径 20m，每层可布置 10 个泊位，可供机关、商场及住宅等使用。多个竖井式可通过底部地下停车场等联通。

（4）不规则平面。附建式地下停车场受地面建筑平面柱网的限制，其平面特点是与地面建筑平面相吻合。不规则平面的地下停车场使停车场的特殊情况，主要是地段条件的不规则或专业车库的某些原因造成的。岩层中的地下停车场，其平面形式受施工影响会引起很大变化，通常是以条状通道式连接起来，组成 T 形、L 形、井形或树状平面等多种形式。

5.4.3.5　地下停车场的整体布局形态

城市空间结构与城市路网布局，既相辅相成，又互相制约，而城市的路网布局决定了城市的行车行为，进而决定了城市的停车行为。所以，地下停车场的整体布局必然要求与城市结构相符合。城市特定区域的多种因素，如建筑物的密集程度、路网形式、地面开发建设规划等，也对该区域地下停车场的整体布局形态产生影响。

根据城市结构的不同，地下停车场的整体布局形态可分为脊状布局、环状布局、辐射状布局和网状布局 4 种。

（1）脊状布局。在城市中心繁华地段，地面往往实行中心区步行制，即把车流、人流集中，地面交通组织困难的主要街道设为步行街。这些地段通常商业发达，停车供需矛盾较大。实行步行制后，地面停车方式被取消，停车行为一部分转移到附近地区，更多的会被吸引入地下。沿步行街两侧地下布置停车场，形成脊状的地下停车场，如图 5.39 所示。出入口设在中心区外侧次要道路上，人员出入口设在步行街上，或与过街地下步道相连通。

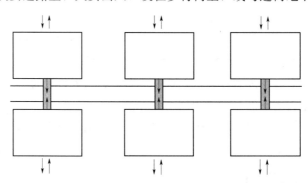

图 5.39　脊状地下停车场系统示意图

（2）环状布局。新城区非常有利于大规模的地上、地下整体开放，便于多个停车场的连接和停车场网络的建设。可根据地域大小，形成一个或者若干个单向环状地下停车场。

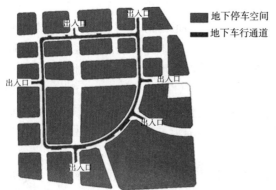

图 5.40　中关村地下环形式停车场

北京中关村西区在地下一层建有逆时针单向双车道的地下环形车道-地下环廊，呈扇形环状管道，全长近 2km。地下环廊共设置 13 个地下车库，10 个出入口，分别为 6 入 4 出，与地面道路连通，形成四通八达的地下交通网路。图 5.40 为中关村地下停车场布置图。

（3）辐射状布局。大型地下公共停车

场与周围的小型地下车库相连通，并在时间和空间两个维度上建立相互关系，形成以大型地下公共停车场为主，向四周呈辐射状的地下停车场，如图 5.41 所示。

地下公共停车场与周围建筑物的附建式地下停车场在空间维度上建立一对多的联系，即公共停车场与附建式停车场相连通，而附建式停车场相互之间不连通。在时间维度上建立起调剂互补的联系，即在一段时间内，公共停车场向附建式车场开放，另一段时间内各附建式车场向公共停车场开放。例如，在工作日公共停车场向周围附建式的小型停车场开放，以满足公务、商务的停车需要，在法定假日附建式小型车库向公共停车场开放，以满足娱乐、休闲的停车需要。

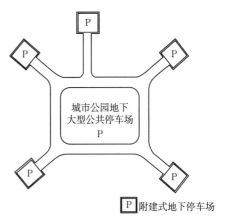

图 5.41　辐射状地下停车场的布局

（4）网状布局。团状城市结构一般以网格状的旧城道路系统为中心，通过放射型道路向四周呈环状发展，再以环状路将放射型道路连接起来。我国一些大城市如北京、天津、南京等，城区面积较大，有一个甚至一个以上的中心或多个副中心，路网密度大、道路空间狭窄、街区规模小的特征。道路空间的不足，以及商业、办公机能的城市中心集中化、居住空间的郊外扩大化，导致了对交通、城市基础设施的大量需求。这些需求推动了地铁、共同沟、地下停车场及地下道路的建设。

团状结构的城市布局决定了城市中心区的地下停车设施一般以建筑物下附建式地下停车库为主，地下公共停车场一般布置在道路下，且容量不大。与这种城市结构相适应的地下停车场，宜在中心区边缘环路一侧设置容量较大的地下停车场，以作长时停车用，并可与中心区内已有的地下停车场作单向连通。中心区内的小型地下停车场具备条件时可个别地相互连通，以相互调剂分配车流，配备先进的停车诱导系统，形成网状的地下停车场。

5.4.4　自走式地下停车场的设计

自走式地下停车场是目前国内外采用最多的地下停车场类型。这类停车场布置方式多种多样，有单建式、附建式以及混合式等多种形式。

5.4.4.1　地下停车场的坡道类型

由车辆自走进、自走出的地下汽车库，坡道是主要的运输设施，也是车辆通向地面的唯一渠道。坡道在地下停车场的面积、空间、造价等方面都占有相当大的比重，而且技术要求较高，对地下停车场的使用效率和安全运行都有较大影响。

坡道的类型很多，但从基本形式上分类，只有直线型和曲线型两种，如图 5.42 所示。在直线型中，又有直线长坡道［图 5.42（a）］；直线短坡道，即一条坡道上下半层高度，楼板错开半层［图 5.42（b）］；倾斜楼板，即由倾斜的楼板代替坡道，车辆的停放和行驶都在倾斜楼板上［图 5.42（c）］。曲线型坡道多为圆形，又称螺旋形，即一个圆周上下一层［图 5.42（d）］；还有半圆形，即半个圆周上下一层［图 5.42（e）］。不论是直线型还是曲线型坡道，都可以是单车道或者双车道。

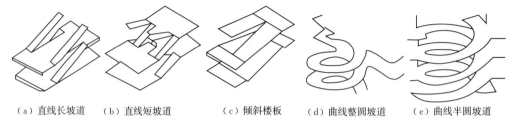

（a）直线长坡道　　（b）直线短坡道　　　（c）倾斜楼板　　　（d）曲线整圆坡道　　（e）曲线半圆坡道

图 5.42　直线型坡道与曲线型坡道

在地下停车场布置多层时，可以采用折返式斜坡道进行多层之间连接。直线式的特点是坡道视线好，可视距离长，上下方便，施工容易，但占地面积大。根据上下层间的连接形式，折返式斜坡道可以分连续折返和分离折返。采用连续折返时，车辆无需经过场库内通道直接进出上下分层；采用分离式折返时，车辆需经过场库内部行车道出入上下分层。连续式折返的结构紧凑，行车距离短，但干扰大。分离式折返各层之间的直线坡道相互独立，干扰小，但行车距离较长。

曲线型坡道的特点是视线效果差，视距短，进出不方便，但优点是节省面积和空间，适用于狭窄地段，尤其适合在多层地下停车场层间使用，比较容易布置。曲线坡道的通视距离小，车辆需连续旋转，故必须保持适当的坡度和足够的宽度以保证车辆安全行驶，一般不适用于停放中型汽车的地下汽车库。

工程实践中，由于条件和环境复杂，往往难于采用单一类型的坡道，因而常常出现折线坡道或直线与曲线坡道相组合的情况。在选择坡道类型时，没有固定的模式，应当从具体条件出发，采取灵活的布置方式。

5.4.4.2　地下停车场的内部交通组织

交通组织是地下停车场建筑布置的重要内容，要组织好车辆在停车间内的进、出、上、下和水平行驶，使进出顺畅，上下方便，行驶路线短捷，避免交叉和逆行。

停车场交通涉及停车位、行车通道、坡道、出入口、洗车设备及调车场等要素。停车位是汽车的最小储存单元；行车通道、坡道提供车辆行驶的路径；出入口是车辆进、出地下车库和加入地面交通的哨口或门槛。停车场交通组织就是协调各要素之间的关系，确定合理的路径轨迹。

（1）行车道与停车位的关系。根据行车道与停车位之间的位置关系，可分为一侧通道一侧停车、中间通道两侧停车及环行通道等多种形式，如图 5.43 所示。

按照车位长轴线与行车通道轴线交角之间的关系，可分为平行式、垂直式及斜交式。斜交式的相交角度常见的有 30°、45°及 60°。

其中，采用中间通道、两侧停车的位置关系时，车辆可以在行车通道的两侧找到位置，而行车通道同时为道路两侧的车辆提供通行空间，利用率高。

采用两侧通道、中间停车的位置关系时，可以从双侧道路进出车位，一侧顺进，一侧顺出，进出车位安全、快速，适合于要求紧急出车的专用车使用。其不足之处是通道占用空间大，在停车场有效面积中，停车位面积与通行道路面积比相对较低，空间利用率较低。

采用环形通道时，线路流畅，但须保证必要的转弯半径和通视距离。一般要求中型车车库为 50～80m，小型车车库为 30～40m。

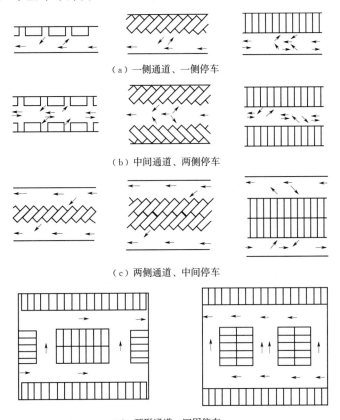

（a）一侧通道、一侧停车

（b）中间通道、两侧停车

（c）两侧通道、中间停车

（d）环形通道、四周停车

图 5.43　库内行车道与停车位的关系

（2）行车通道与坡道及出入口的位置关系。行车通道与坡道、出入口之间的位置关系取决于地下车库布置及地面道路的关系。根据道路与地下车库的相对位置关系，通常可分为地下车库的一侧、两侧、两端和四周，并据此确定出入口的位置。

如图 5.44 所示，当道路在地下车库一侧布置时，有 6 种基本的位置关系。图 5.44（a）所示为小型地下车库，只有一条直线行车通道和一个出入口，车辆直进直出，比较简单，如四级及以下地下车库。图 5.44（b）～（f）所示为较大型地下车库，行车通道多采用一组直接通道，由环行通道并联布置，两个出入口。根据出入口与车场的位置关系，出入口可分散布置在车库两端，如图 5.44（b）、（e）所示；也可集中布置在车库一端，如图 5.44（c）、（f）所示。此外，出入口布置的外部条件受到限制时，将改变出入口及坡道设置。如图 5.44（d）所示，因不能布置直线坡道，采用了直线加曲线相互交错的两条坡道；图 5.44（f）由于外部条件受限，造成出入口不能分散布置，而将出入口集中布置，如图 5.44（f）所示。出入口集中布置时，车流在库内的行车路线长，出入口容易造成车辆集中和交通堵塞。

当道路位于地下车库两侧时，分两种布置形式，分别将出入口布置在一侧道路或两侧道路上，如图5.45（a）、（b）所示。其特点是出入口相对分散，车辆在库内行驶路距比较合理，车辆进、出和车库内行驶都比较顺畅。

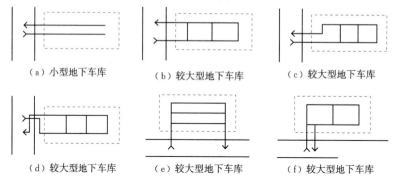

（a）小型地下车库　　　（b）较大型地下车库　　　（c）较大型地下车库

（d）较大型地下车库　　　（e）较大型地下车库　　　（f）较大型地下车库

图5.44　道路在地下车库一侧时的行车通道布置

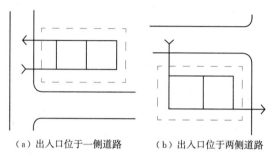

（a）出入口位于一侧道路　　　（b）出入口位于两侧道路

图5.45　道路位于地下车库两侧时的行车通道布置

当道路在地下车库两端时，行车通道的布置分三种方式，如图5.46所示。图5.46（a）所示为直进直出式，出入口设于车库两端道路，通常为小型车库采用；图5.46（b）所示为直线并联环行式，在车场两端道路各设置两个出入口，库内、外行车方便，通常为大型地下停车场采用；图5.46（c）所示为环行直通式，与图5.46（a）相比，增加了环行通道，一般适合于较大型的停车场。

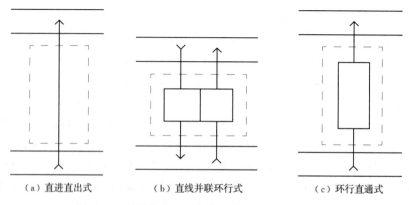

（a）直进直出式　　　（b）直线并联环行式　　　（c）环行直通式

图5.46　道路位于地下车库两端时的行车通道布置

当道路在地下车库四周时，行车道出入口的数量及布置取决于停车场规模的大小及地面交通情况。大型地下车库出入口的设置尽可能与四周道路连通。常见行车道的布置方式如图 5.47 所示。图 5.47（a）所示在三个方向设置出入口，图 5.47（b）所示在四个方向均设置出入口。

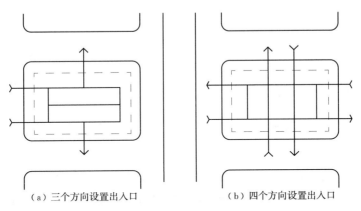

<table>
<tr><td>（a）三个方向设置出入口</td><td>（b）四个方向设置出入口</td></tr>
</table>

图 5.47　道路位于地下车库四周时的行车通道布置

当地下车库位于城市道路下方时，由于地下车库为狭长条形，左右两组出入口均处于道路中央，库内形成两个环行通道，如图 5.48 所示。

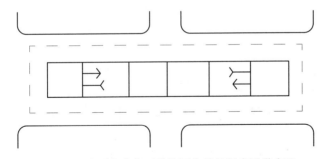

图 5.48　地下车库位于道路下方时的行车通道布置

停车间内一般不单设人行通道。大面积停车间在行车通道范围一侧划出宽 1m 左右的人行线，行人利用停车位空间暂避。供人使用的楼梯、电梯应满足使用、安全疏散要求。单建式地下车库超过 4 层时应设电梯，附建式地下车库内的电梯可利用地面建筑电梯延伸到地下层，为行人存、取车提供便利。

5.4.4.3　出入口设计

地下停车场系统的出入口包括车辆出入口和人员（疏散）出入口。其中车辆出入口设计涉及的影响因素比较多，设计过程中需要重点考虑。

1. 出入口的数量

停车场的车辆出入口和车道数量与地下停车场的规模、高峰小时车流量和车辆进出的等候时间相关。通常情况下，对于停车场而言，每增加一定的停车泊位就需要设置一个出入口。实际设计中，只要确保地下停车场系统出入口的进出与周边道路通行能力相适应，且车辆能安全、快捷的进出系统，就可以尽可能地减少出入口数量。不同等级的地下停车场最少需要设置的出入口数量见表5.11。

表 5.11 　　　　　　　　　　　**停车场出入口和车道数量** 　　　　　　　　单位：个

规模	特大型	大型		中型		小型	
停车当量	>1000	501~1000	301~500	101~300	51~100	25~50	<25
机动车出入口数量	≥3	≥2		≥2	≥1	≥1	
非居住建筑出入口车道数量	≥5	≥4	≥3	≥2		≥2	≥1
居住建筑出入口车道数量	≥3	≥2	≥2	≥2		≥2	≥1

2. 出入口的位置

确定地下停车场出入口位置时需要考虑的因素很多，包括与地下停车场连接的道路的等级、停车场的规模及出入口处的动态交通组织状况等。确定地下停车场出入口位置时要保障地下停车场系统良好的运营周转，停车场内外交通流线连接流畅，在高峰时段不至于堵塞或排队过长。基本原则包括：

（1）出入口宜布置在流量较小的城市次干道或支路上，并保持与人行天桥、过街地道、桥梁、隧道及其引道等50m以上的距离，与道路交叉口80m以上距离。

（2）出入口应尽量结合地下停车单元设置，也可以根据合适的位置设置后，再用地下匝道与停车单元相连。

（3）在地下停车场服务区域范围内的主要交通吸引源如大型购物中心、娱乐设施附近，要保证出入口数量充足、位置合理。

（4）为了便于地下停车场内外交通衔接，车辆出入口宜采用进、出口分开的设置方法。

（5）出入口必须易于识别，可通过醒目的标志或建筑符号等帮助用户辨识。

（6）当出入口附近有大型公共建筑、纪念性建筑或历史性建筑物时，应考虑出入口建筑风格与周围环境的协调。

（7）出入口必须保证良好的通视条件，并在车辆出入口设置明显的减速或者停车等交通安全标识。如图5.49所示，在视点位置需要确保驾驶员可以看到全部通视区范围内的车辆、行人情况。

5.4.4.4 柱网选择

自走式地下停车场除规模很小的以外，一般都因空间较大，结构上需要有柱，这就增加了停车间内不能充分利用的面积。假设柱径为1m，车辆距柱边0.3m，则柱占用空间的宽度为1.6m，不能利用的面积已经接近1台小型车停车位的面积。因此，柱网选择是地下停车场总体布置中的一项重要工作，直接关系到设计的经济合理性。对于单建式地下停车场，柱网选择主要应满足停车和行车的各种技术要求，并兼顾结构的合理；对于附建式地下停车场，还需要考虑与上部建筑柱网的统一。

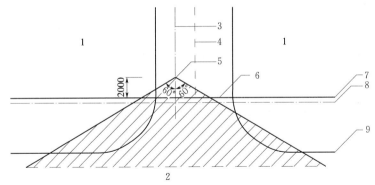

图 5.49　停车场出入口通视要求示意图

1—停车场基地；2—城市道路；3—车道中心线；4—车道边线；5—视点位置；

6—车辆出入口；7—停车场基地边线；8—道路红线；9—道路缘石线

一般来说，以停放 1 台车平均需要的建筑面积作为衡量柱网是否合理的综合指标，并同时满足以下几点基本要求：

（1）适应一定车型的停车方式、停放方式和行车通道布置的各种技术要求，同时保留一定的灵活性。

（2）保证足够的安全距离，使车辆行驶通畅，避免遮挡和碰撞。

（3）尽可能缩小停车位所需面积以外的不能充分利用的面积。

（4）结构合理、经济，施工方便。

（5）尽可能减少柱网种类，统一柱网尺寸，并保持与其他部分柱网的协调一致。

柱网是由跨度和柱距两个方向上的尺寸所组成，在多跨结构中，几个跨度相加后和柱距形成一个柱网单元。决定停车间柱距尺寸的因素有：

（1）需要停放的标准车型宽度。

（2）两柱间停放的汽车台数。

（3）车辆停放方式。

（4）一定车型所要求的车与车、车与柱（或墙）之间的安全距离和防火间距。

（5）柱的横截面尺寸或直径。

在停车间柱网单元中，跨度包括停车位跨度和通道跨度。决定车位跨度尺寸的因素有：

（1）需要停放的标准车型长度。

（2）车辆停放方式。

（3）一定车型所要求的车后端（或前端）至墙（或柱）的安全距离和防火间距。

（4）柱的横截面尺寸或直径（对中间跨），或墙轴线至墙内皮的尺寸（对边跨）。

（5）与柱距尺寸保持适当的比例关系。

决定通道跨度尺寸的因素有：

（1）车辆停放方式，即在一定的柱距和车位跨度条件下，进、出车位所需要的行车通道的最小宽度。

（2）行车线路的数量。

（3）柱的横截面尺寸或直径。

（4）与柱距尺寸保持适当的比例关系。

在选择停车间柱网时，除满足停车技术要求和使面积指标达到最优外，还必须考虑结构上是否经济合理，包括结构跨度尺寸不应过大，构件尺寸合理，柱距和跨度比例适当并与结构相适应，柱网单元种类不应过多。

目前，对于地下停车库柱间停放 3 辆小型汽车时，通常多采用 8.0m×8.0m、8.1m×8.1m、8.4m×8.4m 的柱网，并根据设计具体要求进行灵活运用。下面以小型车（1.8m×4.8m），柱径 0.8m 为例，分别给出两柱间停放 1 辆、2 辆和 3 辆汽车时所需要的最优柱距尺寸，如图 5.50 所示。

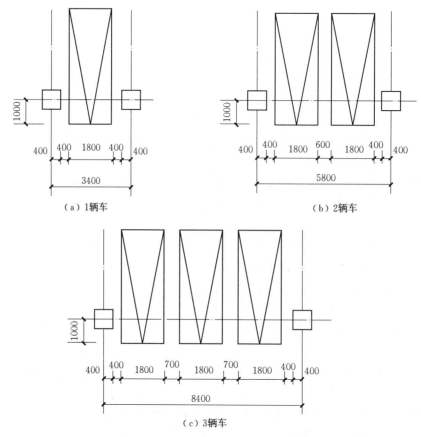

（a）1辆车　　　　　　　　　　　　　（b）2辆车

（c）3辆车

图 5.50　最优柱距尺寸（单位：mm）

对于一个汽车库内同时能停放小型汽车和中型汽车两种需求时，由于小型车（1.8m×4.8m）与中型车（2.5m×9.0m）尺寸相差较大，在设计柱网尺寸时不宜考虑同时能停放两种车型的灵活性，可以按照不同车型进行分区设计，避免结构上的不经济和空间使用上的浪费。

5.5　城市地下公共步行系统

5.5.1　地下步行通道与步行交通系统的概念

地下步行通道是指位于地面以下，独立或与建筑物及其他城市设施相结合、以人的步行活动为主要功能，为优先满足步行行为需要而设立的各种城市构筑物及其附属空间。地下步行通道主要有两种类型：一种是供行人穿越街道的地下过街横道，功能单一，长度较小；另一种是连接地下空间中各种设施的步行道路，例如地铁车站之间、大型公共建筑地下室之间的连接通道，规模较大时，可以在城市的一定范围内形成一个完整的地下步行通道系统。

地下步行交通系统是指地铁站点、城市下沉广场、商业建筑等城市公共地下空间由地下的步行通道有序连接，形成的连续的步行网络体系。地下步行系统的主要组成部分包括地下步行通道、出入口、开敞空间及其他地下公共系统等。其中地下步行通道是地下各类设施及公共空间的连接纽带；开敞空间一般表现为下沉广场或中庭，从形式上有时也表现为入口空间。

地下步行系统按所属的建筑主体的类型可以分为四种，分别为交通型、商业型、复合型和特殊型。

交通型地下步行系统所属的建筑主体包括交通枢纽和公共交通两大类，其中交通枢纽是指服务于城际间的大型客运中心，而公共交通是指城市内部交通系统的节点设施。从属于交通枢纽主体的地下步行系统，其作用主要是作为火车站、客运站、航空站等大型客运中心的地下集散或地下换乘空间；从属于公共交通主体的地下步行系统，其作用包括作为地面或地上公交站场的出入口和通道，以及作为地下机动车公交站场和地铁站点的地下集散或地下换乘空间。图 5.51 所示为合肥火车站地下步行系统，旅客出站后可以在地下步行换乘公交、出租、地铁及社会交通工具。

图 5.51　合肥火车站地下步行系统

商业型地下步行系统是地下街、地下中庭、下沉广场、通道和出入口的组合，作为商业用途服务市民。

复合型地下步行系统由地铁站点、地下街、停车、下沉广场、通道和出入口等共同组合而成，实现商业与交通的复合功能。如上海五角场核心区的步行体系（图 5.52），以地铁江湾体育场站和五角场站为终点，中间串联多个主要商业综合体。五角场环岛下沉广场（图 5.53）设 9 个出入口可分别到达周边的邯郸路、四平路、黄兴路、翔殷路、淞沪路 5条主干道路口处；由环岛下沉广场出发，地下步行通道可直接通往各个商业综合体的地下商业空间。

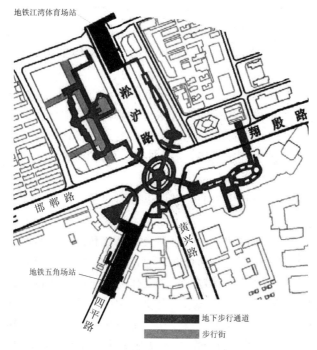

图 5.52　上海五角场核心区地下步行系统

图 5.53　上海五角场下沉广场

特殊型地下步行系统主要用于安全防灾的特殊用途，例如防空防灾的疏散通道。

5.5.2　地下步行交通系统的作用

城市地下步行系统的主要作用体现在以下几个方面：

（1）缓解城市地面交通压力。城市建设中大量拓宽地面道路，地面步行空间被占用，因此利用地下空间可以使步行活动顺利运行。尤其是当地下步行系统与地铁站点、地下停车场、公共交通枢纽等交通设施紧密联系时，使步行者无需到达地面即可实现步行与其他出行方式的转换。此外，地下步行系统重新组织城市交通，将不同交通流线分层组织，实现"人车分流"，有助于改善地面交通环境。

（2）拓展城市公共空间。在城市中心区，高强度开发导致地面公共空间匮乏。地下步行系统利用下沉式广场，强化与地面公共空间的联系；地下步行通道与地下广场、地下街道等组合创造与地面街道相似的步行体验。同时，城市公共空间体系由单一的水平布局，向地下进行立体化布局发展，丰富了公共空间层次，提供了更多可供公众使用和活动的场所，拓展了公共空间范围。

（3）改善步行条件。主要包括减少不利地形条件以及不利气候条件的影响。在地形条件复杂的城市中，通过地下步行系统，缩短两点之间步行交通距离，加强区域间的联系，达到减少不利地形条件的影响。此外，地下空间具有恒温、遮蔽等特点，在酷暑可以为行人提供清凉，在寒冬可以提供温暖的环境，在雨天则可以遮风避雨。例如加拿大蒙特利尔市属于明显的寒带气候，其冬季1月的常年平均气温为－15～6℃，年平均降雪量高达2140mm，该市利用连续的行人通道将市中心的地下部分完整连接，使得人们完全可以在地下就到达市中心的所有重要建筑和场所。其地下步行系统已经成为当地人躲避地面交通堵塞、严寒和酷暑天气的最佳步行系统。

5.5.3 地下步行系统规划设计

5.5.3.1 平面布局原则

（1）以整合地下交通为主。通过地下步行系统来整合地下空间能够更好地实现地上地下多种交通方式之间的转换，提升城市整体的交通效率。

（2）体现城市功能复合。地下步行系统除提供步行交通功能之外，同时也集聚一定的社会活动，如商业、文化、娱乐、休闲等。地下步行系统的布局可以与其他一些城市功能相结合（如与商业结合形成地下商业步行街），这样不仅可以将人流吸引到地下，还可以充分发掘这些人流的商业效益。

（3）力求便捷。地下步行设施的首要功能还是交通，如果其不能为行人创造内外通达、进出方便的通行条件，就会失去其设计的最初意义。在高楼林立的城市中心区，应把高楼楼层内部设施（如大厅、走廊、地下室等）与中心区外部步行设施（如地下过街通道、天桥、广场等）衔接，并通过这些步行设施与城市公交车站、地铁站、停车场等交通设施相连，共同组成一个连续的、系统的、完善的城市系统。

（4）环境舒适。现代城市地下步行系统可以通过引入自然光线、人工照明的艺术化设计以及通风系统的改善，使地下步行设施内部的光线及空气环境得到提升。同时，平面布局可以灵活多变，打破地下空间的单调感，提升内部空间的品质，从而吸引更多的人流进入地下空间。

（5）近期开发和远期规划相结合。地下步行系统是一个长期综合发展的过程。在地下步行系统建设时应根据城市发展的实际情况确定近期建设目标、同时考虑远期地下公共步行系统之间的衔接。

5.5.3.2 平面布局模式

地下步行系统从平面构成上主要是由点状和线状要素构成。由于所组成的城市要素有不同的特征，在城市地下空间中的作用和位置也不相同，相互联系的方法和连接的方式也趋于多样，地下步行系统的平面构成形态有多种。根据"点"（各实体及空间结点）与"线"（地下步行通道）在城市地下步行系统内组合成的不同平面形态，总体上可分为以下四种平面布局模式。

1. 网络串联模式

由若干相对完善的独立结点为主体，通过地下步行通道等线形空间连接成网络的平面布局形态（图5.54）。其主要特点是地下步行网络中的结点比较重要，它既是功能集聚点，同时也是交通转换点。因此每个结点必须开放其边界，通过步行通道将属于同一或不同业主的结点空间连接整合，统一规划和设计。任何结点的封闭都会在一定程度上影响整个地下步行

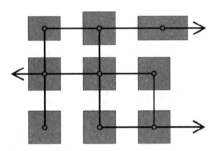

图5.54 网络串联模式

系统的效率和完整性。这种模式一般出现在城市中心区，将各个建筑的地下具有公共性的部分建筑功能整合成为一个系统。其优点在于通过对结点空间建筑设计，可以形成丰富多彩的地下空间环境，且识别性、人流导向性较好，但其灵活性不够，应在开发时有统一的规划。

2. 脊状并联模式

以地下步行通道为"主干"，周围各独自结点要素分别通过"分支"地下连通道与"主干"步行通道相连（图5.55）。其主要特点是以一条或多条地下步行通道为网络的公共主干道，各结点要素可以

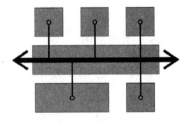

图5.55 脊状并联模式

有选择的开放其边界与"主干"相连。一般来说主要地下步行通道由政府或共同利益业主团体共同开发，属于城市公共开发项目，以解决城市区域步行交通问题为主，而周围各结点在系统中相对次要。这种模式主要出现在中心区商业综合体的建设中。其优点是人流导向性明确，步行网络形成不必受限于各结点要素。但其识别性有限，空间特色不易体现，因此要通过增加连接点的设计来进行改善。

3. 核心发散模式

由一个主导的结点为核心要素，通过一些向外辐射扩展的地下步行通道与周围相关要素相连形成网络（图5.56）。其主要特点在于核心结点是整个地下步行网络交通的转换中心，同时在很多情况下也是区域商业的聚集，核心结点周围所有结点要素都与中心结点有联系。相对而言，非核心结点相互之间联系较弱。这种模式通常在城市繁华区广场、公园、绿地、大型交叉道路口等地方，为城市提供更多的开放空间，将一些占地面积较大的商业综合体利用地下空间进行开发，同时通过区域地下步行通道与周围各要素方便联系。

其优点体现在功能聚集，但人流的导向性差，识别性也比较差，必须借助标识系统和交通设施的引导。

4. 复合模式

城市功能的高度集聚使地下步行系统内部组成要素更加丰富，在地下步行系统开发中，将相近各主体和相应功能混合，开发方式趋于复合。体现在地下步行系统的平面中就是以上三种平面模式的复合运用（图 5.57）。在不同区域，根据实际情况采用不同的平面连接方式，综合三种模式的优点，建立完善的步行系统。

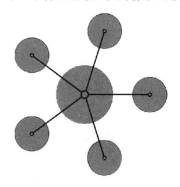 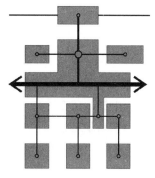

图 5.56　核心发散模式　　　　　　　　　图 5.57　复合模式

多数地下步行系统的开发都是以点状地下广场或线性地下步行通道为开端，逐步向四周放射发展，形成多个地下空间组团，组团之间进一步互相连通，形成具有规模效应的网络化系统。在规划地下步行通道的平面流线时，应当注重与地面步行系统的关联性，使两套系统的重要公共节点空间相互重叠，便于地面与地下空间的有机整合。

5.5.3.3　空间环境设计

（1）结合地下空间出入口，形成开放性城市节点。地下空间具有封闭、不可见的特性，将出入口结合地面环境进行整体设计，能强化地下空间入口的标志性，提高地下步行系统的开放性。利用下沉广场、自动扶梯等元素，结合地形环境，将地面、地下及部分建筑二层空间统一，扩大地下空间与地面步道的衔接面积，使地下空间成为地面空间的自然延续，创造内通外达、进出方便的地下步行系统。

（2）结合建筑中庭，营造共享空间。路径复杂、规模庞大的地下步行系统，需要避免空间封闭隔绝、视觉信息缺乏、形体单一等问题。地下步道与建筑中庭融合，营造形象突出、宽松雅致的节点空间，并在其中组织供人流集散和休息的区域，可使地下空间富于变化，减轻由通道过长而引起的单调乏味感，有效调节步行者的空间体验。在国内外成功的地下步行系统中，中庭空间对优化地下空间品质有着重要作用。地下步道与建筑中庭的衔接首先要处理好两者出现的序列与节奏，沿主要人流路线展开一连串的线性及面状空间，不同尺度的空间形成对比与变化，创造起伏抑扬、节奏鲜明的空间序列。其次，在中庭集中布置垂直交通系统，如电梯、自动扶梯以及步行坡道等，在建筑各楼层与地下层之间建立方便、舒适、充满趣味的交通联系。此外在不同楼层高度布置贯穿中庭的廊道、平台，可以丰富中庭空间的层次。同时，借助建筑采光穹顶、玻璃屋面等元素，最大限度地将自然要素引入地下空间，并在中庭布置景观绿化、雕塑小品和休闲设施，使地下步行系统成为人们愿意驻足停留、休息交往的共享空间。

（3）结合导视系统，获得明确的方向感。地下空间具有封闭性，地下步行系统空间的单调性，自然界导向物的缺失，以及内外信息隔断，往往使人无法判断地下空间本身与邻近建筑的关系，人们在地下步行系统中活动时，难以定位与之对应的地面位置，在方向感常常出现盲点。因此，在地下步行系规划设计中要注意导向指示系统的设置。

5.6 城市地下交通枢纽

5.6.1 概述

交通枢纽又称运输枢纽，是衔接某一交通运输网络中的两条及两条以上线路，或连接多种交通运输网络的交通节点，是多条运输干线或多种运输方式交会的综合体。交通枢纽既连接了城市内部的交通，也沟通了城市与城市之间的交流。从功能上区分，交通枢纽可以分为货运枢纽和客运枢纽。

仅拥有一种交通运输方式的枢纽称为单一方式交通枢纽，服务于两种或者两种以上交通方式的枢纽称为综合交通枢纽。城市中的综合交通枢纽一般是城市交通的重要节点，对市内交通实现换乘，对市外交通进行连接，整合了城市中铁路、飞机、地铁、公交、长途、出租车和私家车等主要交通设施。

国外发达城市大型客运交通枢纽的发展趋势集中体现在集多种交通方式于一体，并与商业、办公、娱乐等产业联合开发的、功能多元化的大型"交通综合体"的迅速发展上。

随着轨道交通路网的建设，以地下轨道交通为核心，连接公路、铁路、航空等多种交通方式的地下综合交通枢纽出现。地下交通枢纽系统是连接地下交通网络间、地面与地下交通系统间的重要节点。地下综合交通枢纽以其发达的轨道交通网络为基础，将常规公交车站、出租车站、停车场、长途汽车站等集中布设甚至在同一座大型建筑物内，构成一个集多种交通方式于一体的、同时具有对外和对内交通功能的大型换乘枢纽。枢纽在完成快线交通和慢线交通的转换，对外交通和对内交通的转换，机动车流、停车场和步行交通转换的同时，通过枢纽功能的延续性开发，建立起商业中心、服务中心和娱乐中心等公共场所，提高了枢纽的开发强度，不仅能在高峰时间满足大量的换乘需求，而且能使相当一部分乘客在换乘等候时间完成日常工作和购物，减少了乘客的单纯候车时间和单纯购物出行次数，促进了客运服务的多样化，从而增加公共交通的吸引力和客运量。

随着社会经济的高速发展和人类科技的飞速进步，我国地下综合交通枢纽的建设进入到了一个全面发展的阶段。一些大型城市相继建设了一系列地下综合交通枢纽，如北京南站、上海虹桥、新广州站、武汉站等。

5.6.2 地下交通枢纽在城市发展中的功能

交通枢纽地下空间的分类形式较多，但按照空间内功能设施的不同来分类，可归纳为4类：地下交通空间、地下公共服务空间、地下市政基础设施空间和地下防灾与生产储存类空间，如图 5.58 所示。

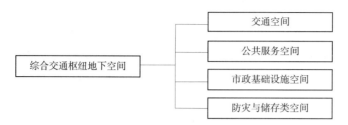

图 5.58 地下交通枢纽空间分类

地下交通枢纽的发展以地下交通方式的开发为核心，并注重各种交通方式之间的衔接换乘；同时选择客流量大的区域（站厅、疏散步行通道和站点出入口等位置）开发规模和数量适宜的公共服务设施来提高经济效益；同步完善地下通风、制冷、采暖和给排水等基础配套设施；并且不忽视地下防洪、防火和防空的工作。

地下综合交通枢纽发挥的功能，不仅体现在交通方面，也体现在综合换乘方式对周边区域和整个城市经济发展带来的巨大推动作用。

（1）交通功能。交通功能是交通枢纽最基本的功能。综合枢纽的服务对象为旅客和车辆，为城市内部和外来人员交流提供中转和集散服务，是城市对外保持联系、对内保持城市发展畅通的重要桥梁和纽带。以信息化、网络化为基础，综合交通枢纽实现各种运输方式一体化，提供高效、安全和舒适的换乘服务，推动交通运输业向综合集成和一体化运输的方向发展。

（2）经济功能。城市综合交通枢纽作为城市门户，是大量旅客和车辆出入城市的必经之路。便捷的交通势必会带来巨大商机。一般的综合交通枢纽都同时具备交通枢纽和商业中心等多项功能。国外很多成功案例表明，以交通枢纽为核心，对枢纽附近进行商务、娱乐休闲、购物等一系列项目开发，收益显著。这些项目在提供各项优质服务时，也为枢纽吸引大量客源，二者相互促进，达到交通和商业共赢，最终形成该区域发展的引擎。

（3）城市发展功能。综合交通枢纽的建设，为经济社会发展提供了新的空间载体，对城市发展具有重要影响。综合交通枢纽的规划发展往往结合商业中心的开发，形成综合交通枢纽型商务区，促进城市向多中心多核发展，改善城市居住的分布，扩大都市圈的范围，催生城市群中央商务区。交通枢纽型商务区是发展城市副中心的途径之一，是推动城市空间结构优化、产业转型的重要手段。

（4）环境功能。综合交通枢纽位于城市人流集中地区，在规划建设中融入当代文化、科技等众多时尚元素，作为城市形象，对其外观设计和环境的要求就更高。地下综合交通枢纽相对一般综合枢纽更能发挥环境保护功能。地下综合枢纽释放了地表空间，可建设其他城市建筑，也可作为改善环境的绿化区。地下空间和地表空间相比有恒温性、隔热性、遮光性等诸多特点，可减少枢纽中对水、电等能源的消耗，更好发挥环境功能。

枢纽功能的定位在地下综合交通枢纽设计、建设和发展中具有重要意义。地下综合交通枢纽的规划设计影响交通枢纽本身功能的发挥、周边地区经济的发展、周边地域环境保护等多个方面。合理而具有长远考虑的功能定位可以更好指导地下综合交通枢纽的规划和设计，实现二者之间的良性互动。

5.6.3　地下交通枢纽的特点与优势

拥有交通集散作用的城市综合交通枢纽，经过合理的规划设计后，不仅可以改善枢纽周边区域交通拥堵现象，大大提高该区域人流流通速度，还可以提高枢纽所在区域的商业、居住或办公等空间的环境质量。纵观国内外优秀实例，地下交通枢纽主要的特点及优势有：

（1）缓解城市地面交通压力和用地紧张。地下交通枢纽可以分流地面人流和车流，减少人车对道路资源、活动空间的占用。合理设置出入口，可有效缓解地面交通压力、改善区域交通运行状况。地下空间又是社会发展潜在的丰富的自然资源，是城市集约式发展的必然趋势。功能主体处于地下，可节约城市空间，缓解城市拥挤、环境恶化等问题，实现城市可持续发展。

（2）选址范围更广，不受地面建筑限制。地下综合交通枢纽只需设置一些必要的出入口，占用少量地面空间，在城市经济核心区、著名旅游景区、居民聚集区、大学城区、经济开发区等一些地面建筑比较密集且交通需求量大的地区都可以考虑建设地下交通枢纽。

（3）对周边环境影响小，与环境较好融合。地下综合交通枢纽不会对地表建筑或风貌产生较大视觉影响，适合用在区域敏感地，如历史风貌保护区附近，解决景点旅客交通到达、发散问题，也可通过绿色规划等手段让交通枢纽融入保护区，不对整体风貌产生影响。

（4）连通周边地块。将周边地下空间与枢纽有机结合，建成以地下交通枢纽为核心的地下空间综合体，形成一个完整、通畅的地下空间体系。地上、地下各种功能相互补充、相互依托，可最大限度地满足市民和旅客的需求，形成一个复合功效的综合开发模式，从而连通整个周边地块发展。

5.6.4　地下交通枢纽的规划设计要素

5.6.4.1　地下交通枢纽的规划原则

（1）大型综合交通枢纽综合规划时应结合城市功能、规模特点和土地利用等因素，将枢纽设置在经济社会活动活跃、对交通需求较大且交通方式集中的点，以便将各种交通方式有机结合来服务人群密集的区域。

（2）多种交通方式之间的换乘设施应实现一体化布置，在立体化整体功能布局方面应高度"综合"，最大化地提高枢纽内部、枢纽与周边地区乘客换乘的效率。

（3）在保证客流集散便捷的前提下，可对枢纽周边地下空间综合开发，实现枢纽与周边建筑地下空间"无缝"衔接，同时，通过商铺开发充分利用客流集散的商业价值，推动区域经济发展。

5.6.4.2　地下交通枢纽的交通组织

为满足交通枢纽出入及内部车辆的行驶要求，保证内部人流的舒适与安全，从而实现交通枢纽的交通功能，应对交通枢纽进行合理的交通组织。

1. 外部交通组织

地下交通枢纽的出入口设置与地面交通枢纽基本一致。出入口不宜设置在城市主干路上，同时应保证车辆"右进右出"交通枢纽，使得进出车辆对衔接道路车辆通行的影响减少到最小。

同时，地下交通枢纽出入口的设置应与地下坡道的设置紧密结合，避免出现角度过大的车行流线，降低车辆驾驶员的驾驶难度，将车辆事故发生的可能性降到最低。

2. 内部交通组织

按照"人车分流"的原则，合理布置人行流线、车行流线，为人、车均提供一个安全、便捷、舒适的通行环境，使整个交通枢纽充分发挥其高效、快捷、舒适的功效。"人车分流"最基本的做法就是将车行区域和客流集散区域进行空间分割，使二者相互独立，互不干扰。

（1）行车组织。分离不同类型车辆的停车空间，避免不同类型车辆在坡道等行车空间内混行，简化交通枢纽的设计，便于运营管理；合理组织行车流线，避免车流交织的情况出现，并区分主要通道和次要通道，提高枢纽内部行车的安全性、高效性。

（2）人流组织。集中布置公交站台、停车库出入口等人行集散空间，合理设置平面与垂直人行通道，减少行人在不同交通方式间转换所需的步行距离；利用各类行人设施以及设施间的有效连通，形成立体化、多角度的行人步行网络，增强地下步行通道的可达性。

5.6.4.3 地下交通枢纽换乘设计

地下交通枢纽换乘包括地铁与对外交通的换乘、地铁与公交系统的换乘、地铁与个体交通的换乘、地铁与地铁之间的换乘。其中，地铁与地铁之间的换乘在 5.2 节中已经介绍。

1. 地铁对外换乘

一般情况下，综合交通枢纽存在一种或多种对外交通方式，其与地下空间的轨道交通联系紧密。对外交通一般是指连接本市与其他城市之间的交通方式，以火车、长途大巴和飞机等交通设施为基础。此类交通方式体现了一个城市的交通辐射能力，它的站点区域一般是城市重要的交通节点，如果几种对外交通方式都汇集于此，便形成了城市中重要的交通换乘枢纽。

（1）地铁与航空港的换乘。地铁与航空港之间传统的衔接方式是靠机场大巴、公交、出租车和私家车等来完成的，这种联系方式增加了高昂的交通费用，同时加大了城市交通的压力。随着地铁的不断发展，逐步开始强调交通体系的一体化建设，迫切希望形成集航空、铁路、汽车和地铁等于一体的交通换乘模式。东京成田空港、香港新机场、上海虹桥机场等都是基于这种理念开发的。其中法国巴黎戴高乐空港是应用这种理念的成功案例，在整个枢纽建筑中，航空、高速铁路（TGV）、快速铁路（RER）和迷你地铁（Mini-Metro）之间联系紧密，实现便捷换乘，做到不出枢纽便可通达欧洲各国。

综合交通枢纽中轨道交通与机场航站楼的便捷换乘存在三种模式：一种是轨道交通车站与机场接近，提供通道保证衔接的连续性，例如上海浦东国际机场；一种则是地铁直穿航站建筑地下，与航站楼结合，快速轨道交通站与离进港大厅通过垂直和水平步道相互连接，如亚特兰大国际机场的 MARTA 轻轨站；最后一种是轨道交通站在航站区以外，利用固定公交车衔接。

（2）地铁与铁路的换乘。铁路是城市中重要的换乘枢纽，早期地铁与铁路的换乘多采用地下步道相互联系，当火车站规模大、换乘人流数量和种类多时，则考虑在同一站点区域内实现二者之间的换乘，可在竖向不同层次上实现共同开发，通过立体交通产生联系，实现地上、地下人流的便捷换乘，这种布局方式有利于枢纽人流的快速集散，减少枢纽站点交通密集。例如北京西客站、法国巴黎里昂站等，都采用此模式完成地铁与铁路的衔接换乘。目前地铁与铁路客站存在 4 种布局模式：

1）在铁路车站站前广场地下修建地铁，乘客出站后可以通过站前广场上的地铁出入口进入地铁站厅进行换乘。这种换乘方式较为普遍，例如北京地铁 9 号线上的北京西站。

2）地铁出口通过通道连接枢纽站厅层，例如广州地铁 1 号线上的广州东站。

3）地铁站厅层通过通道进入铁路站台，并利用楼梯或自动扶梯等竖向交通与站台连接。例如上海地铁 1 号线上的上海火车站。

4）地铁与铁路结合设站。这种布局存在两种情况：一种是两者站台平行设置于同一平面，可通过共用站厅或通道实现接驳；另一种是地铁线路直接在铁路站房地下穿过，通过地铁站厅进行换乘，如北京地铁 4 号线上的北京南站。

2. 地铁与公交系统的换乘

公交系统是城市中最常见的公共交通，公交系统与地铁的有机结合是体现城市公共交通一体化、优化城市公共交通结构的必要手段。因此公交与地铁的换乘方式应该予以重视。

3. 地铁与个体交通的换乘

小汽车、自行车已经成为城市生活中，个体出行不可或缺的交通工具。但与日俱增的私人交通工具行驶于城市交通路网中，将会进一步加剧城市交通问题。为了处理好私人交通与公共交通之间的关系，正确引导城市中心区公共交通的发展，提高城市路网使用效率，人们在城市中心区外围的枢纽站点规划设计"P＋R"（Park ＋ Ride）停车场，实现了小汽车与公共交通之间的换乘。一般情况下，在市郊的换乘枢纽建设地下停车库用来存放个体交通工具，让市郊人流存车后换乘公共交通工具（轨道交通、公交系统等）进入市中心。我国是个自行车大国，为适应我国国情，还应在枢纽建设中同时考虑自行车与地铁之间的换乘。

5.6.4.4　地下交通枢纽的空间组织

地下所需的各种功能空间功能需要通过一定的方式布置在地下空间环境中，地下建筑空间内的功能布置包括平面和竖向两个方面。同地面建筑空间不同，地下功能空间的布置弱化建筑形体与建筑表皮，而更加注意建筑功能的合理组织和有效衔接，因为布局是否合理直接关系到使用者的便捷与舒适程度。由于枢纽综合体地理位置、交通状况、管理模式、设计方向和施工技术等条件的不同，决定了枢纽地下空间布置的多样性。

1. 平面布置方式

枢纽地下空间平面的布局方式主要有以下 3 种：

（1）线性通道式。线性通道式是指枢纽的地下功能空间依托线性通道布置。这种空间以开发商业和地下步行系统、地铁、地下道路为主。这种布置方式导向性强，有利于人流流畅通行，满足疏散和安全要求。但也容易造成通道过长和空间单调的缺点，所以在设计过程中应该注重营造空间节点，强调通道的主次性，同时注重空间的变化与对比，空间的节奏性和多样性。

（2）集中大厅式。这种布置方式以大厅为中心，向外辐射布置其他功能空间，地下空间之间具有较强的导向性。在枢纽地下空间的设计中，常把下沉广场、街道地下空间或换乘大厅设置成地下的中心大厅。一般情况下，中心大厅内部空间开敞，可引入自然采光与地面绿植，或根据需要创造室内景观环境，消除乘客对地下空间产生的负面情绪，为乘客创造舒适的出行环境。

（3）综合式。将中心大厅式与线性通道式两种方式结合起来应用为综合式平面组合方式。这种组合多出现于较大规模枢纽的地下空间中，地下空间多由轨道交通车站、地下公共服务设施空间和地下停车场等空间组成。这种组合方式综合性强，更具系统性，地下空间的利用率更高。

2. 竖向布置方式

因为当前工程技术、人的生理与心理承受能力等方面的影响，越远离地面的空间越不适宜人流活动，所以针对枢纽的地下空间进行不同深度的垂直分层利用。

城市综合交通枢纽地下空间的开发以交通功能为主，商业、文化娱乐以及基础设施为辅。所以人类公共活动的层次一般停留在浅层和中层区域。目前浅层区域的开发利用规模较大，而中层区域规模次之。一般情况下人群的公共活动集中在浅层空间，而地下交通方式可分布在浅层和中层区域。地下空间的功能在竖向上有两条相交的交通线，一条水平交通线通过地下轨道交通对外联系，一条垂直交通线从地下向地面逐步扩展延伸。

5.6.5 地下交通枢纽案例——于家堡地下交通枢纽

天津于家堡综合交通枢纽是中国北方首座含城际车站的全地下综合性交通枢纽，于2015 年下半年通车运营。枢纽位于于家堡金融区北端，总建筑面积 27 万 m²，包括城际铁路车站、地铁车站、地面公交、出租车及社会车辆等多种交通方式于一体的综合交通枢纽，实现了"零距离"换乘。于家堡地下综合交通枢纽设计的最大特点在于选址在金融区附近，并与金融区地下空间紧密结合，实现与金融区多栋楼宇、多块区域无缝换乘，甚至在金融区内就可实现城际交流，极大改善了金融区与周边地区和城市的交通。

于家堡车站充分利用地下空间，深入地下 30m，整个枢纽的地下空间分为三层结构（图 5.59）。其中，地下 1 层为城际铁路售票、候车、出站厅及地铁 B1、Z1、Z4 线站厅层，并设有可容纳百余辆出租车的停车场、商业综合服务区等。该层客流最为集中，乘客可通过本层实现各种交通方式无缝换乘；地下 2 层为城际铁路站台层及地铁 B1、Z4 线站台，以及拥有约 500 个车位的社会车辆停车场；通过地下人行环路串联地下停车场，覆盖到于家堡金融区约 80％以上的地块，通过于家堡金融区的任何一栋主体写字楼地下均可直接抵达于家堡站；地下 3 层为地铁 Z1 线站台。

图 5.59　于家堡交通枢纽效果图

于家堡站唯一露出地面的是一个透明的椭圆形"贝壳"——双螺旋穹顶，成为了该区域的地标性建筑，周围是景观绿地，充满新鲜时尚感（图 5.60）。地面层作为城际铁路地面站房及配套市政工程；乘客可从地面设置的东、西、南三个方向的入口进入车站。

图 5.60　于家堡交通枢纽鸟瞰图

第6章 城市地下公共服务设施

6.1 概述

6.1.1 地下公共服务空间分类

地下公共服务空间是地下公共系统活动的开放性场所，城市地下公共服务空间与地上公共空间相比，具有恒温性、隔热性、遮光性、安全性等特点，具有一定优势。但是地下空间一经建成，对其再度改造和改建的难度是相当大的，具有不可逆性。因此对地下公共服务空间的利用需要进行多方面的论证、评估之后才能实施。

地下公共服务设施空间的开发中，主要的一些功能分类见表6.1。主要包括以营利为目的的商业服务设施空间、以保障民生需求为目的的社会服务设施空间两大类。其中，地下商业服务空间中最典型的是地下商业街。随着城市发展，地下商业街与其他地下功能设施结合逐渐演变为各种大型地下综合体。

表 6.1 地下公共服务设施空间分类

类别		主要范围
地下商业服务空间	地下商业设施	地下商铺、商场、超市、市场等购物场所；地下饭店、咖啡厅、酒吧等餐饮场所
	地下娱乐设施	地下剧院、音乐厅、电影院、歌舞厅、俱乐部、游乐场等场所
地下社会服务空间	地下行政办公设施	地下行政管理办公场所、地下档案资料室等
	地下文化设施	地下公共图书馆、博物馆、科技馆、纪念馆、美术馆和展览馆、文化馆、文化活动中心等场馆
	地下体育设施	地下体育场馆、游泳场馆、健身房等设施
	地下教育科研设施	地下各类科研及教学机构；地下实验室、图书馆等
	地下医疗卫生设施	地下医院、地下救护站、卫生防疫站、检验中心等
	地下文物古迹设施	具有保护价值的地下古遗址、古墓葬、古建筑等
	其他地下公共设施	地下宗教活动场所、社会福利场所等

6.1.2 地下公共服务设施规划原则

（1）地下公共服务设施开发应与地面公共服务中心相对应。城市地下公共服务设施应与地面建设协调，统一建设开发。在开发规模上和功能上应与地面大致对应，适当考虑互补，在城市中心区尤其如此。

（2）城市中心区建设较大规模的地下综合公共服务设施时，应体现多功能、多空间的有机组合。现代城市中心区发展已经说明，商业、文化、娱乐、广场（休憩）等多功能的现代化设施和服务有机融合产生的吸引力和经济价值远大于单一的商业或其他功能。此外，实现地下空间的多功能、多风格和多空间层次有机统一，可有效提升和改善城市功能及城市环境。

（3）从城市全局出发，促进整个城市公共设施系统的优化。在城市公共服务设施分布现状不合理或不平衡的条件下，可以通过地下公共服务设施的开发，对公共服务设施不足的区域进行补充，达到城市公共服务设施布局平衡、合理的目的。

（4）地下公共服务设施开发应该与城市交通现状及规划特点相结合。结合城市交通集散点或交通枢纽周围开发地下公共服务空间，不仅对提高该地区公共交通的整体服务水平有很大的促进作用，而且由于大量人流的汇聚，有利于地下空间商业价值的提升，降低地下工程的投资成本和回报周期。

（5）地下公共服务设施规划要充分考虑防灾要求。

6.2　地下商业街

6.2.1　地下街概述

6.2.1.1　地下街的起源与定义

地下商业设施是对城市商业设施的完善和补充。随着城市规模的扩大和集约化程度的提高，商业开发环境的恶劣以及土地资源的紧缺，使得地下商业设施得到一定的发展，其规模也不断扩大。一般地下商业设施的规划和建设可以结合地铁车站、地下人行过街道等容易吸引人流的设施建设，也可以单独在建筑物底下进行开发。其中，典型的地下商业设施是地下街。

地下街的起源可追溯到 1910 年，法国建筑师 Eugene Henard 所提出的多层次街道（multi-level-street），当时提出此概念是为了解决城市中人车混行、相互干扰的问题，获得土地的高度集约化作用。目前都公认地下街是由地下通道演变而成。为了分担地面上的人流，所开发出供行人穿越街道的地下通道，它跟地面行人天桥具有类似的效果。原本地下通道只是单纯作为提供给行人一种穿越道路选择的新方式，内部并无商店或是设施，但自发现其具有商业效益后，通道的两侧开始悬挂广告，由于效益不错，人们在通道两侧规划橱窗与广告灯箱。在此阶段，地下通道只有交换商业信息的功能，而无商业交易。随着规模扩大与使用人数增加，地下通道开始设置展台。商业与地下通道的结合，是地下街的基本雏形。

维基百科中对地下商业街的定义为："设置于地下并设有供不特定民众通行通道的商店街。除此之外，有的地下街也会同时设立停车场"。该定义强调了地下街具有商业和交通功能，但对于地下街其他部分则没有明确定义。

日本劳动省对地下街的定义为："在建筑物的地下室部分和其他地下空间中设置商店、事务所或其他类似设施，即把为群众自由通行的地下步行通道与商店等设施结合为一个整体。除此类的地下街外，还包括延长形态的商店，不论布置的疏密和规模的大小"。

我国学者童林旭对地下街的定义为："修建在大城市繁华的商业街或客流集散量较大的车站广场下，由许多商店、人行通道和广场等组成的综合性地下建筑，称为地下街。"

通过上述地下街的定义，可以认为地下商业街是由地下步行通道、地下商业设施，以及各种服务与辅助设施组成的地下商业综合设施，它往往与地面交通设施相连，承担城市人流的组织疏散功能，同时又连接着商场、购物中心等，是购物空间的一部分。

6.2.1.2　地下街的发展

国外地下街的发展主要通过城市中心区立体化的再开发、地铁站开发及人员聚集产业商业购物需求而发展。地下街在美国、加拿大、法国及日本等国家得到广泛应用，特别是在用地条件紧张的日本被广泛应用。

欧美国家是近代最早注意到地下空间潜力的地区。第二次世界大战后，欧美等国利用战后重建的机会，大量进行城市立体化开发，在20世纪50—70年代，出现了地下空间多样性发展和大规模利用，因而有机会发展出成熟的地下商业空间。地下街的数量和规模都在此时迅速发展，例如德国慕尼黑市中心的再开发、加拿大蒙特利尔和多伦多的地下城、法国巴黎列·阿莱广场地区再开发、美国曼哈顿地下空间开发等。但欧美国家较少进行单一的地下街开发，而是采取搭配商业综合体、市中心改造的模式。1973年的石油危机是欧美地下街发展的转折点，由于全世界经济低迷与经济危机，造成欧美国家自20世纪70年代中期之后一度减缓地下街的开发与建设。到了70年代中期以后，由于市中心的改造已经基本完成，新建地下街则改为以小规模开发为主；同时，地下街由创造商业效益、解决交通问题等传统开发目的转变为保护地面环境、整合地铁空间开发等新的目的。

日本是亚洲最早进行地下街建设的国家，也是地下街发展最为完备的地区。以1930年建成的东京上野火车站地下街为开端，拉开了日本大规模发展地下空间的序幕。最初建设地下街的目的是解决地面交通问题，收容地面无序营业的摊贩。二战期间日本对地下空间的探索基本停留在地下室和地下防空洞工程的建造上。战后的日本经济发展迅速，在城市更新、改造和再开发的宏观背景下，地下空间的建设得到了迅速的发展。根据日本总务省消防厅在2009年所统计的数字，至2005年3月日本政府认定的地下街共有70个，总面积达到113万 m^2，如图6.1所示。

中国在地下街开发利用方面主要源于人防工程的功能再利用，20世纪80年代初期，我国开始尝试将部分人防工程改为商业利用，例如南京夫子庙地下商场与成都地下商业街，这也成为我国内地地下街发展的起源。80年代中期以后，各大城市为了扩充城市的商业空间，配合地铁建设和解决城市问题，开始兴建大型地下街。2000年以后，我国地下街开始进入发展高峰，并朝着多元化、综合开发等方向发展。具有代表性的地下街有中关村西区、广州的珠江新城、杭州钱江新城等。2010年以来，我国地下空间研究开始与国际接轨，国外新的地下街开发理念被引入我国，我国开始利用地下街开发解决城市问

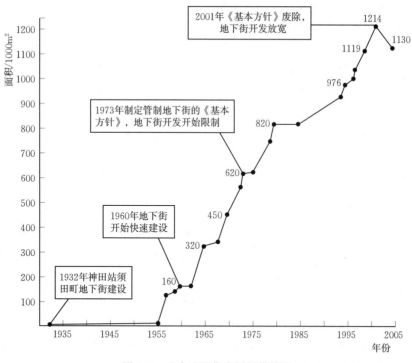

图 6.1　日本地下街发展规模情况

题，与旧城改造、中心区再开发、保存地面传统风貌、整合交通枢纽等城市重要议题进行结合。北京及上海等大城市的城市中心区地下街建设也已进入到立体化再开发阶段，通过地铁站点及大型商业广场，逐渐形成集地铁站点、广场、高层建筑地下空间、购物中心于一体、功能综合的多层次地下城。

近年来，我国地下街的开发不仅很好地解决了城市快速扩张过程中存在的交通拥挤、绿地紧张等诸多问题，而且也带来了巨大的经济效益。但是，地下街的发展也面临许多问题。例如，地下街内部空间环境的局限性导致整体空间感受差；开发成本高，投资收益率低等。此外，随着最近几年的电子商务的快速发展，传统经济秩序受到强烈冲击，地面商场的客流量大幅缩减，地下街的商业也受到影响。因此，如何使地下街的规划设计紧跟时代步伐，满足愈来愈高的社会需求，实现地下街的可持续开发与经营，是一个需要重视的问题。

6.2.1.3　地下街的类型

1. 按规模分类

根据建筑面积的大小和其中商店数量的多少，可分为小型、中型、大型。目前，规模大小没有统一的标准。通常，小型地下街的建筑面积在 0.3 万 m^2 以下，商店少于 50 个，多为车站地下街，大型商业建筑的地下空间，由地下通道互相连通；中型地下街的建筑面积为 0.3 万～1 万 m^2，商店为 50～100 个，是小型地下街的扩大，从大型建筑的地下空间向外延伸，与更多的城市地下空间连通；大型地下街则指地下建筑面积大于 1 万 m^2，商店多于 100 个的地下空间。地下街发展的高级模式是地下城。

2. 按形态分类

根据地下街所在的位置和平面形态，可分为街道型、广场型两种基本形态，以及跨街区型和聚集型两种衍生型。

街道型多处于城市主干道下，平面形态多为一字形或十字形，其特点是沿街道走向布置，商店通常布局在地下街中央通道的两侧，在地面交叉口处设相应的出入口，与地面街道及建筑设施连通，也兼作地下人行道或过街人行道，出入口设置与地面主要建筑、交叉口街道相结合，保证人流上下。

广场型多修建在火车站的站前广场或城市中心广场的地下，借由地面出入口、垂直通道、地面下沉广场与地下街衔接，再由地下通道与交通枢纽相连。广场型地下街的规模通常较大，商店的布局比较自由，不像街道型地下街是在通道两侧设置商店，而是多采用大堂式的布局。另外，也常借助与地面环境的共同开发，形成更多的功能整合与更高的使用效率。

跨街区型是街道型地下街的衍生形态。与街道型地下街相比，跨街区型地下街的范围不只是局限在单一道路底下的区域，而是借由地下空间的连接，将地下街扩大到两至三条街区的范围。因此，跨街区型地下街可以理解为街道型地下街的一种扩张，并形成如 L 形、T 形的大型地下街。此类地下街若是与地下步行通道进行共同开发，就会形成城市区域的地下步行网络。

聚集型是由多条地下街所组成，通常是以交通枢纽为核心，而多条地下街均与交通枢纽结合形成地下商业带，组合的地下街通常包括广场型与跨街区型地下街，或是兼有两者的形态。聚集型地下街是地下街发展成熟期才会出现的形态，出现此类形态也代表着城市地下已经形成地下空间体系，如加拿大多伦多城市的地下空间。

3. 按城市发展功能分类

根据地下街所在地点、消费特征及城市功能，地下街可以分为通路型、地面机能扩充型、市中心型等 3 类。此分类有助于理解地下街与城市不同发展阶段之间的关系。

通路型地下街兼有提供地下通行的功能，出入口多在地面道路两侧的人行道上，行人可以从地下街安全穿越道路到达相邻街道或地铁站。此类兼有步行功能的地下街多在因城市大量扩宽道路，导致城市步行道被快速车道分割的地区。服务对象主要为周边社区的生活圈，消费群为周边居民，并多以经营日常生活用品为主要业态。

地面机能扩充型地下街多在城市发展成熟的区域，需要机能补充或扩大商业容量。由于有成熟地面商圈，因此这类地下街通常采用与地面商圈差异化的营业项目，并以低于地面商圈的店铺租金等吸引商家入驻，形成地上、地下共荣共存的立体商圈。主要服务对象为地面商圈购物的消费群，多以经营餐饮、日常百货等独立小型店铺为主。

市中心型地下街又可以分为副中心型和核心区型两类。副中心型多位于城市新开发的车站、地铁站周边。由于城市在新的核心区新建密集、大型商业建筑群，需由地面商业与地下街、地铁的整合支持副中心的整体发展，导致副中心型地下街出现。核心区型地下街位于城市中心商业带，通常是老城区，多与地面商圈设定为相同等级，甚至更高等级的商业，以各类精品及奢侈品为主，同时地下街本身的功能必需完备，综合衣食住行娱乐等以满足消费者的各项需要。由于具有高投资价值，此类地下街通常会随着城市更新一并开发。

6.2.1.4 地下街的空间构成

地下街的空间构成如图6.2所示。主要包括以下几部分：

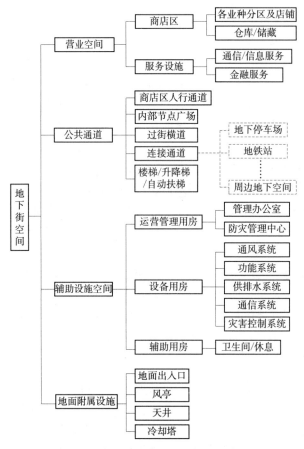

图6.2 地下街的主要空间构成示意图

（1）营业空间。地下街的营业空间包括商店区及服务空间。商店区包括店面及仓储等附属空间，并按各业种进行分区，是地下街主要商业交易的活动区域。服务空间是为顾客提供信息服务（咨询台等）、金融服务（如 ATM 提款机）等。

（2）公共通道。主要包括商店区内的人行通道、各类地下广场、地下过街道横道、与其他建筑空间（如地铁车站、地下停车场等）的连接通道，以及楼梯、升降梯和自动扶梯等垂直交通设施。主要是承担地下街的交通功能，是顾客出入、人流集散和货物运输的建筑空间。商店区人行通道是为了让商业交易活动正常运行；连接其他地下空间的通道是为了扩展地下街的功能和范围，使人的活动得以延续，同时，其连接数的多少会直接影响地下街的规模大小；地下广场是地下人行交通的节点，一些中庭广场可以兼作休息、广告、景观展示的空间。

（3）辅助设施空间。包括设备用房、运营管理用房和辅助空间。设备用房包括通风、供能、通信、给排水、灾害控制等设备系统用房；运营管理用房包括管理办公室、防灾管理中心等；辅助空间包括公共卫生间、休息区等。

（4）地面附属设施。主要是指地下街的地面出入口、高低风亭、冷却塔、天井等设施，这些设施均会对城市地面的环境产生一定的冲击与影响。

地下街中是否要附建停车场，与很多因素有关。例如，地下街所在的位置、地上交通状况、环境要求、地下商业建筑的经营管理体制等。一般来说，地下街内是要设置停车场的。

6.2.1.5　地下街的功能和作用

地下街是城市发展到一定阶段的产物，承担了多种城市功能，在城市生活中发挥着积极作用。其功能和作用主要表现在以下几方面。

（1）改善城市交通。地下街所在的位置一般都相邻车站、中心商业区、广场等，这些位置都是地面交通量大、行人与车辆最容易混杂的地方，也常常是地上交通与地下交通网的转换枢纽。在这些地方建设地下街，由于在地下购物、通行、停车或者换乘，就自然吸引大量人流到地下空间中活动，在带来经济效益的同时，也使该区域的交通得到治理和改善。

（2）补充城市商业。从地下街的组成情况看，商业在地下街中面积相对并不是很大，但是所创造的经济效益和社会效益很显著。地下街与地面大型商业建筑的布置形式和经营方式有所不同，大部分地下街都是中小型商店或餐饮娱乐店的一种综合体，他们对促进该区域经济发展、提高经济效益起着补充和丰富作用。此外，地下街不受气候条件对购物的影响，雨天或雪天方便顾客购物和娱乐。

（3）提升城市环境。城市是一个大环境，空气、阳光、绿地、水面、气候、空间、交通状况、人口密度、建筑密度等都对城市环境质量的高低产生影响。

地下街的建设虽然并不涉及以上所有因素，但是城市再开发和地下街的建设，使城市面貌有很大的改观：地面上的人车分流、路边停车的减少、开敞空间的扩大、绿地的增加、小气候的改善、容积率的控制等，对改善城市环境的综合影响是相当明显的。

（4）增强城市防灾能力。从地下空间的防灾特性看，与地面空间相比，地下街具有对多种城市灾害的防护优势；在相连通的地下空间，机动性较强，有利于长时间的抗灾救灾。地下空间在城市综合防灾中的主要作用是抗御在地面上难以防护的灾害，以及在地面上受到严重破坏后保存部分城市功能和灾后恢复能力，同时与地面上的防灾空间相配合，为居民提供安全的避难场所。

在以上功能中，改善城市交通是最基本也是最主要的功能。地下街规模不同，功能有很大差异。小型地下街功能单一，往往只具有步行、商业及辅助用房等基本功能；大型地下街则通常与地下快速公路、地铁、大型商业、停车系统、防灾及附属用房等联系在一起；超大型地下街是人流、车流、存车、大型商业与文化娱乐等构成的地下综合体或地下城的重要组成部分。地下街功能分析如图6.3所示。

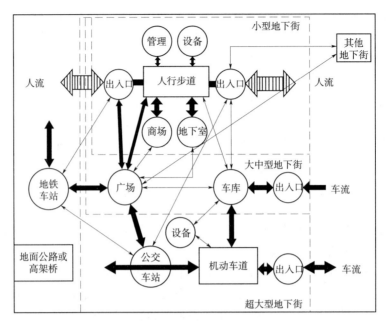

图 6.3　地下街功能分析图

6.2.1.6　城市地下街的空间特征

城市地下街与地面街相比，具有如下特征。

（1）隔绝外在环境的影响。由于能隔绝外在环境的影响，地下街能开展全天候的商业活动，并且由于能控制内部环境，因此能在内部设置大量的雕塑、装饰与艺术品，或举办展览与各类集会活动，并让地下街能在比较极端的寒冷与高温地区、或是多雨等外在环境不佳的地区具有开发上的优势。

（2）完全的步行环境。地下购物可以不被车行或停车所影响，购物环境也比较单纯。但是完全的步行的环境也代表着地下街的购物范围受人体步行体力而产生限制，同时空间的变化量也有限。因此，地下街更需要考虑空间的人性化设计，否则容易让人产生内心烦闷感与视觉疲劳，造成消费者不愿长时间停留。

（3）建筑的不可逆性。如同其他地下建筑，地下街也具有建筑不可逆性的特性。当地下街完工后，想要进行功能或空间尺寸的改变，或是增加衔接通道与界面等空间整合，甚至是水电等设施设备布置方面的调整，相对地面商场，地下街在处理上更为困难。因此，地下街在前期需要针对各种可能出现的问题，进行详细的商业综合评估，做好规划与设计工作，尤其在土建设计上预先保留弹性的设计。

（4）空间的封闭性。地下街绝大部分主体都在地下，先天都是以封闭空间为主，由于长时间有大量人流停留在地下街，造成地下街在开发上与地面相比具有不同的特点。首先，地下街需要全靠人工控制来维持运作，无法利用自然环境来调节。为了维持正常运作，长时间的人工照明、空调与温湿度等环境控制也导致地下街产生高耗能的成本；其次，空间封闭性会导致迷路、不安全感、视觉疲劳等问题；此外，空间封闭也给消防、疏散等带来极大的不方便。因此，需要对地下街进行空间优化，在空间处理、采光设计、环境营造各方面充分考虑，提升环境质量。

（5）地面不易感受。地下街的主体通常结合建筑、地面、道路、绿地与公园共同开发，形体与外在轮廓被隐蔽在地下，造成在城市地面很难感受到地下街的存在。因此，入口的设计处理对地下街整体形象展示极为重要。

地下街的上述特征，是地下街的先天限制。早期地下街的开发，一般都只是顺应地下街的先天特征，加上对商业价值的创造高于空间质量要求，最后的结果就是形成隐藏在城市地下、隔绝于地面的最大商业面积的空间。

但是，随着经营理念的变化，也为了吸引更多的顾客到地下街消费，地下街空间特征也出现了变化，包括开始调整地下街隐藏与封闭于地下的空间模式，适度引入自然空气与照明，达到降低营运耗能的目标；地下街开始通过创造各种空间变化，突显上下空间的转换层空间、设置大小不一的节点广场、塑造大型地标及高科技引导标志等手段，改善其内部单调和封闭的问题；同时也利用与地面建筑、下沉广场的大面积整合，扩大与城市的交界面，让地下街在城市环境中与人形成视觉联系，并增加在城市地面的存在感。上述种种改变的积累，最终让地下街出现革命性的转变，成为城市中公共活动的平台。

6.2.2　地下街的规划

6.2.2.1　地下街规划的基本原则

城市地下街规划应遵循以下基本原则：

（1）地下街规划应与城市总体规划协调一致，并考虑地下人流、车流量和交通道路状况。目前的地下街大多是在旧城区改造或在原有地下人防工程的基础上建设的，且因地面拥挤而开发，因此，地下街建设要研究地面建筑性质、规模和用途，以及是否有拆除、扩建或新建的可能性。同时也要考虑道路及市政设施的中远期规划状况。地下街建设应结合地面建筑的改造、地下市政设施及立交或交叉路的道路交通及人流、车流量等因素进行。

（2）地下街规划应按国家和地方有关建筑法规和城市总体规划要求进行。国家和地方政府颁布的有关法规是建筑工程规划的指导性文件，考虑了近、中、远期国家、地方和部门的发展趋势及利益，必须依照执行。地下街规划应是城市规划的补充，应与城市规划相结合。

（3）城市地下街应建在城市人流集散和购物中心地带。地下街具有交通、购物或文化娱乐、人流集散等功能，所以它必须设在人流大、交通拥挤的繁华地带地下，这样才能起到使人流进入地下、解决交通拥挤的作用，同时又能满足人们购物或文化娱乐的要求，地下街的开发与地面功能关系应以协调、对应、互补为原则。

（4）地下街规划应该考虑同地下所有设施结合，形成地下综合体的可能性。地下街一旦同地面建筑物、地面及地下停车场、地铁、地下广场等其他地下设施相联系，就会形成多功能、多层次的空间的有机结合，形成地下综合体。

（5）地下街规划应考虑保护其范围内的古物及历史遗迹。古建筑或历史遗迹等是历史遗留下来的宝贵财富。地下街建设应注重加强环境保护，防止地下街的开发对周围建筑环境的扰动，有价值的街道不能用明挖法建设地下街道。

（6）地下街应与城市其他地下设施相联系，建立完整的通风、防火、防水及防震等的防灾和抗灾体系，形成安全、健康、舒适的地下环境。在竖向和横向上，形成多功能、多层次空间结构的协同统一。在形成地下综合体、促进地面城市的延伸和扩展、扩大功能、提高土地利用效益的同时，应建立完整的防灾、减灾、抗灾体系。加强灾害风险管理、灾害检测预警、灾害救助救援、灾害工程防御及灾害科技支撑等防灾、减灾、救灾体系建设。

6.2.2.2 影响地下街规划的主要因素

城市地下街规划受许多因素影响和制约。在进行规划设计时，应充分考虑这些影响因素，趋利避害，发挥有利因素，采取合理措施，减少有害因素的制约。影响因素主要包括以下几个方面：

（1）地面建筑、交通及绿化等设施的设置。

（2）地面建筑的使用性质、地下管线设施、地面建筑基础类型及地下室的建筑建构因素。

（3）地面街道的交通流量、公共交通线路、站台设置、主要公共建筑的人流走向、交叉口的人流分布与地下街交通人流的流向设计。

（4）防护、防灾等级，战略地位及规划防灾防护等级。

（5）地下街的多种使用功能与地面建筑使用功能的关系。

（6）地下街竖向设计、层数、深度及在水平与垂直方向的扩展与延伸方向。

（7）与附近公共建筑地下部分及首层、地铁、地下快速道及其他设施、地面车站及交叉口的联系。

（8）设备之间的布置，水、电、风、气等各种管线的布置及走向，与地面联系的进、出风口形式等。

在地下街规划时，应对以下几方面的内容作重点考虑：

（1）明确地上与地下步行交通系统的相互关系。

（2）在集中吸引、产生大量步行交通的地区，建立地上、地下一体化的步行系统。

（3）在充分考虑安全性的基础上，促进地下步行道路与地铁站、沿街建筑地下层的有机连接。

（4）利用城市再开发手段，以及结合办公楼建造工程，积极开发建设城市地下步行道路和地下广场。

6.2.3 地下街的建筑设计

6.2.3.1 地下街建筑空间组合原则

1. 功能分区合理

在进行空间组合时，要根据建筑性质、使用功能、规模、环境等特点分析，满足功能合理的要求。建筑空间组合往往先以分析使用空间之间的功能关系着手，这种方法通常称为"功能分析"法。功能分区是将地下空间按照不同的功能进行分类，并根据它们之间的密切程度加以划分和联系，使之分区明确又联系方便，并按主次、内外、闹静关系合理安排；空间组合划分时要以主要使用空间为核心，次要使用空间的安排要有利于主要空间功能的发挥；各个区要根据实际的使用需求按人流活动的顺序关系安排位置，对外联系的空间如出入口等要靠近交通枢纽。

一般地下街的主要功能关系图设计，如图 6.4 所示。人流通行是地下街主要的功能，在步行街两侧可设置营业性用房。在靠近过街附近设水、电、管理用房，根据需要按距离设置库房、风井等。

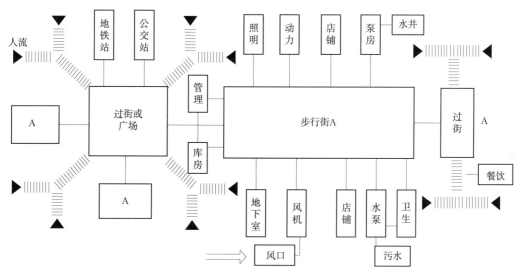

图 6.4　地下街的功能布置及关系

2. 流线组织明确

流线组成主要是不同人流和物流，组织方式有平面的和立体的。流线设计应避免交叉和相互干扰，保证各种流线的畅通便捷。人流组织包括了内部步行人流组织和与城市步行网络的交接。物流包括商品的运输、垃圾的清运等，设计原则是物流不应与顾客人流发生矛盾和交叉。

流线组织问题，实质上是各种流线活动的合理顺序问题，是一定功能要求和关系的体现，同时也是空间组合的重要依据。

3. 空间导向清晰

地下空间作为特殊的三维空间实体，其整体与外形不可见，因此人置身其中对地下街的规模、形状、范围、走向以及和邻近建筑及环境之间的关系难以有全面把握，从而丧失了外界景观对视觉常有的引导作用，容易失去方向性。地下街的平面布局应该简洁规整、导向明确，空间的可达性、可视性良好，提高人的方位感。地下空间特征与地上空间有相似之处，空间特征明显的场所主要是在空间尺度上产生明显空间变化的场所。在建筑设计时，合理设置空间差异化节点，如围绕出入口、主通道、下沉广场和中央大厅等空间节点，组织空间系统，从而形成有效的空间导向性，以实现人流集散、方向转化、空间过渡和场所的衔接。

4. 结构选型合理

地下街结构方案同地面建筑有差别，常做成现浇顶板，墙体、柱承重。没有外观，只有室内效果。地下街结构形式主要有 3 种，如图 6.5 所示：

（a）矩形框架　　　（b）直墙拱顶　　　（c）拱平顶结合

图 6.5　结构形式

（1）矩形框架。此种方式较多采用。由于弯矩大，一般采用钢筋混凝土结构，其特点是跨度大，可做成多跨多层，中间用梁柱代替，使用方便，节约材料。

（2）直墙拱顶。墙体为砖或块石砌筑，拱顶为钢筋混凝土。拱形有半圆形、圆弧形、抛物线形。此种形式适合单层地下街。

（3）拱平顶结合。此种结构顶、底板为现浇钢筋混凝土结构，围墙为砖石砌筑。

具体采用何种结构类型应根据土质及地下水位状况，建筑功能及层数、埋深、施工方案来确定。

5. 设备布置合理

优化管线综合设计，使管线设计紧凑合理，尽量在建筑的边、角或一些不便使用的周边位置布置管道，使中部公共空间位置获得较大的净高。

6.2.3.2　地下街平面组合方式

根据地下街在平面上与功能单元的组合方式，可分为步道式、厅式及混合式布局 3 种方式：

1. 步道式组合

步道式布局模式，是指以步行道为主线，组织功能单元的布局。根据步行道与功能单元的组合关系，可分为中间步道式、单侧步道式与双侧步道式，如图 6.6 所示。

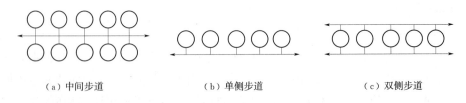

（a）中间步道　　　　　　（b）单侧步道　　　　　　（c）双侧步道

图 6.6　步道式组合方式

步道式布局的特点是步行道方向性强，与其他人流交叉少，可保证步行人流畅通，购物等功能单元沿步道分布，井然有序，与通行人流干扰小。

此种方式组合适合设在不太宽的街道下面。如图 6.7 所示为哈尔滨秋林地下街上层平面图，即为步道式。

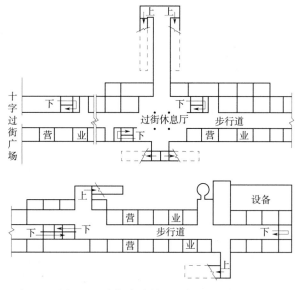

图 6.7 哈尔滨秋林地下街上层平面

2. 厅式组合

厅式组合方式，是指在某方向并非按同一规则安排各功能单元的分布，没有明确的步行道，人流空间由各功能单元内部自由分割。其特点是组合灵活，在某方向的布局没有规则可循，空间较大，人流干扰大，易迷失方向，应注意人流交通组织和应急疏散安全。

图 6.8（a）所示为厅式组合的示意图，图 6.8（b）所示为日本横滨东口波塔地下街。横滨波塔地下街为厅式组合的地下街，建于 1980 年，总建筑面积为 40252m²，设置 120 个商铺，建筑面积为 9258m²，地下二层为停车系统，设有 250 个车位。

（a）厅式组合示意图（1、2、3表示店铺规模）　　　　（b）日本横滨东口波塔地下街概略图

图 6.8 厅式组合方式

3. 混合式组合

混合式组合即把步道式与厅式组合为一体，也是地下街中最普遍采用的形式。其特点是可结合地面街道与广场布置，规模大，功能多；能充分利用地下空间，有效解决人流、

137

车流问题。

混合式组合方式如图 6.9 所示，图 6.9（a）所示为混合式组合示意图，左侧为厅式布置，右侧为步道式布置；图 6.9（b）所示为日本八重洲地下街概略图。日本东京火车站八重洲地下街建于 20 世纪 60 年代，整个地下空间与东京车站和周围 16 幢大楼相连通，总建筑面积为 6.6 万 m²，设置 215 个店铺，建筑面积为 1.84 万 m²，570 个车位，地下商业街与地下高速公路连通，而且车辆能直接停在车库。

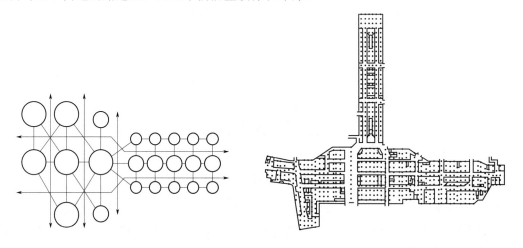

（a）混合式组合示意图 　　　　　　　　　（b）日本东京八重洲地下街概略图

图 6.9　混合式组合方式

6.2.3.3　地下街竖向组合方式

地下街的竖向组合比平面组合功能复杂，这是由于地下街为解决人流、车流混杂，市政设施缺乏的矛盾而出现的。地下街的竖向组合主要包括以下几个内容：

（1）分流、营业功能（或其他经营）。

（2）出入口、过街立交。

（3）地下交通设施，如高速路或立交公路、铁路、停车场、地铁车站。

（4）市政管线，如上下水、风井、电缆沟等。

（5）出入口楼梯、电梯、坡道、廊道等。

随着城市的发展，要考虑地下街扩建的可能性，必要时应做预留（如共同沟等）。对于不同规模的地下街，其组合内容也有差别，其内容如下。

（1）单一功能的竖向组合。单一功能指地下街无论几层均为同一功能，比如，上下两层均可为地下商业街，如图 6.10（a）所示。

（2）两种功能的竖向组合。主要为步行商业街同停车库的组合或步行商业街同其他性质功能（如地铁站）的组合，如图 6.10（b）所示。

（3）多种功能的竖向组合。主要为步行街、地下高速路、地铁线路与车站、停车库及路面高架桥等共同组合在一起，通常机动车及地铁设在最底层，并设公共设施廊道，以解决水、电的敷设问题，如图 6.10（c）、（d）所示。

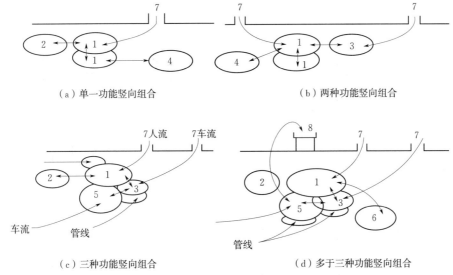

（a）单一功能竖向组合　　　　　　　　　　（b）两种功能竖向组合

（c）三种功能竖向组合　　　　　　　　　　（d）多于三种功能竖向组合

图6.10　地下街多种功能组合示意图

1—营业街及步行道；2—附近地下街；3—停车库；4—地铁站（浅埋）；

5—高速公路；6—地铁线路（深埋）；7—出入口；8—高架公路

图6.11所示为日本部分地下街与其他地下功能设施组合实例。图6.11（a）所示为日本东京歌舞伎町地下街，由顶层步行道、商场，中层车库，底层地铁车站3种功能组合在一起。图6.11（b）所示为单一功能的日本横滨戴蒙德地下街，两层均为商场及步行道。图6.11（c）所示为3层三种功能组合的日本大阪虹之町地下街，顶层为步行道、商场，中层为车站站厅，底层为铁路和地铁站台。图6.11（d）所示为两种功能组合的日本新潟罗莎地下街，顶层为步行道、商场，底层为地铁车站。

6.2.3.4　地下街的柱网

大型地下街柱网布置与具体尺寸的确定，受几个方面因素的影响，首先取决于商店部分是独立建造还是与地下停车场或车站组合在一起。如果独立建造，商业的经营和布置方式起主要作用，柱网选择的自由度较大；如果与停车场上下组合在一起，则根据停车技术要求所确定的停车场柱网布置和尺寸将决定商店部分的柱网，因为商店的柱网布置比较灵活，有一定的适应性；当车站布置在地下街内时，主要应满足线路和站台的要求。其次，商业的经营方式对柱网的选择也有影响，商场式与商店街式在柱网布置上有一点差异，后者比较容易与停车场柱网相统一。此外，地下街所在场地的轮廓形状和尺寸，对柱网布置和尺寸也有一定的制约。

日本9个地下街的柱网情况见表6.2。

当地下停车场与商店组合在一起时，一般以停放小轿车为主，兼停小型旅行车，按照停车的技术要求，当小轿车需要停放时，如两柱间停2台车，最小柱距为5.3m，停3台车时为7.6m。在实际工程中，为了留一些余地，常将此尺寸调整为整数，即6m和8m。日本地下公用停车场的柱网，较多采用（6+7+6）×6m（停2台）和（6+7+6）×8m（停3台），这两种柱网对于在地下一层中的商店和通道也是合适的。表6.2中的八重洲地

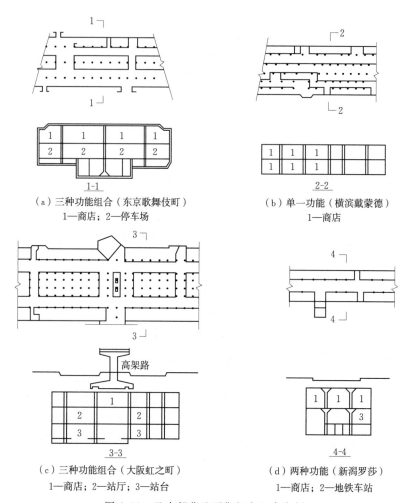

图 6.11　日本部分地下街竖向组合实例

下街、叶斯卡地下街、罗莎地下街都属于这种典型的柱网；中央公园地下街的停车场为单建，也是采用典型柱网；波塔地下街不受停车场柱网的限制，采用 7m×7m 的方形柱网，已与一般地面商场的柱网无异。

表 6.2　　　　　　　　　　　　　　　　　　　地下街的柱网

城市	地下街	柱网尺寸/m	备注
东京	八重洲	(6+7+6+6+7+6)×8	街道型部分
东京	歌舞伎町	(7+12+12+7)×8	二层有停车场
横滨	戴蒙德	(6+7+6+6+7+6+6+7+6+6+7+6)×7.5	广场型部分
名古屋	中央公园	(6+8+7+6+12+6+7+8+7+8+6)×8 (6+7+6+7+6)×8	商店街部分 停车场部分
名古屋	叶斯卡	(5+7+5+5+7+5+5+7+5)×8	二层有停车场
大阪	虹之町	(5+10+10+7+5+7)×7	有地铁线路

续表

城市	地下街	柱网尺寸/m	备注
横滨	波塔	(7+7+7+7+7+7+7+7+7)×7	无停车场
札幌	奥罗拉	(4+8+8+8+4)×8	二层有停车场
新潟	罗莎	(6+7+6)×8	二层有停车场

6.2.3.5　地下街的层数和层高

地下街的剖面设计层数不多，大多为2层，极少数为3层。层数越多，层高越高，则造价越高。因为层数及层高影响埋深，埋深大则工程量和造价相应增加。

一般为了降低造价，通常条件允许建成浅埋式结构，减小覆土厚度及整个地下街的埋置深度。日本地下商业街净高一般为2.6m左右，对通道和商店采用不同的高度，目的是保证有一个良好的购物环境。图6.12中的哈尔滨秋林地下街，顶层层高为3.9m，净高为3.0m，底层层高为4.2m，净高为3.3m。地下街吊顶上部常用于走管线。

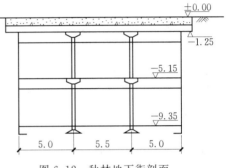

图6.12　秋林地下街剖面

6.2.3.6　人流和物流组织

合理组织大型地下街的人流和物流，不但直接关系到地下街的使用质量和综合效益，也是防灾所必需。

人流的组织主要是通过出入口、人行通道和内部节点广场的合理布置，以及商店其他服务设施（如休息厅、盥洗间等）的均匀分布来实现的。同时，指示牌和各种标志物也可在一定程度上引导人流的活动。

人行通道和节点广场等组成的地下街内部水平交通系统，是人流活动的主要场所。节点广场起到人流集散作用，应大小适度，有条件时可以结合休息广场一起布置。人行通道的布置需要保证足够的宽度，并尽可能短捷、通畅，避免过多的转折。

地下街的物流组织，包括商品的运输、垃圾的清除（主要为包装用品），以及水、电、气的输送等，其中主要的为商品运输。一般情况下，商品的运输不会与人流发生矛盾，因为货运不可能在营业高峰时间内进行，因此，供人流使用的通道网完全可以在非营业时间内供货运使用；但是大型地下街需要设专用的货车停车场和卸货场地。垃圾的清运首先应有适当的堆放地点，然后经货运系统反方向运至地面，在地面上仍需安排适当堆放地点以便转运。

6.3　地下综合体

城市地下综合体（underground urban complex）是伴随城市集约化程度的不断提高而出现的多功能大规模地下空间建筑。在城市立体化再开发的过程中，城市的一部分交通设施、商业设施和市政公用设施等综合在一起，被布置于城市地下空间中，从而形成城市地下综合体，简称地下综合体。地下综合体是人类开发利用地下空间发展到一定程度后形成的产物，具有高密度、高集约性、业态多样性及复合性的特点。

6.3.1 地下综合体的组成

地下综合体集公共交通、商业、市政、仓储物流、人防等多种功能为一体。根据综合体的开发程度，其包括的内容、规模有很大的变化，常见的地下综合体的空间构成要素包括：

（1）交通设施。公共交通表现为不同类别的公共交通的有机组合，各个交通要素通过便捷的换乘通道彼此联系，形成一个清晰完整的系统，与地下综合体内的其他要素既有互动又相对独立。以国铁站房为核心的交通枢纽型地下综合体一般包含国铁、地铁、长途客运、市内公交、出租车以及社会停车场；位于城市中心区域的城市节点型地下综合体一般包含地铁、停车场等交通元素，有时在此基础上还增设市内公交或长途客运；此外，还包含人行通道及相应设施。

（2）地下商业服务设施。如地下购物、餐饮、娱乐等设施等。地下商业的规模在很多城市已经相当巨大并形式多样，任何一个地下综合体基本都具有购物等商业功能。

（3）市政公用设施。包括市政主干管、线，综合管廊及仓储物流设施。

（4）综合体本身使用的设备用房和辅助用房。

（5）其他设施。包括人防设施、文体设施等。人防空间多根据"平战结合"原则与其余类型的空间共同设计使用。文体服务设施包括文化（如地下美术馆、音乐厅、展览馆等）以及体育（地下游泳馆、健身等）设施等。将文体建筑地下化最早出现在一些地处寒带地区的发达国家，如北欧、北美。这些国家冬季天气寒冷，同时地质条件优越，因而建有一大批地下文体建筑。目前，众多地下综合体内也建有展览馆、游泳馆等建筑。

6.3.2 地下综合体的组合方式

根据地下综合体水平及竖向平面上的分布，在水平方向上的平面组合方式如下：

（1）全部内容集合在一个地下建筑中。

（2）分布在两个独立建筑中，并采用下沉式中心广场。

（3）在地下互相连通和分别布置在两个以上的独立建筑或建筑群中。

在垂直方向上的组合方式归纳如下：

（1）综合体主要内容布置在高层建筑地下空间，部分内容可能布置在地面建筑的底层。

（2）综合体的全部内容都在地下单层建筑中。

（3）当综合体的规模很大，在水平方向上的布置受到限制时，一般布置成地下多层；除地下交通、商业、停车等基本功能外，可将仓储、物流、综合管廊及防空等进行一体化规划设计。

6.3.3　地下综合体发展模式

城市地下空间的开发和利用，根据不同条件大体有两种方式：一种是全面展开，大规模开发；另一种是从点、线、面的开发做起，逐步完成整体开发。根据建设目的和所在点、线条件不同，可划分为以下几种发展模式。

1. 城市街道型——地下商业街

城市街道型地下综合体是指在城市路面、交通拥挤的街道及交叉路口，以解决人行过街为主，兼作商业、文娱功能，结合市政道路的改造而建成的中、初级地下综合体，通常也称为地下商业街，如图 6.13 所示。

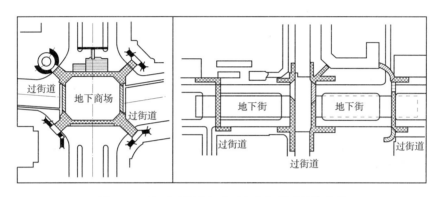

图 6.13　地下过街道与地下商业街形成的综合体

城市街道型地下综合体可减少地面人流，实现人车分离，防止交通事故发生，对缓解交通拥挤能起到很好的作用，并能有效地缩短交通设施与建筑物间的步行距离。地下商业空间对地面商业也是重要的补充，实践证明，地下街的建设对城市发展和改造具有重要的促进作用，并能发挥较好的经济效益。

地下街作为地下综合体的中、初级模式，对传统商业街保留传统风貌具有特殊意义。例如，北京王府井地下街长 810m、宽 40m，分为 3 层：地下一层为市政综合管廊；地下二、三层把大街南口北京地铁站与新东安市场等连接起来，通道两侧为商场、餐饮、娱乐设施、自动扶梯、下沉式花园，从而形成王府井商业区四通八达的立体交通体系。

2. 火车站型

火车站型地下综合体是指以火车客运站为重点，结合区域改造，将地面交通枢纽和地下交通枢纽有机结合，适当增加配套的商业服务设施，集多种功能于一体的地下综合体。立体化交通组织是车站模式的显著特征。通常在大型火车站地区，交通功能极为复杂，往来人流、车流混杂拥挤，停车困难，采取平面分流方式已不能满足需求。因此，立体分流方式将是解决交通问题的最有效办法。例如，北京火车站，除了地铁车站以外，基本没有采取立体分流，停车空间严重不足，人车混流现象严重，以至不得不进行改造，新建了大型地下停车场。通过火车站型地下综合体的建设，实行立体化交通组织，将地面上的大量人流吸引到地下，各种交通线路的换乘也可在地下进行，使人、车分流，减少交叉、逆行和绕行，避免人流上、下多次往返，使客流量很大的车站秩序井然，加之配有一定数量的商业服务设施和停车空间，极大地方便了旅客。

北京西客站是集铁路车站、地铁、公交、邮电、商务于一体的大型现代化多功能的交通枢纽，是高架候车站型与地下候车站型结合在一起的火车站型地下综合体，对比过去车站内拥挤不堪的状况，火车站型地下综合体显示出高效、便捷、多功能的优势。

在许多国家火车站地区再开发中，甚至将原来地面层的铁轨交通也变成地下化的铁道。我国的火车站型地下综合体建设已成为许多大城市车站改造、立体再开发的重点工程，是目前采用较多的一种模式。

此外，交通枢纽型的地下综合体不只限于车站建筑和交通的改造，可以与周围地区的城市建设结合起来，统一规划，综合开发利用，如上海铁路车站地区的不夜城建设，体现了这一模式的发展趋势。

3. 地铁车站型

城市地铁车站型地下综合体是指已建或规划建设地铁的城市，结合地铁车站的建设，将城市功能与城市再开发相结合，进行整体规划和建设，建成具有交通、商业、服务等多种功能的地下综合体。

地铁车站型地下综合体的设计将对现代城市产生巨大影响。实践证明，地铁的建设会对沿线地带的地价级差、区位级差、城市形态与结构带来较大变化。另外，交通枢纽地带多重系统的重叠，聚集了大量的人流、物流，这两点都是城市改造更新和调整的巨大动力。因此建设以地铁为主体的地下综合体，充分发挥地下交通系统便捷、高效的作用，将促进所在地区的繁荣与发展，是提高地下交通整体效益的有效途径。

地铁车站型地下综合体模式的显著特征是地面建筑的高层化。因此，应使之与高层建筑群地下空间有机结合，最大限度地缩短从地铁站到高层商业、办公居住的距离，从而快速高效地解决高层建筑内大量人员的集中与疏散。

地铁车站与高层建筑地下层的结合有两种方式：①将地铁直接设在高层地下空间中，如蒙特利尔地下商场、多伦多 Eaton 中心及 Bloor 商业中心；②地铁车站与高层地下空间连通，如日本索尼公司大厦（图 6.14）。

以上介绍的是单一地下综合体。对大型或超大型地下综合体，也就是地下城，通常由横跨街道的数个街区地下综合体构成。在地下城的总体规划中，综合体地铁的连通方式可分为：①在两条地铁线之间设置连接走廊；②通过社会文化设施与地铁建立联系；③通过主要商业街连接地铁；④在人流量较大时，通过走廊连接同一线路的地铁车站；⑤把空置的大型地块和地铁联系在一起。

4. 居住区型

居住区型地下综合体是指在大型住宅区内，以满足居住区需要的功能为主，将交通娱乐商业公用设施、防灾设施等结合地铁车站建设而建成的小型综合体。居住区型地下综合体以满足居住区需要的多种功能为主，应避免盲目综合化导致居住区功能混乱而影响生活质量。居住区地下开发不应局限于一定数量的防灾地下空间，应更多地从节约土地和扩大空间容量的角度全面开发，必要时发挥防灾作用，居住区内以静态交通为主。

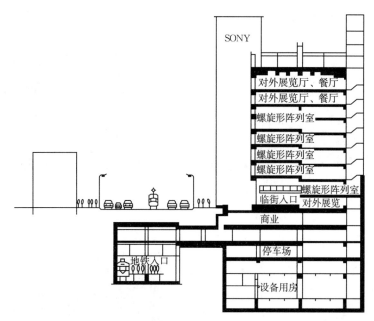

图6.14 地铁与高层地下空间连通

6.4 其他地下公共服务设施

6.4.1 地下行政办公设施

地下行政办公设施可分为两大类：一类为人防及城市综合防灾应急指挥行政办公空间，规划规模按人防工程及国家综合防灾规划标准规划建设；另一类为市、区级的行政中心和商业金融设施的地下配建空间，以行政办公图书、档案管理、资料处理等行政办公为主要用途，单体规模相对较小。此类地下空间应结合上位规划的用地布局进行安排设置。城市通常对超高层办公建筑的地下部分，往往作为地面办公性能的延伸。

6.4.2 地下文化设施

地下文化设施主要指建于地下的公共图书馆、博物馆、档案馆、科技馆、纪念馆、美术馆和展览馆等图书展览空间，以及地下文化活动中心、文化馆、青少年宫、儿童活动中心、老年活动中心等文化活动设施。图6.15所示为合肥市文化馆，该馆主体建筑由长短不一的金属杆件搭建的"鸟巢"结构，露出地面23m，地下7m，其展览和文化活动空间均在地面以下。如图6.16所示为合肥渡江战役纪念馆的地下展厅。

6.4.3 地下体育设施

地下体育健身设施是目前比较流行的一类功能设施，其具体设施可包括地下体育馆、地下健身馆、地下游泳池等体育休闲型的服务设施。此类地下空间设施大多利用地面公共建筑、体育场馆的附属设施、中高档居住小区、大型综合体配套进行规划设置。在布局上，可考虑结合区级、社区级的中小型开放空间用地、地下综合体进行规划建设，图6.17所示为某学校地下体育馆。

（a）地面"鸟巢"结构　　　　　　　　　　　　　（b）地下展厅

图 6.15　合肥市文化馆

图 6.16　合肥渡江战役纪念馆的地下展厅　　　　图 6.17　某学校地下体育馆

6.4.4　地下科教设施

地下实验、科研、教学等设施的利用，要结合大学和中小学的建设、改造来进行，尤其是要充分利用学校的操场进行地下公共空间的开发。规划结合中学的建设，鼓励在操场下根据需要建设地下实验室设施等。规划结合高等教育区的建设，充分利用其操场等用地，根据需要建设地下教育科研空间，此类地下空间在美国的大学中多有出现，主要为地下图书馆、地下实验室等。图6.18所示为美国明尼苏达大学土木与矿物工程系系馆，其地下建筑物多达7层。

6.4.5　地下医疗卫生设施

地下医疗卫生设施指全部或部分建于地下的各种医院、防疫站、检验中心、急救中心等。按照地下医院的建设标准，利用各级医疗空间的改建和新建，修建一定规模、数量的地下医疗空间，满足人防要求和城市发展需要。地下医疗卫生空间是城市防灾空间的重要组成部分，其规划建设应满足人防及防灾功能的需要。图6.19所示为合肥市第二人民医院新区建设的有5000m² 的人防地下医院。

6.4.6　其他类型的地下公共服务设施

除以上类型地下公共服务空间外，还有一些地下文物设施，如具有保护价值的古遗址、古墓葬、古建筑等。此外，还可根据城市地形地貌、地质构造和废弃矿井坑道等自然形成或人工建筑的地下空间兴建或改建成地下宗教设施、地下殡葬设施等。

图 6.18　明尼苏达大学土木与矿物工程系系馆

图 6.19　合肥市地下医院

第7章 城市地下市政设施

7.1 概述

7.1.1 城市市政设施概况

城市市政公用设施，是城市基础设施的主要组成部分，是城市物流、能源、信息等的输送载体，是维持城市正常生活和促进城市发展所必需的条件。

市政公用设施的建设是随着城市的发展，在不断满足城市基本需求的过程中，从个别设施发展成多种系统，从简单的输送和排放到使用各种现代科学技术的复杂的生产、输送和处理的过程。因此，一个国家或者一个城市的公用设施普及率和现代化水平，在一定程度上反映出该国或该城市的经济实力和发达程度。同时，现今的城市公用设施对城市的发展和现代化也可以起到很大的推动作用。

欧美一些国家的大城市，在工业革命后发展较快，相应的城市公用设施发展得也较早，特别是经过第二次世界大战后的城市重建和再开发阶段，公用设施的普及率和现代化程度都有很大的提高。我国的城市基础设施发展相对滞后，在新中国成立后的几十年才进行了相当规模的建设和改造，但水平仍较低。近20年以来，随着国民经济的增长和城市发展的加快，城市公用设施的状况有了较大改观。随着城市规模不断扩大，土地开发强度增加，许多城市出现市政设施发展不平衡问题。

地下市政公用设施可以分为地下市政管线、地下综合管廊、地下市政场站三大类型，如图7.1所示。

7.1.2 市政设施发展趋势

为了解决目前城市公用设施存在的矛盾和问题，从国外一些大城市已经采取的措施和发展趋势看，系统的大型化、布置的综合化、设施的地下化，应当是从根本上摆脱困境和城市公用设施现代化的主要途径。

（1）市政设施系统的大型化。当城市规模发展到相当庞大，原有的公用设施系统已经很陈旧，靠分散的改建或增建一些小型系统已无法从根本上扭转市政公用设施的落后局面时，要使上述分析的各种矛盾得到缓解，是相当困难的。在这种情况下，从国外的经验看，建设大型的并且在各系统之间和各系统内部均能互相协调配套的公用设施系统，是比较有效的途径，也是发展的趋势。

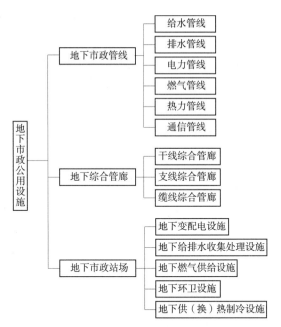

图 7.1　地下市政设施分类

（2）市政设施系统的地下化。市政公用设施系统一般由两大部分组成，即生产、储存、处理系统和输送管线系统。管线系统埋设在地下早已成为传统，问题在于要进一步实行综合化。生产、储存、处理系统的地下化问题是今后城市市政公用建设发展的新方向。

市政设施的生产、储存、处理系统主要布置在建筑物、构筑物中，如各种机房、各类储水池或储水槽、液体燃料储罐、露天塔架等。这些设施按照传统习惯做法，都是置于地面上，主要问题是占用土地，存在安全隐患和影响环境、景观。这些设施的地下化，可在很大程度上有助于这些问题的解决，但是实行起来，传统的观念和做法还有一定的阻力，但国内外的实践已经表明，地下化才是市政设施系统的发展方向。

（3）市政设施系统的综合化。市政设施系统综合化是城市地下空间规划的一项重要内容，涉及的方面比较多，如道路和管线的现状与规划、轨道交通规划、投资特点、配套法规等。因此，应当在网络布局、建设时序等方面与地下空间总体规划相协调，可作为专项规划包含在市政设施总体规划内容中。我国在市政设施综合化方面起步较晚，但在近几年几个城市进行的地下空间规划过程中，都有了这部分工作，有的还进行了专题研究。

7.2　地下市政管线

7.2.1　城市地下市政管线分类

城市地下市政管线依据不同的市政功能，主要分为以下几种：

（1）给水管线，包括水源开采、自来水生产、水的输送与分配的管线等。

（2）排水管线，包括雨水和生产、生活污水的排放管线。

（3）电力管线，包括电能的生产、输送和分配的线路等。

（4）燃气管线，包括天然气、人工煤气、液化石油气的生产、储存、输送与分配的管道等。

（5）热力管线，包括蒸汽、热水的生产、输送与配送管道等。

（6）通信管线，包括市内有线电话、长途电话、移送通信的交换台和线路；有线广播、有线电视、互联网的传送线路等。

7.2.2 城市地下市政管线规划原则

（1）合理性原则。合理开发利用城市地下空间资源，促进城市地上空间与地下空间协调发展。利用城市道路、绿地、广场地下空间，将部分市政设施施工进行地下化或半地下化，整合城市土地资源，挖掘土地潜力，理顺城市容量关系，以推动城市建设与城市环境的和谐发展。

（2）持续性原则。坚持以市场化、社会化发展为导向，以城市可持续发展为目标，结合市政管线改造或更新、新建道路或更新拓宽、重大工程建设、新市镇或新社区开发进行规划布局，倡导节约紧凑型城市市政基础设施发展模式。

（3）可行性原则。地下市政设施的建设应结合城市经济与社会发展水平，上下统筹、远近结合，注重规划项目的可实施性。市政设施地下化既要符合市政设施技术要求，又要与城市规划的总体要求相一致，为城市长远发展打下良好基础。

7.2.3 城市地下市政管线规划思路

市政管线是城市生命线系统的主要载体，从国内外大城市的发展历程来看，城市现代化发展与城市市政设施的地下化几乎同步，城市现代化越高，其市政设施的地下化率也越高，也是促进城市可持续发展的重要途径。

市政设施的地下化以城市道路、广场、绿地空间资源的综合利用为方向，充分考虑城市地下市政设施布局；对城市市政设施进行合理布局和优化配置，规划与市政管线协调发展的综合管沟系统；与城市建设相协调，推动整个城市基础设施建设的进程；使城市地下空间资源得到合理、有效的开发利用，形成超前性、综合性、实用性的城市地下市政设施系统。

（1）在城市地面空间容量饱和、地面开敞空间相对不足的情况下，在地面规划建设密度较高的地段或改造项目中，在项目的立项、报批以及规划设计时，可通过调整、置换等形式，利用街道绿地、小区配套绿地等公用、闲置地块对影响城市景观、居民居住环境的变电站、给排水基站、调节站等市政设施地下化。

（2）参考国内外城市相关经验，建筑面积在 1.5 万 m^2 以上的宾（旅）馆、饭店、商店、公寓、综合性服务楼及高层住宅，建筑面积在 3 万 m^2 以上的机关、科研单位、大专院校和大型综合性文化体育设施，规划居住人口 3000 人以上的住宅小区的建筑、企业或工业小区，在项目的立项、报建、审批和规划设计时，适当通过规划控制指标的调节措施，鼓励中水设施的地下化建设。

（3）在不违反国家及地方法律法规的前提下，规划、建设、民防等部门在依据行政许可授权的范围内，适当通过自由裁量权，鼓励地面建设高密度、高聚集的城市中心区、行政中心，在开发大型公共服务设施项目的规划、设计、建设中考虑建设地下真空垃圾收集系统，促进区域垃圾及废弃物的无害化、资源化的集中处理。

7.3　地下综合管廊

7.3.1　地下综合管廊概述

7.3.1.1　地下综合管廊的定义及发展

综合管廊是指在城市道路、厂区等地下建造一个隧道空间，将电力、通信、燃气、给水、排水、热力等市政公用管线集中设置，并布置专门的检修口、吊装口、检修人员通道及检测与灾害防护系统，保证其正常运营，实施市政管网的"统一规划、统一建设、统一管理"，以做到城市道路地下空间的综合开发利用和市政公用管线的集约化建设和管理。综合管廊在日本称为"共同沟"，在我国称为"共同沟""综合管沟""综合管道"或"综合管廊"等。

综合管廊已经存在一个多世纪。早在 1833 年巴黎为了解决地下管线的敷设问题和提高环境质量，兴建了世界上第一条地下综合管廊（图 7.2），随后在欧美等国得到广泛推广和应用。到目前为止，巴黎已经建成总长约 100km、系统较为完善的综合管廊网络。英国伦敦 1861 年就开始兴建宽 3.66m、高 2.32m 的半圆形共同沟，综合管廊内容纳了自来水、通信、电力、燃气管道、污水管道、热力管道等市政公用管道。目前，在德国各地都成立了由城市规划专家、政府官员、执法人员及市民等组成的公共工程部，统一负责地下管线的规划、建设及管理。所有工程的规划方案，必须包括有线电视、水、电力、煤气和电话等地下管道的已有分布情况和拟建情况，同时还要求做好与周边管道的衔接。对于较大的工程，还必须经议会审议，议会审议采取听证会的形式，只有经过听证会同意，工程才能被审批通过。1933 年，苏联在莫斯科、列宁格勒（现称为圣彼得堡）、基辅等地修建了地下综合管廊。1953 年西班牙在马德里修建了地下综合管廊，其他如斯德哥尔摩、巴塞罗那、纽约、多伦多、蒙特利尔、里昂、赫尔辛基、奥斯陆等城市，也都建有较完备的地下综合管廊网络系统。

1926 年，日本开始建设地下综合管廊，遍及 80 多个城市，总长超过 1000km，目前仍以每年 15km 的速度增长。1963 年，日本政府还制订了关于设置综合管廊的特别措施，1968 年建成的东京银座支线综合管廊，将电力、电信、电话、电缆、上下水、城市燃气管道、交通信号灯及路灯电缆等集成于综合管廊。国外地下综合管廊的主要形式如图 7.3 所示。

中国主要采用直埋式布置管线。以北京为例，市政管线主要分布于城市道路下 10m 内的范围，仅有很少部分采用了市政综合管廊的方式，不到五环路内道路长度的 0.5%。直到 1958 年，我国才修建综合管廊。1959 年在北京建成第一条地下综合管廊，长 1.07km。从 1958 年到 2000 年的 42 年间，全国修建综合管廊总长度不到 23km。1994 年上海浦东新区张扬路综合管廊投入使用，截至 2005 年共建成综合管廊 11.0km，断面为

图 7.2　巴黎地下综合管廊（1833 年）

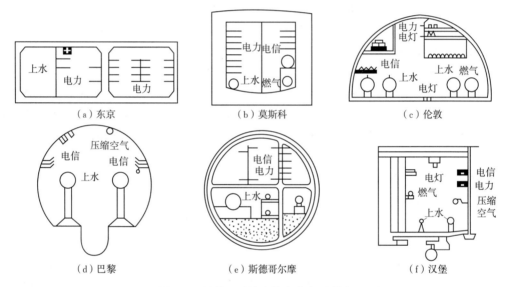

图 7.3　国外地下综合管廊的主要形式

2.4m×2.4m。供水电力燃气通信广播电视消防等管道和电缆都以层架形式进入综合管廊，综合管廊内留有足够的通道空间供维修走动人员工作。此外，北京的中关村西区、王府井地下商业街、国贸 CBD 核心区、广州大学城、武汉王家墩、昆明昆洛路、佳木斯临海路以及西安、大连、青岛、珠海、佛山等城市相继修建了综合管廊。

　　自 2013 年起，国家层面频频出台相关的政策文件，从规划、建设、制度保障等多方面共同推进综合管廊的建设，例如《城市综合管廊工程技术规范》（GB 50830—2012）开始实施，并于 2015 年重新修订。2015 年 5 月 26 日，住房与城乡建设部发布了《城市地下综合管廊工程规划编制指引》，明确了城市地下综合管廊规划编制的内容。2015 年财政部发布了《关于开展中央财政支持地下综合管廊试点工作的通知》，目前已经有两批共计 25 个城市开展综合管廊的规划和建设试点。根据国务院办公厅公布的《关于推进城市地下综合管廊建设的指导意见》（2015 年），按照"先规划、后建设"的原则，在地下管线普查的基础上，统筹各类管线实际发展需要，组织编制地下综合管廊建设规划。目前，全国各大中城市基本完成综合管廊规划编制，一些县市自治区政府也都相应编制了相关的综合管廊专项规划。截至 2016 年 12 月 20 日，全国 147 个城市及 28 个县编制完成相关的综合管廊专项规划，已累计开工建设城市地下综合管廊 2005km。综合管廊的规划建设取得显著成果。

在城市开发中，市政管线多以直埋式布置于地下，管线与土体近似为刚性连接，受土体各种自然营力及外部荷载作用，容易产生管线变形及腐蚀破坏。此外，由于城市改扩建及维修等，需要反复开挖管线，城市地下管线成了拉链工程，经常造成路面或绿地破坏，不仅造成很大的经济浪费，而且给车辆行人及居民造成不便。另外，在城市各类管网管理模式上，各自为政、管线布局失序，管线档案缺失，信息难以共享，以致施工维修中相互干扰和破坏。采用市政综合管廊，将管线分层布置在管廊中。既相互独立又组织有序，管线与管廊内壁为柔性连接，基本不受土体位移的影响，而且维修检查及更换方便，对管廊上方的地面交通无影响。

地下综合管廊已成为综合利用地下空间的一种重要手段，一些发达国家已实现了将市政设施的地下供排水管网发展到地下大型供水系统、地下大型能源供应系统、地下大型排水及污水处理系统，并与地下轨道交通和地下街相结合，构成完整的地下空间综合利用系统。

城市是复杂的大型系统，需要系统工程的理论方法指导。运用系统工程理论，采用层次化和模块化的综合管廊规划设计方法，分析综合管廊与城市系统之间的相互影响，改进市政管线的敷设方式，克服城市规划与市政管线发展变化之间的矛盾，有利于城市规划的有效实施，提高城市规划的效率，有利于促进城市的可持续发展。

7.3.1.2　地下综合管廊的作用

结合管廊的实施有利于保障城市健康运行，城市地下空间的综合利用可满足对通道、路径持续增长的需要，便于统一集约化管理，提高城市环境和市民工作、生活质量。从国内外城市发展看，综合管廊的开发利用将促进城市发展方式的转变，对城市的建设和发展产生积极的作用和深远的影响，可以促进城市地下空间从零散利用向综合开发型转变，城市建设从资源环境粗放型向环保节能集约型转变，城市发展理念从建设城市向管理城市转变。归结起来，建设城市地下综合管廊具有以下作用：

（1）管线集中布置，人员设备可进入廊道安装、维检，在城市改扩建活动中，避免埋设、维修管线而导致的道路反复开挖，减少环境影响有利于道路交通畅通，确保道路交通功能的充分发挥，并提高道路使用寿命。

（2）根据远期规划容量设计与建设综合管廊，从而能满足管线远期发展需要，有效、集约化地利用道路下的空间资源，为城市发展预留宝贵空间。

（3）管线增设、扩容方便，管廊一次到位，管线可分阶段敷设，建设资金可分期投资。

（4）综合管廊内的管线因为不直接与土壤、地下水、道路结构层的酸碱物质接触，可减少腐蚀，延长管线使用寿命。

（5）综合管廊结构具有坚固性，管线与廊道柔性布设，能抵御一定程度的冲击荷载，具有较强的防灾、抗灾性能，尤其在战时，保证水、电、气、通信等城市生命线的安全。

（6）由于架空线能进入综合管廊，可以有效地避免电线杆折断、倾倒及由此造成的二次灾害。发生火灾时由于不存在架空电线，有利于迅速灭火施救，有效增强城市的防灾抗灾能力；改善城市景观，提高城市的安全性，避免了架空线与绿化之间的矛盾，提高了城市的环境质量。

（7）排水和雨水集成于综合管廊，为城市内涝、中水利用及缓解缺水等问题的解决提供先期条件。

（8）综合管廊为利用先进的监测监控与预警系统，对各种管线进行综合安全管理提供了可能，可及时发现隐患和维护管理，提高管线的安全性和稳定性。

7.3.1.3　地下综合管廊的分类

综合管廊根据其所收容的管线不同，其性质及结构也有所不同。根据我国国家标准《城市综合管廊技术规范》（GB 50838—2015），按综合管廊在城市市政设施中的地位和功能可分为干线综合管廊、支线综合管廊、缆线综合管廊 3 种。

（1）干线综合管廊。干线综合管廊主要收容城市各种供给主干线，包括电力、自来水、燃气、热力等管线，有时根据需要也将排水管收容在内，负责向支线综合管廊提供配送服务，一般不直接为周边用户提供服务。干线综合管廊的断面通常为圆形或多格箱形，结构断面尺寸大、覆土深，系统稳定且输送量大，一般要求设置工作通道及照明、通风等设备，具有高度的安全性，维修及检测要求高。图 7.4 所示为典型的干线综合管廊示意图。

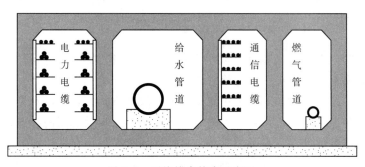

图 7.4　干线综合管廊示意图

（2）支线综合管廊。支线综合管廊主要负责将各种供给从干线综合管廊分配、输送至各直接用户，一般设置在道路两旁，收容直接服务的各种管线。支线综合管廊的断面以矩形断面较为常见，有效（内部空间）断面较小，一般为单格或双格箱形结构，结构简单，施工方便。管廊内一般要求设置工作通道及照明、通风等设备。图 7.5 所示为典型的支线综合管廊示意图。

（3）缆线综合管廊。缆线综合管廊一般埋设在人行道下，采用浅埋沟道方式建设，设有可开启盖板，但其内部空间不能满足人员正常通行要求。缆线综合管廊断面以矩形断面较为常见，断面较小，埋深浅，一般在 1.5m 左右。不设通风、监控等设备，仅增设供维修时用的工作手孔即可，在维护及管理上较为简单，如图 7.6 所示。缆线综合管廊主要负责将市区架空的电力、通信、有线电视、道路照明等电缆收容至埋地的管道。

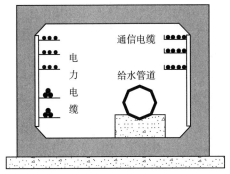

图 7.5 支线综合管廊示意图

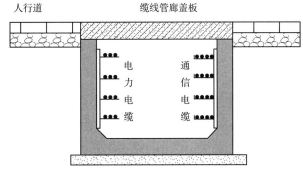

图 7.6 缆线综合管廊示意图

根据开挖方法的不同，综合管廊又可分为暗挖式综合管廊、明挖式综合管廊、预制拼装式综合管廊。

（1）暗挖式综合管廊。暗挖式综合管廊是在综合管廊的建设过程中，采用盾构、钻爆等施工方法进行施工，其断面形式一般采用圆形或圆锥形，暗挖式综合管廊本体造价较高，但其施工过程中对城市交通的影响较小，可以有效地降低综合管廊建设的外部成本，如施工引起的交通延滞成本、拆迁成本等。一般适合于城市中心区或深层地下空间开发中的综合管廊建设。图 7.7 所示为典型暗挖圆形断面形式的地下综合管廊。

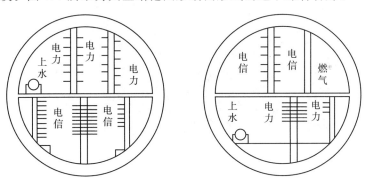

图 7.7 暗挖式地下综合管廊的断面形式

（2）明挖式综合管廊。明挖式综合管廊是采用明挖法施工建设的综合管廊，其断面形式一般采用矩形，明挖式综合管廊的直接成本相对较低，适合于城市新区的综合管廊建设，或与地铁、道路、地下街、管线整体更新等整合建设。明挖式综合管廊一般分布在道路浅层。图 7.8 所示为常见明挖地下综合管廊的断面形式。

（3）预制拼装式综合管廊。将综合管廊的标准段在工厂进行预制加工，而在建设现场现浇综合管廊的接出口、交叉部特殊段，并与预制标准段拼装形成综合管廊本体，是一种较为先进的施工方法，要求有较大规模的预制厂和大吨位的运输及起吊设备，施工技术要求较高。特点是施工速度快，施工质量易于控制，可以有效降低综合管廊的工期和造价。图 7.9 所示为预制拼装综合管廊。

根据综合管廊的断面结构形式，分为圆形、断面矩形、断面半圆形、多圆拱断面及马蹄形断面等多种形式。其中，圆形、半圆形及拱形断面多采用暗挖法施工。

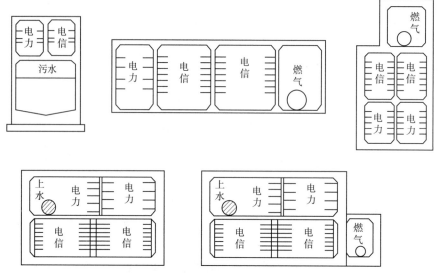

图 7.8 明挖式地下综合管廊的断面形式

图 7.9 预制拼装综合管廊

7.3.1.4 综合管廊的组成

地下综合管廊通常由综合管廊本体、管线、通风系统、供电系统、排水系统、通信系统、监测监控与预警系统、灾害防护及其标示系统及地面设施组成。

（1）综合管廊本体。地下综合管廊的本体是以钢筋混凝土为材料，采用现浇或预制件建设的地下构筑物，其主要作用是为收容各种市政管线提供物质载体，管廊形制与规模根据城市需要来确定。图 7.10 是典型的矩形断面地下综合管廊本体。其本体为混凝土砌筑或整体浇筑，本体一般建设在浅层土体中，目前最大深度为地下 50m 左右，土体的建设应根据城市性质及战略地位，考虑地震、滑坡、地面沉降等潜在的地质灾害，洪水、冰雪等极端天气灾害及战争等人为灾害进行防御设计，满足修建运营过程的稳定和安全要求。

（2）管线。地下综合管廊是各种市政管线的载体，主要收容包括电力、电信、电视、网络、燃气、供水排水及暖通等各种管线，原则上各种城市管线都可以进入综合管廊。对于雨水管、污水管、给排水管等各种重力流管线及燃气管线与电力电信管线在同一管廊中布置时，要充分考虑水管渗漏、爆裂、燃气爆炸等事故，强、弱电信电缆之间的电磁干扰，电与燃气输送管道的安全距离等影响因素，优化层架布置顺序及采取合理的绝缘与隔离措施，以降低管线间的相互排斥影响，避免线路腐蚀、泄漏电及水淹事故，确保管网安全及故障有效排除。欧洲国家多将管线集中布置，把污水、自来水、热力燃气、通信电力等管线从下到上分层布置于同一廊道中。

图 7.10　典型地下综合管廊

（3）通风系统。为延长管线的使用寿命，保证综合管廊的运营安全和管线布置施工及维检，在综合管廊内设有通风系统，一般以机械通风为主，当地形条件许可时可采用自然通风。

（4）供电系统。为综合管廊的正常使用、检修、日常维护等所采用的供电系统和用电设备包括通风设备、排水设备、通信及监控设备、照明设备、管线维护及施工的工作电源等，供电系统包括供电线路、光源等，供电系统设备已采用本安标志的防潮、防爆类产品。

（5）排水系统。综合管廊内渗水、进出口位置进水及其他事故，将造成综合管廊内积水。因此，综合管廊内应设置排水沟、集水井和水泵房等组成的排水系统。

（6）通信系统。联系综合管廊内部与地面控制中心的通信设备，包括音频固定电话、语音对讲及广播系统等，主要采用有线系统。

（7）监测监控与预警系统。为保证综合管廊的运行安全，需对廊内湿度、温度、碳氧化物、氮氧化物、煤气、烟雾、水、风流及人员进入状况等进行全天候监测监控和预警，由相应用途的各类传感器、接口、线路、放大器、应变仪、视频摄像系统及其软件构成监测监控系统。监控信号通过专用线缆传入综合管廊地面监控中心设备，监控中心采取相关措施。

（8）灾害防护及标示系统。为了便于管线及设备设施的检修、维护及应急处理，应在地下综合管廊建立灾害防护及其标示系统。灾害防护系统为综合管廊的施工及运营提供安全保护，防灾标示系统表明廊道内部各种管线的管径、性能、连接处、阀、主要设备设施的应急处理方法、各种出入口的位置指示及其在地面的位置情况。灾害防护及防灾标示系统在综合管廊的日常维护、管理及事故处理中具有非常重要的作用。

（9）地面设施。地面设施包括地面控制中心、人员车辆出入口、通风井及材料投入口等。

7.3.2 综合管廊规划设计基本原则

综合管廊规划是城市各种市政管线的综合规划，因此其线路规划应符合各种市政管线布局的基本要求，并遵循以下基本原则：

（1）综合原则。综合管廊是对各种市政管线的综合，因此在规划布局时，应尽可能地将各种管线纳入管廊中，以充分发挥其作用。

（2）长远原则。综合管廊规划必须充分考虑城市发展对市政管线的要求。综合管廊规划是城市规划的一部分，是地下空间开发利用的一个方面，综合管廊规划既要符合市政管线的技术要求，充分发挥市政管线服务城市的功能，又要符合城市规划的总体要求。综合管廊的建设要为城市的长远发展打下良好的基础，要经得起城市长远发展的考验。综合管廊可以适应管线的发展变化，但其本身不能轻易变动，这是综合管廊的最大特点。作为基础性设施，长期规划是综合管廊规划的首要原则，是综合管廊建设的关键。

（3）协调原则。综合管廊是城市高度发展的必然产物，一般来说，建设综合管廊的城市都具有一定的规模，且地下设施也比较发达，如地下通道、地铁或其他地下建筑，可以说地下是一个复杂而密集的空间，需要在规划上进行统一和全面的考虑，在进行综合管廊的规划设计时，管廊的平面布置、标高布置及其与地面或建筑物的衔接，如出入口线路交叉、综合管廊管线与直埋管线的连接等，规划中应尽量考虑合建的可能性，并兼顾各种地下设施分期施工的相互影响。综合管廊需要与其他地下设施如地铁、地面建筑及设施（如道路）的规划等相协调，且服从城市总体规划的要求。

（4）结合原则。综合管廊应与地铁、道路、地下街等大型基础性设施建设相结合，综合开发城市地下空间，提高城市地下空间开发利用的总体效益，降低综合管廊的造价。

（5）安全原则。综合管廊中管线的布置应坚持安全性原则，尽量避免有毒有害、易燃及有爆炸危险等管线与其他管线共置，避开强电对通信、有线电视等弱电信号干扰，以及强电漏电、火灾等对燃气管道等的危害。

7.3.3 综合管廊规划的主要内容

综合管廊的规划是一项系统工程，从整体到局部，从建设期到运营期，在空间与时间上综合考虑、逐步深化，并始终注意规划的可操作性。城市地下综合管廊规划以区域现状规划和区域发展状况为依据，在分析城市建设综合管廊的必要性和可行性的基础上，合理的确定综合管廊规划系统布局、入廊管线、管廊断面、三维控制、重要节点控制、配套附属设施、安全防灾规划等。综合管廊规划的主要内容，如图 7.11 所示。

7.3.3.1 管廊系统布局

综合管廊网络系统对一个城市的管廊建设乃至整个地下空间的开发利用都具有特别重要的意义。网络系统规划应根据城市的经济能力，确定合适的建设规模，并注意近期建设规划与远期规划的协调统一，使得网络具有良好的扩展性。

在城市里并非每一条道路都可以设置综合管廊，在规划布局时应明确设置目的及条

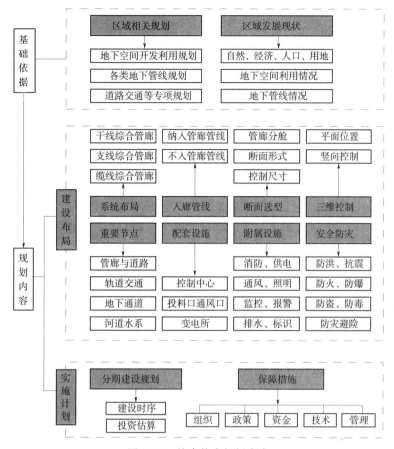

图 7.11 综合管廊规划内容

件，进行需求分析和可行性评估，确定建设时机，并根据规划原则，进行网路系统的规划。

综合管廊是城市市政设施，其布局与城市的形态有关与城市路网紧密结合，其主干综合管廊主要设置在城市主干道路下，最终形成与城市主干道相对应的综合管廊布局形态。在局部范围内，支干道综合管廊布局应根据该区域的情况合理进行布局。

一般综合管廊的相关条件分析见表 7.1。规划时在确定城区综合管廊的中长期发展计划基础上，根据管廊的规格与要求拟定城市各地区发展方向。

表 7.1 　　　　　　　　　　　　　　不同类型综合管廊规划要点

项目	干线综合管廊	支线综合管廊	缆线综合管廊
主要功能	负责向支线综合管廊提供配送服务	干线综合管廊和终端用户之间的联系的通道	直接供应终端用户
敷设形式	城市主次干道下	道路两旁的人行道下	人行道下
建设时机	城市新区、地铁建设、地下快速道、大规模老城区主次干道改造等	新区建设、道路改造	结合城市道路改造、居住区建设等

项目	干线综合管廊	支线综合管廊	缆线综合管廊
断面形状	圆形、多格箱型	单格或多格箱型	多为矩形
收容管线	电力、通信、光缆；有线电视、燃气、给水、供热等主干管线；雨、污水系统纳入	电力、通信、有线电视、燃气、热力、给水等直接服务的管线	电力、通信、有线电视等
维护设备	工作通道及照明、通风等设备	工作通道及照明、通风等设备	不要求工作通道及照明、通风等设备，设置维修手孔即可

7.3.3.2 管线入廊规划

原则上，一切城市市政管线均可收容进入综合管廊内。《城市综合管廊工程技术规范（GB 50838—2015）》明确指出，给水、雨水、污水、再生水、天然气、热力、电力和通信等城市工程管线可纳入综合管廊。考虑综合管廊的安全性，对一些易燃、易爆及有毒物质的管线不收容而单独设置，除非采取可靠的隔离措施，保证管网安全时方可同时收容。俄罗斯曾明确规定煤气管不进入综合管廊内，但日本等却一直将燃气管道一同收容于综合管廊。

一般情况下，由于综合管廊建设地区的需求不同，其入廊的管线也会有所不同。例如，上海浦东新区张扬路、济南市泉城路与广州大学城的综合管廊内均容纳了电力电缆、通信电缆、给水管和燃气管（热力管）。从总体上看，国内目前已建的综合管廊基本全部纳入了电力电缆、电信电缆、给水管线和供热管线，纳入燃气管道的工程实例也有不少，而纳入排水管线的工程实例则很少。

综合管廊内收容的管线因管理、维护及防灾上的不同，应以同一种管线收容在同一管道空间为原则，但碍于断面等客观因素的限制，同时收容必须采取妥善的防护措施。各类管线收容原则具体如下：

（1）电力及电信。电力、网络、电话及电视等电信管线可兼容于同一室，但需采取隔离防护措施，预防强电的电磁感应干扰问题。110kV 以上的电力电缆，不应与通信电缆同侧布置。

（2）燃气。在综合管廊内独立一室隔离设置，并进行防灾安全的规划设计。

（3）各类水管热力管。自来水管线与污水下水道管线也可收容于同一室，上方设置供水管，下方布置污水管。收容时必须考虑施工、维修管理、管线材料换装等问题，尤其是因压力管线水流冲所产生的管压不均衡问题，应详细分析规划。热力管可单独设置，也可与供水管共置一室并位于供水管之上。

（4）雨水下水道（含集尘管线）。在综合管廊内通常不收容雨水下水道，除非雨水下水道纵坡与综合管廊纵坡一样或下水道渠道与综合管廊共构才考虑。一般可将污水下水道管线（压力管线）与集尘管（垃圾管）共同收容于一室内。

（5）警讯与军事通信。因警讯与军事通信涉及机密问题对于是否收于综合管廊内，需与相关单位磋商后再决定单独或共室收容。

（6）路灯及交通标志。根据断面容量，可一并考虑共室于电力、电信隔道内，如果电力、电信容量大无适当空间，可收容共室处理。

（7）油管或输气管。原则上油管是不允许收容于综合管廊内，需独立设置。其他输气管若非民用生命管线，也不收容。但若经主管单位允许则可设单独舱室收容，参照燃气管线收容原则规划设计。

7.3.3.3 综合管廊的断面形式规划

综合管廊的标准断面应根据容纳的管线种类、数量和施工方法综合确定。一般情况下，采用明挖现浇施工时宜采用矩形断面，这样在内部空间使用方面比较高效；采用明挖预制装配施工时宜采用矩形断面或圆形断面，这样施工的标准化、模块化比较易于实现；采用非开挖技术时宜采用圆形断面或马蹄形断面，主要是考虑到受力性能好、易于施工。例如，在穿越河流、地铁等障碍时，综合管廊的埋设深度较深，采用顶管施工方法，此时断面一般是圆形断面。综合管廊标准断面比较见表7.2。

表 7.2　　　　　　　　　　　　综合管廊标准断面比较

施工方式	特点	断面示意
明挖现浇施工	内部空间使用高效	
明挖预制装配施工	施工标准化 模块化易于实现	
暗挖法施工	受力性能好、易于施工	

综合管廊断面大小直接关系到管廊所容纳的管线数量、工程造价以及运行成本。管廊内的空间需满足各管线平行敷设的间距要求以及行人通行的净高和净宽要求，满足各管线安装、检修所需空间，同时需要对各种公用管线留有发展扩容的空间，须正确预测远景发展规划，以免造成容量不足或过大，致使浪费或在综合管廊附近再敷设地下管线。

在确定综合管廊的断面尺寸时，主要考虑以下几点：

（1）综合管廊的净宽根据管线运输、安装、维护、检修等要求确定，尤其注意人行通道的预留宽度。《城市综合管廊工程技术规范》（GB 50838—2015）规定：管廊内两侧设置支架时，人行通道最小净宽不小于1.0m；单侧设置支架时，人行通道最小净宽不小于0.9m。但是考虑到防火门的安装需求，人行通道宽度不宜小于1.2m。

（2）净高不小于 2.4m。

（3）考虑给水管、中水水管阀门的安装空间。

（4）考虑管廊电力及自控管线的预留空间。

（5）排架间距应满足电力、通信线缆的安装要求。通信排架垂向间距应不小于 200mm，10kV 线缆排架间距应不小于 250mm，35kV 电力排架间距应不小于 300mm，110kV 电力排架间距应不小于 350mm。

7.3.3.4 综合管廊的三维控制

1. 平面布置原则

根据容纳管线的种类和等级，可将综合管廊分为 3 类：干线综合管廊、支线综合管廊和缆线综合管廊。干线综合管廊因纳入的管线主要为各专业主干管线，沿线很少接入入户支线，原则上设置于主干道的中央、两侧绿化带或机动车道下方。支线综合管廊与缆线综合管廊一般直接为两侧用户分配资源与能源，接户支线较多，原则上前者宜设置于道路的非机动车道、人行道和绿化带下方，后者宜设置于人行道下方。

2. 竖向控制要求

干线、支线及缆线综合管廊容纳的管线种类、规模不同，断面尺寸差异较大，且接口的布置与容纳管线的种类、功能、抽头位置密切相关。因此，规划应对管廊竖向提出具体的控制要求，明确管廊与其他地下设施的竖向关系，尽量做到先实施的项目不影响后实施的项目。

综合管廊埋深的确定主要根据其在道路横断面下的具体位置，以及排水管道、过路涵洞与其发生交叉穿越的情况、结构抗浮要求、道路结构等情况综合考虑。当综合管廊设置在道路机动车道下面，其埋深需考虑车载对其结构的影响；当置于绿化带下方时还需考虑绿化植物对覆土厚度的要求。

7.3.3.5 重要节点控制

管廊规划中应明确管廊与管廊、轨道交通、地下通道、人防工程及其他设施之间的节点处理方式、控制尺寸及间距控制要求等。

综合管廊与综合管廊交叉，以及在综合管廊内将管线引出是比较复杂的问题，它既要考虑管线间的交叉对人行通道等整体空间的影响，又要考虑渗漏、出口井的衔接等出入口的处理。无论何种综合管廊，管线的引出都需要专门的设计。

综合管廊与地下设施交叉包括与既有市政管线交叉，以及与地下铁路、地下道路、地下街及桥梁基础等地下空间的交叉，如果处理不当，势必造成综合管廊建设成本的增加和运行的不可靠，原则上可以采取以下措施解决以上问题。

（1）合理处理管廊与各类设施的交叉问题。统一规划地下各类设施的标高，包括主干排水管标高、地铁标高、各种横穿管线标高等。确定标高的原则是综合管廊与非重力流管线交叉时，其他管线避让综合管廊；当与重力流管线交叉时，综合管廊应避让重力流管线；综合管廊与人行地道交叉时，在人行地道上部通过。

综合管廊穿越河道时应选择在河床稳定的河段，最小覆土深度应满足河道整治和综合管廊安全运行的要求。在Ⅰ～Ⅴ级航道下面敷设时，管廊顶部高程应在远期航道底高程2.0m以下；在Ⅵ、Ⅶ级航道下面敷设时，顶部高程应在远期航道底高程1.0m以下；在其他河道下面敷设时，顶部高程应在河道底设计高程1.0m以下。

当综合管廊穿越城市快速路、主干道、铁路、轨道交通、公路时，宜垂直穿越；受条件限制时可斜向穿越，最小交叉角不宜小于60°。

综合管廊与相邻地下管线及地下构筑物的最小净距应根据地质条件和相邻构筑物性质确定，且不得小于表7.3的规定。

表7.3　　　　　　　综合管廊与相邻地下构筑物的最小净距　　　　　　单位：m

相邻情况 \ 施工方法	明挖施工	顶管、盾构施工
综合管廊与地下构筑物水平净距	1.0	综合管廊外径
综合管廊与地下管线水平净距	1.0	综合管廊外径
综合管廊与地下管线交叉垂直净距	0.5	1.0

（2）整合建设。可以考虑综合管廊在地铁隧道上部与地铁线整合建设，或在其他城市地下空间开发时，在其上部或旁边整合建设；或者与隧道或地下通道整合建设，包括与公路、铁路隧道或地下道路整合建设。

7.3.3.6　配套设施

根据综合管廊规模、布局、管线检修维护需要等合理确定控制中心、变电所、投料口、通风口、人员出入口、逃生孔等配套设施。

（1）监控中心设计。监控中心是综合管廊的核心和枢纽。综合管廊的管理、维护、防灾、安保、设备的远程控制，均在监控中心内部完成。监控中心最好紧邻综合管廊的主线工程，并设置尽可能短的地下联络通道。监控中心面积的大小除了要满足内部设备布置的要求外，有时还要考虑其他因素，包括参观展示功能。综合管廊的监控中心的位置应在综合管廊系统规划阶段予以明确，建设形式可以和综合管廊合建或同其他公共建筑合建。

（2）投料口设计。投料口布置间距不宜小于400 m，应结合送风井设置，开孔应对应检修通道，以减少地面建筑对周边景观的影响。投料口宜设置在绿化带中，不影响行人通行。投料口地面以上部分侧壁一般需安装铝合金防雨百叶，兼作自然送风井使用，高出地面不宜小于1.0 m。在投料口侧壁需设置钢爬梯至综合管廊底，以便人员出入，投料口兼作安全出入口用途。

（3）通风口设计。每个防火分区内需设置通风口、进风口和排风口各1个，一般位于防火分区的两端，进风口宜与投料口和逃生口结合设置。排风口应设置风机，风机外围设置隔音防护罩。

（4）端井设计。一般在工程起终点需要设置2个端口井，以实现综合管廊内的管线与直埋管线的连接，在综合管廊端部断面上预留套管，套管的高程以管沟内的管线高程为准。端井处要做防渗设计，防止地下水等进入到综合管廊内。

（5）管线接出口设计。管廊内的给水管和电力、通信均需设置接出口，除特殊需求外，常按间距 200 m 一道布置。一般应考虑从顶板接出，便于衔接。一般布置方案为预埋管同口径钢管穿过防水套管，管道接出后在道路红线以外 5 m 内设置阀门井，并预留钢管一节，用钢制堵板封堵。

7.3.3.7 附属设施

附属设施是指用于维护管廊正常运行的排水、通风、照明、电气、通信、安全检测及防灾救灾系统。其规划内容应包含以下主要内容：

（1）电力配电设备：包括变电站、紧急发电设备、配电设备、电线、电力分电盘等。

（2）照明设备：包括一般照明灯、紧急用保安灯、出入口指示灯等。

（3）换气设备：包括换气电风扇、消音设备、控制设备。

（4）给水设备：是出入口部位设置的消防设备之一。

（5）防水设备：包括防水墙、防水台阶等。

（6）排水设备：包括排水泵以及综合管廊外相连的排水管、集水井。

（7）防火消防设备：指出入管道的紧急管理机器及通讯设备。

（8）防灾安全设备：指出入管道的紧急管理机器及通讯设备。

（9）标志辨别设备：指标明设备位置、设备使用及路线指示等设备设施。

（10）避难设施：指用于管廊发生灾变时人员避险逃生自救等设备设施。

（11）联络通信设备：指管廊内与外界联络的通信设备。

（12）远程监控设备：指中心控制室。

7.3.3.8 安全规划

在进行综合管廊规划时，除考虑一般结构安全外，仍需考虑外在因素对管道造成的安全隐患，如洪水、岩土地层变形、地震、地面沉降破坏，盗窃、火灾、防爆破、有毒气气体的检测防护及防灾避险。

（1）防洪规划。综合管廊的防洪规划应依循综合管廊系统内的防洪标准，开口部如人员出入口、通风口、材料投入口等为防止洪水侵入，必须有防洪闸门，规划高程为抗百年一遇洪水。

（2）抗震规划。地下综合管廊内集结了电力、水、暖、燃气等多种特性的管线，在地震及炸弹爆炸等外力作用下容易发生破坏造成事故，因此，综合管廊地下结构应满足抗震的要求。

（3）防侵入、盗窃及破坏的规划。综合管廊是城市维生管线设备，是城市的生命线工程，未经管理单位许可，其他人员不准随意进入综合管廊内。因此，应做防止侵入、防止窃盗及防止破坏的规划，以杜绝可能发生的情况。

（4）防火规划。为防止综合管廊内收容管线引发的火灾，除要求器材及缆线必须使用防火材料包覆外，强电之间、强电与燃气管道之间应保证足够的安全距离，同时应规划防火及消防设施。

（5）防爆规划。地下综合管廊遇到特殊地层地质条件时会产生沼气，燃气管道存在泄露的可能，为防止沼气等可燃气体爆炸，必须进行防爆规划，如采用防爆灯具及电源插头等保安设施。

（6）管道内含氧量及有毒气体监测规划。对于综合管廊内含氧量、风速及有毒有害气体监测在规划阶段内均按照相关安全生产法规进行设计，以保证管道内作业人群的安全。

（7）安全避险与防灾救灾规划。为了保证地下综合管廊的安全运行及事故发生后人员逃生和防灾救灾的需要，地下综合管廊应进行安全避险和防灾救灾规划与设计，应有相应的安全避险与救灾应急预案。

7.4 地下市政场站

7.4.1 地下市政场站分类

地下市政场站设施按其功能划分，可分为地下变配电设施、地下给排水收集处理设施、地下燃气供给设施、地下环卫设施、地下供（换）热制冷设施等。

其中地下给排水收集处理包括地下排水设施、地下雨水收集与储留系统、地下中水处理设施、地下污水处理厂等；地下环卫设施包括地下垃圾收集站、地下垃圾转运站、地下垃圾处理场站、地下厕所等。按其建设形式划分，可分为地下、半地下市政场站。

7.4.2 地下市政场站规划

7.4.2.1 地下市政场站站址选择与规划布置

目前地下市政场站的建设依安装位置不同，可分为全地下和半地下市政场站。二者区别主要在于半地下场站的通风设备及人员出入口等少量部分建筑位于地面或地上，但其设施主体或市政设施重要设备位于地下；而全地下场站是指所有市政设备绝大部分在地下或建筑物地下。

地下市政场站可以结合城市广场、绿地、道路等开放空间用地，或利用自然和人工形成的洞穴、坑道单独规划建设，或结合其他建（构）筑物合建。建设形式一般分以下 5 种类型。

（1）利用主建筑一侧地上部分建筑面积及其地下空间，地下中水或雨水收集设施。

（2）全部置于建筑物地下，如地下变配电所、地下雨水储留设施等。

（3）一部分利用建筑物地下部分，另一部分利用建筑物外的绿地，如地下垃圾收集站。

（4）全部放置在绿地开放空间用地下，或洞穴、坑道之中，如地下污水处理厂、地下发电站等。

（5）部分置于地上，其他设备置于地下，如半地下变电站、地下卫生间等。

7.4.2.2 地下市政场站规划布局

地下市政场站规划是以城市总体规划、市政专项规划为依据，结合地下空间开发规划的总体发展趋势与功能设施布局，对占用城市土地资源，影响城市景观或生活环境的部分市政场站设施地下化的一种建设形式，是对城市市政专项规划布局的进一步深化，而不是对地面各市政专项规划的调整和变更。因此，地下市政场站规划应遵循下面几个原则。

（1）协调原则。地下市政场站规划必须以城市总体规划为依据，与城市各市政专项规划相协调。

（2）就近原则。地下市政场站规划布局必须结合地面市政场站规划布局，尽可能就近利用绿地、道路等用地进行地下化规划设置。

（3）适度原则。地下市政场站的设置与布局应与其所处用地的规划区位、设施等级相一致，市政场站地下化或地下市政场站的规划规模有适度控制，从而不影响地面绿地、道路或建筑物的使用。

（4）优先原则。地下市政场站规划应充分考虑城市的功能布局，优先在土地资源紧张、地面空间容量不足的老城中心区，建设密度高的商务区，地面景观要求较高的城市公园、旅游景观区等地区进行设置。

第8章 ┃ 城市地下仓储物流系统

8.1 地下仓储空间

8.1.1 概述

地下仓储是修建在地下的具有存放和保护物品功能的建筑物。我国利用地下仓储有着悠久的历史，早在五六千年前原始社会的仰韶文化时期，人们就采用了地下挖窖储粮。到隋唐时期，总结前人挖窖储粮的经验后，创造不少大型的地下粮食仓窖。地下酒窖（图8.1）也是地下空间传统的利用方式之一，国内外历史上都建有此类设施；至今，地下空间仍是储存葡萄酒等的优良场所。

图 8.1　法国的地下葡萄酒窖

随着人类技术文明的不断进步，现代地下仓储有了很大的发展。瑞典、挪威及芬兰等北欧国家，在近代最先发展了地下储库，利用有利的地质条件，大量建筑大容量的地下石油库、天然气库、食品库等，近些年又发展了地下深层核废料库等。在瑞典的影响下，一些能源依赖进口的国家如法国、美国、日本等，也都根据本国的自然和地理条件，发展能源和其他物资的地下储库。

我国地域辽阔，地质条件多样，客观上具备发展地下储库的有利条件。不论是为了战略储备，还是为平时的物资储存和周转，都有必要发展各种类型的地下储库。从20世纪60年代末开始，地下储库建设已经取得很大成绩，已建成相当数量的地下粮库、冷库、物资库、燃油库及核物质储存库。

在 20 世纪 60 年代以前，地下储库大量用于军用物资与装备的储存及石油资源的储存，且类型不多。但是在近几十年中，随着各国人口的增长，土地资源的相对减少，环境、能源等问题的日益突出，地下储库由于其特有的经济性、安全性等特点发展很快，新类型不断增加，使用范围迅速扩大，涉及人类生产和生活的许多重要方面。

8.1.2　地下仓储设施的分类

地下仓储空间包括地下建筑物及构筑物，二者统称为地下仓储建筑，对于地下仓储建筑物，通常是地面建筑的一部分或者说地面建筑的延伸，是地下空间常见的形式之一，如地下室。地下构筑物作为单建的地下仓储空间，是地下仓储建筑的另一种形式，如地下油库、地下粮仓等。因此，根据地下仓储空间与地面建筑物的关系，可分为附建式地下仓储空间和单建式地下仓储空间。

地下仓储空间有很多不同的分类标准。按用途与专业可分为国家储备库、运输转运库、城市民用库等。

（1）国家储备库。国家储备库包括粮食储备、工业设备及其他储备库。国家储备库对于抵抗外来侵略，抵御自然灾害，保卫国家安全，起到举足轻重的作用。国家储备库由国家统筹规划安排，要求有便利的对外交通，以便迅速调配物资。

这类储库往往布置在铁路枢纽附近、铁路沿线或设铁路专线。由于它们主要不是为所在地的城市提供服务，故与市区的联系并不重要，因此它们一般都布置在城市以外，地理地貌相对独立、远离工业与居民区的特殊地段内。

（2）运输转运储库。这是专门为短期存放货物用的储库，它们应与对外交通运输用地紧密结合，作为对外交通运输用地的一部分，同时进行规划。这种储库地上部分占用较大的比例，地下部分须根据货物的特点、地形、卸载方式与设备而定。

（3）城市民用储库。这类储库与城市居民生活关系最密切，主要是为城市的企业和居民服务。储备的物资包括生产资料和居民日常的生活消费用品。这类储库有的相对集中地布置在居住区内，有的则布置在居住区以外专门的储库区中。

从规划的角度根据储存物品的性质，城市民用储库又可分为以下几种类型：

1）一般性综合储库。这种储库的储存技术设备不很复杂，各种商品的物理、化学性质互不干扰，如日用百货等。但在储存环境上，如温湿度、通风方面，则有特殊的要求，这对于地下储库来说，将会增加平时使用的运行成本。

2）食品储库。食品储库一般分为：普通食品储库，用来储存不需要冷藏的食品；冷藏库，用冷空气保管货物，以免腐败变质；低温库，用来储存水果，一般冬季保持在 4～5℃；蔬菜储库，多在旺季储存。

食品储库原则上都可以放在地下，利用地下空间内部的自然环境优势，节省能源，降低管理费，但这还要看城市所处的地理环境、气候条件以及工程地质条件等。

3）粮食及食油储库。这是城市最主要的储库，有简仓、库房、屯存 3 种储存形式。地下粮食及食油储库相对于地面储库来说，具有更多的优越性，它具有节省投资、管理费用低、储存质量好、抗震性能强等优点。

4）危险品储库。储存易燃、易爆、有毒物品。储库应按防火及防爆要求修筑。为了便于管理，大部分储库都建于地下。

5）其他类型的储库。地下储库除了上述的使用比较普遍、埋深较浅、在城区分布较广的几种储库外，还有使用特殊、埋置深、体积巨大的地下储能库（石油、燃气）、地下水库以及地下核废料库等。

8.1.3　地下仓储设施的特点

利用地下空间发展地下仓储业已成为深受某些行业欢迎的仓储手段。它具有以下特点。

（1）自然恒温性。由于人工空间与周围的岩体和岩土覆盖层相互作用，使得地下空间与大气环境相隔离，受大气环境的影响很小，表现出比较稳定的地下温度场。良好的热稳定性使地下空间表现出所谓的"冬暖夏凉"的热环境特性。

（2）高防护性。地下空间采取一定的防护措施后，在应对各种现代化武器的袭击时，具有良好的防护能力。例如，人防工程对常规武器、化学武器、核武器等都能进行有效的防护作用，是防护性很高的地下空间。地下空间不但对战争有较高的防护作用，在应对自然灾害方面也有较高的防护性作用。

（3）易封闭性。地下空间为岩土介质所包围，比较容易封闭，对于良好的岩石围岩介质，只要加以适当的开发可直接用于存储各类物资甚至是液体物资。城市中对于各类内部环境要求不高的能源存储设施，尤其是液体能源存储设施，可利用地下空间的易封闭性进行开发，也有助于城市防灾能力的提高。

（4）内部环境易控性。地下空间与外部环境处于相对隔离的状态，其内部环境安全由人工所控制，如热环境、光环境、声环境、空气清洁度等，这些环境因素受外部干扰较少，故此内部环境易控制并且容易达到所要求的标准。对于城市中各类内部环境要求较高的设施，如演播室、手术室、无菌室等利用地下空间环境易控性，将其建于地下更合理。

（5）低能耗性。地下空间提供了一个长期稳定的热存储器或热吸收系统，与围岩的相互作用，使得围岩介质成为热负荷或冷负荷的主要承担者，具有明显的低能耗的特点。地下空间的低能耗具有一定的相对性，在城市地下空间的开发利用过程中，只有功能上与地下空间的其他环境特性相适应，这种低能耗才能充分地显现，如地下粮仓、地下冷库。

8.1.4　地下仓储设施的布局

地下储库的布置应根据其用途、城市的规模和性质以及工业区的布置，与交通运输系统密切结合，以接近货运多、供应量大的地区为原则，合理组织货区，提高车辆的利用率，减少车辆的空驶里程，方便为生产、生活服务。大、中城市储库区的布置，宜采取集中与分散、地上与地下相结合的方式。

1. 储库的布置与交通的关系

储库最好布置在居住用地之外，离车站不远，以便把铁路支线引至储库所在地。对小城市储库的布置，起决定作用的是对外运输设备（如车站、码头）的位置。大城市除了要考虑对外交通，还要考虑市内供应线的长短问题。供应城市居民日用品的大型储库应该均匀分布，一般在百万以上人口的特大城市中，无论地上还是大型地下储库，至少应该有两处以上的储库区用地；否则就会发生使用上的不便，并增加运输费用。

大库区以及批发和燃料总库，必须要考虑铁路运输。储库不应直接沿铁路干线两侧布置，尤其是地下部分，最好布置在生活居住区的边缘地带，同铁路干线有一定的距离。

2. 各类储库的分布与居住区、工业区的关系

（1）危险品储库应布置在离城 10km 以外的地上或地下。

（2）一般储库都布置在城市外围。

（3）一般食品库布置的要求如下：

1）应布置在城市交通干道上，不要在居住区内设置。

2）地下储库洞口（或出入口）的周围，不能设置对环境有污染的储库。

3）性质类似的食品储库，尽量集中布置在一起。

4）冷库的设备多，容积大，需要铁路运输，一般多设于郊区或码头附近。

3. 地下储库的技术要求

（1）靠近市中心一般性地下储库出入口的设置，除满足货物的进出方便外，在建筑形式上应与周围环境相协调。

（2）地下储库应设置在地质条件较好的地区。

（3）布置在郊区的大型储能库、军事用地下储存库等，应注意对洞口的隐蔽性，多布置一些绿化用地。

（4）与城市无多大关系的转运储库，应布置在城市的下游，以免干扰城市居民的生活。

（5）由于水运是一种最经济的运输方式，因此有条件的城市，应沿江河多布置一些储库，但应保证堤岸的工程稳定性。

8.2 地下物流系统

8.2.1 城市地下物流系统的概念

地下物流系统也称为地下货运系统（Underground Freight Transport System，UFTS），是指运用自动导向车（AGV）和两用卡车（DMT）等承载工具，通过大直径地下管道、隧道等运输通路，对固体货物实行输送的一种全新概念的运输和供应系统。自 20 世纪 90 年代以来，利用地下物流系统进行货物运输的研究受到了西方发达国家的高度重视，并作为未来可持续发展的高新技术领域。

城市地下物流系统是除传统的公路、铁路、航空及水路运输之外的第五类运输和供应系统。城市地下物流系统主要用于分流城内货物运输，达到缓解交通拥堵的目的。将城市边缘处的物流基地或园区的货物经处理后通过地下物流系统配送到各个终端，这些终端包括超市、工厂和中转站，从城内向城外运送货物的采用反方向运作。

目前世界各国对城市地下物流系统的概念和标准不统一。例如，荷兰称为地下物流系统（Underground Logistic System，ULS）或地下运货系统（Underground Freight

Transport System，UFTS），运送工具为自动导向车（Automated Guided Vehicle，AGV）；英国、美国早期以地下运输管道为主，所以称为地下管道货物运输（Freight Transport by Undergroind Pipeline，FTUP）；德国称为Catgocap系统；日本称为地下货运系统（Underground Freight Transport System，UFTS），运输的工具为两用卡车（Dual Mode Truck，DMT）。在国内的翻译也不是很统一，一般翻译为城市地下物流系统、城市地下管道快捷物流系统、城市地下货运系统等。本书采用城市地下物流系统的概念。

目前各国研发应用的地下物流系统均采用较高的自动化控制系统，通过自动导航系统对货物的运输进行监管、控制。因此，信息技术在地下物流系统的应用中具有极其重要的作用。一般可以将地下物流系统分为硬件和软件两大部分。硬件部分主要包括地上、地下物流节点和运输线路，软件部分主要包括自动导航系统、信息的控制、管理和维护等，如图8.2所示。

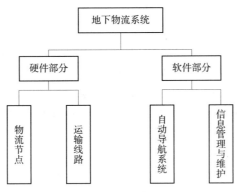

图8.2　城市地下物流系统的组成

8.2.2　城市地下物流系统的分类

城市地下物流系统根据运输的形式主要分为管道形式和隧道形式两种。

1. 管道形式地下物流系统

采用管道运输和分送固、液、气体的构思已经有几百年的历史了，现有的城市自来水、暖气、煤气、石油和天然气输送管道、排污管道都可以看作地下物流的原始方式。但这些管道输送的都是连续介质，而本小节所讨论的则是固体货物的输送管道，这类管道运输方式可分为气力输送管道、浆体输送管道、舱体运输管道。

（1）气力输送管道。在20世纪，开始采用气力或水力的办法通过管道来运输颗粒状的大批量货物，气力管道输送是利用气体为传输介质，通过气体的高速流动来携带颗粒状或粉末状的物质。可输送的物质种类通常有煤炭和其他矿物、水泥、谷物、粉煤灰以及其他固体废物等。

第一个气力管道输送系统是1853年在英国伦敦建立的城市管道邮政系统；随后，在1865年，Siemens&Halske公司在柏林建立了德国第一个管道邮政网，管道直径为65mm，该系统在其鼎盛时期的管道总长度为297km，使用达100余年，在西柏林该系统一直运行到1977年，在东柏林直到1981年才停止使用。近年来，管道气力输送开拓了一个新的应用领域——管道废物输送，在欧洲和日本的许多大型建筑系统都装备了这种自动化的垃圾处理管道，位于美国奥兰多的迪士尼世界乐园也采用了这种气力管道系统，用于搜集所产生的垃圾。

气力输送管道多见于港口、车站、码头和大型工厂等，用于装卸大批量的货物。美国土木工程师学会在报告中预测：在21世纪，废物的管道气力输送系统将成为许多建筑物包括家庭、医院、公寓、办公场所等常规管道系统的一部分，可取代卡车，将垃圾通过管道直接输送到处理场所。这种新型的垃圾输送方法成为一个快速增长的产业。

（2）浆体输送管道。浆体输送是将颗粒状的固体物质与液体输送介质混合，采用泵送的方法运输，并在目的地将其分离出来。

浆体管道一般可分为两种类型，即粗颗粒状浆体管道和细颗粒状浆体管道，前者借助与液体的紊流使得较粗的固体颗粒在浆体中呈悬浮状态并通过管道进行输送，而后者输送的较细颗粒一般为粉末状，有时可均匀地浮于浆体中。

（3）舱体运输管道。分为水力舱体运输管线和气动舱体运输管线，即HCP和PCP。

水力舱体输送系统的设想在1880年就由美国的鲁滨逊申请了专利；但上述设想始终未进入实质性的应用研究和开发。直到20世纪60年代，由加拿大的RCA（Research Council of Alberta）率先对天车轮的水力运输系统进行了研究，并于1967年建成了大型的试验线设施。之后，法国、德国、南非、荷兰、美国和日本等也相继开展了研究。特别是法国，Sogrech公司首先建成了小型使用线，用以输送重金属粉末。1973年后，日本日立造船公司对带车轮的水力舱体系统通过大型试验线设施开展实验研究和实用装置的设计，实验研究表明，用水力舱体可进行土砂、矿石等物料的大运量、长距离输送。

PCP用空气作为驱动介质，舱体作为货物的运载工具。由于空气远比水轻，舱体不可能浮在管道中，为了在大直径管道中运输较重的货物，必须采用带轮的舱体，PCP系统更适合于需要快速输送的货物，如邮件或包裹、新鲜的蔬菜和水果等；而HCP系统在运输成本上则比PCP系统更有竞争力，适合输送固体废物等不需要即时运输的大批量货物。

2. 隧道形式地下物流系统

隧道形式的地下物流系统是各国研究者研究最多的，其以电力为驱动，结合信息控制系统，具有自动导航功能，可实现地下全程无人自动驾驶，最高时速可达100km/h，运输通道直径一般在1～3m。目前国内外研发的以电力为驱动的地下物流系统运载工具主要有3种，即德国的Cargocap系统、日本的两用卡车DMT和荷兰的自动导向车（Automated Guided Vehiche，AGV）。

德国的Cargocap由变频器供电，三相电机驱动，在雷达监控系统的监控下实现在直径约1.6m的地下运输管道中无人驾驶运行。在此系统中，每个运输单元都是自动的，通过计算机信息系统对其进行导航和控制。通过这个系统，一般情况下可以维持36km/h的恒定运输速度，如图8.3所示。

日本设计了既可以在常规道路上行驶也可以在地下物流系统的特殊轨道上运行的两用卡车（DMT）。其在地面可以有司机驾驶，而在地下隧道中借助信息导航系统实现无人自动驾驶。以电能为驱动采用激光—雷达控制车距，运输单位载重2t以内的两用卡车，全程运输时速可达到45km/h。

图 8.3　德国的 Cargocap 系统

荷兰设计了 3 种自动导向车（AGV），这 3 种模型均能运输托盘及标准集装箱单元。此系统可以运输不同类型的货物，是目前很多国家研究的热点。

8.2.3　城市地下物流系统的功能

城市地下物流系统的功能主要有以下几个：

（1）稳定、快捷的运输功能。货物地下物流系统中货物运输主要以通过或转运为主，建设城市地上物流系统最为重要的目的就是保证货物运输的及时、准确。对于一些时间性很强的货物，城市内拥挤的公路交通将是最大的威胁，供应和配送的滞期将会严重影响货物的质量。城市地下物流系统不易受外界的影响，运输稳定、快捷。

（2）仓库保管功能。因为不可能保证将地下物流系统中的商品全部迅速由终端直接运到顾客手中，地下物流的终端一般都有库存保管的储存区。

（3）分拣配送功能。地下物流系统的重要功能之一就是分拣配送功能，因为地下物流系统就是为了满足如即时运送（JIT）、大量的轻量小件搬运等任务而发展起来的。因此，地下物流系统必须根据客户的要求进行分拣配货作业，并以最快的速度送达客户手中，或者是在指定时间内配送到客户。地下物流系统的分拣配送效率是城市地下物流系统质量的集中体现。

（4）流通行销功能。流通行销是地下物流系统的另一个重要功能，尤其是在现代化的工业时代，各项信息媒体发达，再加上商品品质的稳定及信用，因此直销经营者可以利用地下物流系统、配送中心，通过有线电视或互联网等配合进行商品行销。此种商品行销方式可以大大降低购买成本。

（5）信息提供功能。城市地下物流系统除具有运输、行销、配送、储存保管等功能外，更能为各级政府和上下游企业提供各式各样的信息情报，为政府与企业制定如物流网络、商品路线开发的政策做参考。

8.2.4　城市地下物流系统的规划原则

地下物流系统的规划应该遵循以下原则：

（1）物流规划应与经济发展规划一致。不同层级的地下物流规划应与国家、区域及城市经济发展规划一致。国家在能源、水资源调配等方面的规划应纳入国家总体发展纲要和规划中，并根据国际形势在宏观调控政策指导下进行微调；区域地下物流的规划应与区域经济发展规划一致；城市地下物流系统应与城市总体规划的功能、布局相协调。在城市规划中应充分考虑物流规划，同时物流规划要在城市总体规划的前提下进行，与城市总体规划一致。

（2）地下物流规划应坚持以市场需求为导向。只有根据市场需求，才能设计、构建出有生命力的、可操作的物流系统，并使其经济运行取得最佳效益。

（3）地下物流系统规划要具有一定的超前性。物流系统是为国家、地区及城市经济发展服务的，不同层级的物流系统既要考虑现实需求，又要有长远战略规划，具有一定的超前性。城市地下物流要立足城市经济发展现状和未来发展趋势的科学预测，使资源最大限度地发挥效益。

（4）地下物流和地面物流相结合，实现物流优势互补和协调发展。

（5）地下物流与地面地下交通等的规划一致，协调发展。地下物流系统应与地面交通、地下交通相结合，充分发挥已有车站、码头、机场、配置中心、交通枢纽等优势，在制定区域发展规划中应考虑地下物流系统；在城市发展规划中，地铁等地下交通、地下商业街、地下商城、仓储、综合管廊等应与地下物流统一规划。

（6）地下物流系统应与地质环境条件相适应。地下物流系统的建设涉及工程地质、水文地质及环境地质等多方面，要避免复杂的地质环境条件，防止次生地质灾害的发生，确保环境的可持续发展。

8.2.5　城市地下物流系统的规划内容

地下物流系统是物流系统的子系统，既要有物流系统、交通系统、仓储系统及区域发展统筹规划内容，又有其相对独立的规划内容。具体包括以下方面：

（1）确定地下物流系统的适用范围和功能需求。地下物流系统的适用范围不同，所涉及的区域、功能需求及规模不同。按照地下物流范围的不同，应从战略层面上综合考虑不同层级的物流系统规划，确定需求量和需求类型。

（2）确定地下物流系统的物流类型、流量和服务对象。地下物流涉及能源与清洁水输送、城市垃圾及污水输送、日用货物运输、邮件传送等不同类型，同质及非同质物流，采用的输送方式和运载工具完全不同。因此，应确定物流类型，同时明确服务对象及流向，确定物流起、止点及配置中心，对流量进行预测。

（3）确定地下物流系统的基本结构配置，明确地下物流系统与地面物流系统的关系。线形、环形及分支结构配置各有自身特点。采用何种配置结构，管道还是隧道、单线还是双线、单管还是双管，应进行合理选择和确定。地下物流与地面物流应统筹规划、功能互补。

（4）确定地下物流系统的形态、规模和选址。地下物流系统的形态应与地面、地下交通相衔接，形态基本一致，其规模由需求量决定，具有前瞻性和发展空间，选址应充分考虑地质条件的变化，考虑车站、码头、机场及港口的运输集散及仓储等的位置；对于城市地下物流还应充分考虑地面建筑、文化古迹、主要街道布置、地面与地下交通以及市政综合管廊/管线、地面物流系统、配置中心的布置。

（5）确定地下物流系统的运输方式、运载工具选择。运输方式及运载工具的选择是由运输介质的属性决定的。城市地下物流系统应考虑与地下管廊、地铁、地下商业街等统一规划和设计；非城市地下物流系统应与铁路、车站、码头及机场、仓储等的规划设计协调统一。

（6）系统终端和整体布局。根据运载工具及其货物装卸方式、进站方式及物流管线布局方式，可以形成不同形式的终端。城市地下物流系统的整体布局取决于很多因素，如计划连接的不同区域的位置及其相互间的距离和障碍物，位于不同区域的终端数量、位置及其功能定位等。应实现物流网络的合理布局、物流通道的合理安排和物流节点的规模层级优化。

（7）物流信息及其自动控制系统规划。地下物流的信息数字化及其自动控制系统是实现地下物流系统自动化、智能化的关键，在地下物流系统规划设计时应充分考虑。

（8）总体发展战略和政策规划。

第9章 | 城市地下防空与防灾设施

9.1 城市灾害与地下防灾空间

9.1.1 城市灾害种类

灾害防御已经引起了全世界的重视，城市防灾与城市安全受到越来越多的关注。城市灾害大体包括两大类。

（1）自然灾害。自然灾害主要包括地震、洪水、风暴、海啸、山崩、地陷、滑坡、泥石流、火山喷发等，大多是由自然原因引起的。而突发性的城市自然灾害常常引起火灾、水灾、核泄漏辐射、病害、交通事故等一系列次生的人为灾害与衍生灾害。

（2）人为灾害。人为灾害又包括两类：①人为事故灾害，又称技术灾害，是由于人们认识和掌握技术的不完备或管理失误而造成的巨大破坏，如重大交通伤亡事故、重大生产性灾害事件、生命线系统事故、危险化学品泄漏、爆炸、火灾等；②人为故意性灾害，又称社会秩序型灾害，如战争、恐怖袭击、社会骚乱与暴动等，主要由人的故意行为引起。

9.1.2 城市地下空间的防灾功能

城市规模越大，现代化程度越高，受到自然或人为破坏造成的损失越严重。我国大多数城市处于各种自然和人为灾害的威胁之中，地震、旱灾、水灾、风灾等各种自然灾害的威胁时刻存在。各种人为灾害，如火灾、交通事故、化学事故等，也都处于多发状况。而且，世界并不和平，战争的根源并没有消除，在现代高技术局部战争中，许多大城市必然成为首要的攻击目标，大规模空袭造成的破坏是难以避免的。面对这种挑战，必须采取相应的防灾措施，才能把灾害损失降到最低程度。地下空间具有天然的防护能力，可以为城市的防灾提供大量有效的安全空间。对于有些灾害的防护如战争灾害等，甚至是地面空间无法替代的。

地下空间的防灾功能主要表现在以下3个方面：

（1）防灾避难。地下空间对地面上难以抗御的外部灾害如战争空袭、地震、风暴、地面火灾、核化事故等有较强的防御能力，可以提供灾害时的避难空间以及救灾安全通道。

地下空间是岩石圈空间的一部分，岩石圈空间的主要特点是其具有致密性和长期稳定性，并且土壤本身可以削弱空气冲击波和土中压缩波，能防御现代战争的侵袭，比如可以有效地防止常规武器的碎片杀伤作用，也是对核武器防护最有效的手段。

风荷载对地下空间的建筑物不产生结构性破坏，只对出入口部的风灾易损建筑物产生一定的破坏，再加上覆盖层的保护作用，因而几乎可以排除风灾对地下空间的破坏性。只要在地下建构筑物裸露于地表面的口部进行适当处理，就可以抵御风荷载的影响。

另外，地下空间受地震的破坏作用要比地面建筑轻得多，日本政府把地下空间指定为地震时的避难所。

（2）储备防灾物资、能源或危险品。利用地下空间能耗低、易封闭和内部环境易控制等特点作为常规能源如液态煤气、石油及其制品的储存库，以及粮食和食品冷藏库或紧急饮用水仓库。利用深层地下空间的大容量、热稳定性和承受高温、高压和低温的能力储存供电、供热系统在低峰负荷时的多余能量供高峰时使用，以及储存间歇性的新能源如太阳能，储存对城市安全构成威胁的危险品如剧毒品、易燃易爆品等。

（3）保护城市基础设施。将城市的生命线工程如交通工程、主干输水管道、输配电站等建在地下，可增强其防震、防空抗毁能力，进而提高城市的防灾减灾能力。

9.1.3　城市地下防灾减灾设施

城市地下防灾减灾设施是指为抵御和减轻各种自然灾害、人为灾害及其次生灾害对城市居民声明财产和工程设施造成危害和损失的地下工程设施。包括人民防空工程、地下防涝工程、地下防震设施、地下生命线系统、地下消防设施等。

9.2　城市地下人防工程

9.2.1　城市地下人防工程概述

9.2.1.1　人防工程基本概念

防空是根据国防需要，为战时防范和减轻空袭灾害，提供警报、疏散、避难、避险、救助所采取的组织、行动及防护措施的总和。

人民防空是指动员和组织民众防备敌方空中袭击、消除空袭后果所采取的措施和行动，简称"人防"。人民防空同国土防空、野战防空共同组成国家防空体系，是现代国防的重要组成部分。其目的是保护人民生命、财产的安全，减少国民经济损失，保存战争潜力。国外通常也把战时保护民众安全与平时抢险救灾的行动统称为民防。

人防工程是为保障人民防空指挥、通信、掩蔽等需要而建造的具有预定防护功能的场所，包括保障战时人员与物质掩蔽、防空指挥及医疗救护等而单建或附建的地下防护建筑、构筑物及地下室。属于城市防灾建设空间。在现行《城市抗震防灾规划标准》中明确规定，大型人防工程可作为固定避震疏散场所。

战争灾害一旦发生，将会给城市带来巨大的灾难。对民众来讲，转移到具有防护能力的人防工程和地下空间内部进行掩蔽，是达到心理安全的重要举措。

9.2.1.2　人防工程的分类

根据人防工程的构筑形式、战时功能、建造位置及与地面之间的关系、建筑材料、防护类型、工程规模与投资大小等，人防工程可划分为以下几种工程类型。

1. 按构筑形式分类

人防工程按建筑形式分为明挖式人防工程和暗挖式人防工程，其中明挖式人防工程又分为单建式和附建式两种，暗挖式人防工程又分为坑道式和地道式两种，如图9.1所示。

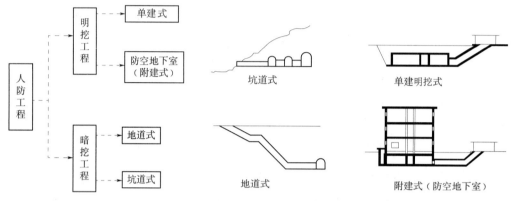

图9.1　人防工程按构筑形式分类

（1）明挖式人防工程。明挖式人防工程是指采用掘开方法修建的工程，即在施工时先开挖基坑，而后在基坑内修建工程，主体建好后再按要求进行土方回填。明挖式工程按其建筑形式可分为以下几种。

a. 单建式人防工程，是指人防工程独立建造在地下土层中，工程结构上部除必要的口部设施外不附着其他建筑物的工程。单建式人防工程一般受地质条件限制较少，作业面大，便于施工，平面布局和埋置深度可根据需要确定。

b. 附建式人防工程，也称结建人防工程，是指按国家规定结合民用建筑修建的防空地下室。附建式人防工程是其上部地面建筑的组成部分，一般与上部建筑同时修建，不需要单独占用城市用地，可以利用上部建筑起到一定防护作用，同时对上部建筑起到抗震加固作用。

（2）暗挖式人防工程。暗挖式人防工程是指在施工时不破坏工程结构上部自然岩层或土层，并使之构成工程的自然防护层的工程。暗挖式人防工程按其所处地形特征的不同可分为以下几种。

a. 坑道式人防工程，是指在山丘地段用暗挖方法修建的人防工程。这种人防工程有较厚的自然防护层，因而具有较强的防护能力，适宜修建抗力较强的工程，岩体具有一定承载作用，能抵抗核爆炸动荷载和炸弹冲击荷载，主体厚度可大大减薄，因而比明挖工程节省材料，如采用光爆锚喷技术，则更加节省，降低造价。工程室内外一般高差较少，便于人员车辆进出，口与口之间一般具有一定高差，有利于自然通风。工程室内地坪一般高于室外，也有利于自流排水。凡有条件的城市应尽量修建坑道工程，坑道工程由于作业面少，一般建设工期较长。

b. 地道式人防工程，是指在平地采用暗挖方法修建的工程，这种工程具有一定的自然防护土层，能有效地减弱冲击波及炸弹杀伤破坏；在相同抗力条件下，较明挖式工程经济，且受地面建筑物影响较小。地道工程由于受地质条件影响较大，工程通风、防水排水都较困难，需要采取可靠措施。

2．按战时功能分类

人防工程按战时使用功能可分为指挥通信工程、医疗救护工程、防空专业队工程、人员掩蔽工程和其他配套工程五大类。

（1）指挥通信工程，是指各级人防指挥所及其通信、电源、水源等配套工程的总称。人防指挥所是保障人防机关战时能够不间断工作的人防工程。

（2）医疗救护工程，是战时为抢救伤员而修建的医疗救护设施，包括地下中心医院、地下急救医院、医疗救护站点。医疗救护工程根据作用不同分为3个等级：一等为中心医院；二等为急救医院；三等为救护站。

（3）防空专业队工程，是战时保障各种专业队隐蔽和执行勤务而修建的人防工程。防空专业队是专业组成担负防空勤务的组织。在战时担负减少或消除空袭后果的任务。按战时任务，防空专业队分为抢险抢修、医疗救护、消防、防化、通信、运输和治安等。

（4）人员隐蔽工程，是指战时供人员隐蔽的工程。根据使用对象不同，人员隐蔽工程分为一等人员隐蔽工程和二等人员隐蔽工程。其中，一等人员隐蔽工程是为战时留城的地级及以上党政机关和重要部门用于集中办公的人员提供隐蔽的工程；二等人员隐蔽工程是为战时留城的一般人员提供隐蔽的工程。

（5）其他配套工程，是指战时用于协调防空作业的保障性工程。此类建筑主要有各类仓库、各类物资及食品生产车间、区域电站、供水站、生产车间、疏散通道、警报战及核生化检测中心等。

3．按防护特性分类

按防护特性，人防工程分为甲类与乙类工程。

甲类人防工程是指战时能抵御预定的核武器、常规武器和生化武器袭击的工程；乙类人防工程是指战时能抵御预定的常规武器和生化武器袭击的工程。甲、乙两类人防工程均应考虑防常规武器和生化武器，其主要区别在于甲类人防工程设计应考虑防核武器，乙类工程不考虑防核武器。在甲、乙两类人防工程设计中主要在防早期核辐射、口部设置和抗力要求等相关方面有所不同。至于工程是按甲类还是乙类设计，主要由人防主管部门根据国家的有关规定，结合该地区的具体情况确定。

4．按项目投资规模分类

按照人民防空工程建设投资标准，人防工程划分见表9.1。

表 9.1　　　　　　　　　　　人防工程的建设投资规模分类

类型	工程投资规模	
	防空指挥工程/万元	其他人防工程/万元
大型	$T \geqslant 1000$	$T \geqslant 2000$
中型	$T < 1000$	$600 \leqslant T < 2000$
小型	$T < 600$	$T \geqslant 200$
零星	$T < 200$	

人防工程建设项目，按其投资规模分为大、中、小型项目，各类型工程投资规模限额按照人防工程计划管理有关规定确定，并实行分级管理。

（1）大型人防工程建设项目，由国家人民防空主管部门审批。

（2）中、小型项目由省、自治区、直辖市人民政府人民防空主管部门审批，其中型项目建议书和可行性研究报告报国家和军区人民防空主管部门备案。

（3）零星项目可不编报可行性研究报告和初步设计文件，其项目建议书、施工图设计文件由人民防空重点城市人民防空主管部门审批，项目建议书报省、自治区、直辖市人民防空主管部门备案。

9.2.1.3 人防工程分级

等级人防工程按防常规武器或防核武器分为若干不同等级的工程，各类工程的防护等级应按防空工程技术要求规定进行确定。

1. 抗力分级

抗力是指结构或构件承受外部荷载作用的能力，如强度、刚度、抗裂度等。人防工程的抗力等级用以反映工程能够抵御敌人核、生、化和常规武器袭击的能力的体现。在人防工程中，通常按防核爆炸冲击波地面超压的大小和不同口径的常规武器的破坏作用进行抗力等级的划分。

我国人防工程防常规武器的抗力根据打击方式分为直接命中和非直接命中两类。直接命中的抗击级别按常规武器战斗部侵彻与爆炸破坏效应分为四级，分别为1级、2级、3级、4级；非直接命中的抗力级别按常规武器战斗部爆炸破坏效应分为两级，分别为5级和6级。防核武器抗力级别分为九级，即1级、2级、2B级、3级、4级、4B级、5级、6级和6B级。因此人防工程的抗力指标往往是双重的，如某防空地下室抗常规武器级别为5级（简称常5级），抗核武器级别为6级（简称核6级）。

人防工程的抗力等级与其建筑类型之间有着一定的关系，但没有直接关系。即人防工程的使用功能与其抗力等级之间虽有某种联系，但它们之间并没有一一对应的关系。如人员掩蔽工程可以是核5级，可以是核6级，还可以是核4B级。我国目前常见的面广量大的防空地下室一般为防常规武器抗力级别5级和6级；防核武器抗力级别4级、4B级、5级、6级和6B级。5级人防抗力为0.10MPa，6级人防抗力为0.05MPa。

美国对高危险区的人防工程要求抗力为0.352MPa，危险区的人防工程要求抗力为0.014～0.352MPa，疏散安置区的抗力为0.014MPa；俄罗斯和独联体国家的人防工程的强度等级分为四级，1～4级人防工程的抗力分别为2.000MPa、1.000MPa、0.300～0.400MPa、0.100MPa、0.300～0.800MPa和0.100～0.300MPa。总的来说，俄罗斯和北欧国家或地区的抗力标准确定得比较高，而美国、澳大利亚等国的抗力标准相对较低。

2. 防化等级

防化等级是以人防工程对化学武器的不同防护标准和防护要求划分的等级，防化等级反映了对生物武器和放射性沾染等相应武器或杀伤破坏因素的防护。防化等级是依据人防工程的使用功能确定的，防化等级与其抗力等级没有直接关系。例如，核武器抗力为5

级、6级和6B级的人员掩蔽工程，其防化等级为丙级，而物资库的防化等级均为丁级。

按防化的重要程度，人防工程的防化等级由高到低分为甲、乙、丙、丁4个等级。其中，人防指挥所、防化监测战掩蔽工程要求防化级别为甲级，医疗救护、防空专业队和一等人员掩蔽所要求防化级别为乙级，二等人员掩蔽所防化级别为丙级，物资库、防空专业队装备掩蔽部等防化级别为丁级。

人防工程是一项战备工程，为了保障战备效能，提高平时的经济效益和社会效益，应对各类人防工程的建设规模及标准、配套设施、开发技术和合理利用等加以优化，制定最佳的设计和标准规范，使人防工程建设及开发利用达到最优化。

9.2.2　地下人防工程规划的原则和依据

1. 人防工程规划的概念

人防工程规划，是指在一定区域内，根据国家对不同区域实行分类防护的民防要求，确定防空工程建设的总体规模、布局、主要建设项目、与城市建设相结合的方案及规划实施步骤和措施的综合部署，是区域总体规划的组成部分，也是进行人防工程建设的依据。

从性质上讲，人防工程规划是与城市等区域总体规划配套的专业性规划，通常是区域防灾规划的重要组成部分。经批准后，它是城市区域建设和管理的一个法规性文件。此外，人防工程规划是落实城市防空袭预案的一个重要文件。防空袭预案中有关工程保障和要求，通过贯彻、执行人防工程规划而得以实现。

2. 人防工程规划的总体原则

人防工程建设规划的编制按照长期准备、重点建设、平战结合的方针，结合城市建设的规划布局、城市的重点目标和人口分布情况等，对各类人防工程的布局和建设做出规划，对城市建设提出合理、明确的建议和要求，并与城乡规划相协调。

3. 人防工程规划的依据

人防工程规划的主要编制依据是相关的国家法律和法规，包括《中华人民共和国人民防空法》《中华人民共和国城乡规划法》《人民防空工程战术技术要求》、《城市防空袭预案》、本地区国民经济和社会发展规划以及省级以上人民防空主管部门有关人防工程规划编制的意见、要求和必要的基础资料等。

9.2.3　地下人防工程规划的主要内容

人防工程规划是与城市总体规划配套的专业性规划，通常是城市防灾规划和地下空间规划的一个重要部分。

按规划的阶段性，人防工程规划分为总体规划、分区规划及详细规划。在城市总体规划阶段，制定城市人防工程总体规划。当城市规模很大时，需要做人防工程分区规划。在城市制定详细规划阶段，应与之配合制定人防工程详细规划。

人防工程总体规划和分区规划是依据区域性进行的人防工程规划，通常以国家民防政策、方针、法律、法规为指导，以城镇为单位，进行人防工程的规划。

9.2.3.1 总体规划的主要内容

城市人防工程总体规划的期限要与城市总体规划一致，一般为20年，同时可以对城市人防工程远景发展的空间布局提出设想。确定城市人防工程总体规划具体期限，应当符合城市总体规划的要求。

城市人防工程总体规划纲要包括下列内容：

（1）研究论证现代战争条件下城市防空的特点，确定规划期内城市人防工程总体规划的指导思想。

（2）依据城市总体规划和城市防空要求，按照城市防空袭预案，将城市划分为若干防空区、片，确定城市战时组织指挥体系。

（3）原则确定规划期内城市重要目标防护及防空专业队伍组建措施。

（4）分析城市人口构成及其特点，确定规划期内留城人口比例。

（5）原则确定规划期内人防工程发展目标、规模、布局和配置方案。

（6）提出建立城市综合防空防止体系的原则和建设方针。

（7）提出规划实施布置和重要政策措施。

9.2.3.2 分区规划的主要内容

分区规划可分为市域城镇人防工程规划和中心城区人防工程规划。

1. 市域城镇人防工程控制体系规划的内容

市域城镇人防工程控制体系规划内容如下：

（1）提出市域城镇人防工程统筹协调的发展战略，确定人防工程重点建设的城镇。

（2）确定人防工程发展目标和空间发展战略，明确各城镇人防工程发展目标和各类工程配套规模。

（3）提出重点城镇人防工程建设的原则和措施。

（4）提出实施规划的措施和有关建议。

2. 中心城区人防工程规划内容

（1）城市概况和发展分析，包括城市性质、地理位置、行政区划、分区结构、城市规模、地形特点、建设用地、建筑密度、人口密度、战略地位、自然与经济条件等。

（2）根据城市遭受空袭灾害背景判断和对城市威胁环境的分析，提出城市对空袭灾害的总体防护要求。

（3）分析人防工程建设现状，提出工程总体规模、防护系统构成及各类工程配套比例，确定工程总体布局原则和综合指标。

（4）确定总体规划期内工程规划目标和各类工程配套规模，提出工程配套达标率和城市居民人均占有人防工程面积、战时留城人员掩蔽率等控制指标。

（5）确定防空（战斗）区、片内人防工程组成、规模、防护标准，提出各类工程配套方案。

（6）综合协调人防工程与城市建设相结合的空间分布，确定地下空间开发利用兼顾人民防空要求的原则和技术保障措施。

（7）提出早期人防工程加固、改造、开发利用和报废的要求和措施。

（8）编制近期人防工程建设规划，明确近期内实施人防工程总体规划的重点和建设时序，确定人防工程近期发展方向、规模、空间布局、重要人防工程选址安排和实施部署。

（9）确定人防工程空间发展时序，提出总体规划实施步数、措施和政策建议。

9.2.3.3　人防工程详细规划的主要内容

城市人防工程详细规划分为控制性详细规划和修建性详细规划。根据深化人防工程规划和实施管理的需要，一般应当编制控制性详细规划，并指导修建性详细规划的编制。

控制性详细规划在城市规划体系中，是以总体规划、分区规划为依据，以落实总体规划、分区规划意图为目的，以土地使用控制为重点，详细规划建设用地性质、使用强度和空间环境，规定各类用地适建情况，强化规划设计与管理结合、规划设计与开发衔接，将总体规划的宏观控制要求，转化为微观控制的转折性规划编制层次。

人防工程详细规划应该成为城市详细规划的一个组成部分，人防工程详细规划一般应当与城市详细规划同步编制。只有及时制定城市各区片的人防工程详细规划，才能保证人防工程总体规划的落实。但是城市各区片的详细规划通常不是在一个时间同时出台的，而是随城市建设发展陆续进行、陆续完成的，这就要求人防部门与规划部门紧密配合，在规划部门对某一区片做详细规划时，及时将人防工程详细列入其中，保证人防工程建设与城市建设同步进行。对城市开发区、居住小区进行规划时，民防部门均应将人防工程详细规划列入其中。

由于我国目前关于人防工程规划相应法律法规和规范的约束与指导比较缺乏，因此，人防控规是城市人防工程规划与管理、规划与实施衔接的重要环节，更是规划管理的依据。人防控规将规划控制要点用简练、明确的方式表达出来作为控制土地批租、出让的依据，正确引导开发行为，实现规划目标，并且通过对开发建设的控制，使土地开发的综合效益最大化，从而有利于人防工程规划管理条例化、规范化、法制化，规划、管理及开发建设三者的有机衔接。因此，它是现阶段人防工程规划与建设管理的必要手段和重要依据。

1. 城市人防工程控制性详细规划的内容

城市人防工程控制性详细规划包括以下内容：

（1）人防工程土地使用控制，主要规定各地块新建民用建筑防空地下室的控制指标、规模、层数及地下室外出入口的数量、方位，以及各类人防工程附属设备设施和人防工程实施安全保护用地控制界线。

（2）人防工程建设控制，主要规定人防工程防护功能及其技术保障等方面的内容，包括各地人防工程战时、平时使用功能和防护标准等。

（3）人防工程建筑建造控制，主要对建设用地上的人防工程布置、人防工程之间的群体关系、人防工程设计指导做出必要的技术规定，主要内容包括连通、后退红线、建筑体量和环境要求等。

（4）规定各地块单建式人防工程的位置界线、开发层数、体量和容积率，确定地面出入口数量、方位。

(5) 规定人防工程地下连通道位置、断面和标高。

(6) 制定相应的地下空间开发利用及工程建设管理规定。

2. 人防工程修建性规划的主要内容

(1) 城市概况和发展分析，包括城市（镇）的性质、地理位置、行政区划、分区结构、城市（镇）规模、地形特点、次生灾害源、建设用地、建筑密度、人口密度、战略地位、自然与经济条件等。

(2) 根据城市（镇）遭受空袭灾害背景判断和城市（镇）威胁环境的分析，提出空袭灾害的总体防护要求。确定人口疏散比例、疏散地域分布和疏散路线，提出疏散地域的建设原则，提出总体人防工程总体规模、防护系统构成及各类人防工程配套比例，确定人防工程总体布局原则和综合指标，提出重要经济目标防护的原则措施。

(3) 划分防空区，确定区人防工程组成、规模、布局、防护标准和地面出入口间距指标等，提出工程配套达标率和防空区居民人均占用人防工程面积等控制指标。

(4) 确定本区域民防指挥通信工程、一等人员掩蔽工程、医疗救护工程、专业队工程、地下疏散干道工程等公用工程的布局。

(5) 分析现有人防工程和普通地下工程现状，提出早期人防工程加固、改造、报废和人防工程及普通地下工程平战转换原则和措施，确定地下空间开发利用和重大基础设施规划建设兼顾民防防空要求的原则。

(6) 制定人防工程防灾利用原则。

(7) 近期人防工程建设规划。明确近期内实施人防工程建设规划的重点和建设时序，确定人防工程近期发展方向、规模、空间布局、重点人防工程选址安排和实施部署。

(8) 提出人防工程建设规划实施的保障措施和政策建议。

此外，人防工程修建性规划应对下列事项进行详细、重点规划。

(1) 城市（镇）应建防空地下室的区域及其类别（甲、乙类）。

(2) 人防疏散干道网和连通口。

(3) 公用的人员掩蔽工程和出入口。

(4) 战时生命线工程。

9.2.4 地下人防工程规划设计方法

1. 人防工程规划的编制方法

人防工程规划的编制步骤如下：

(1) 调研工作。调研是制定规划的基础性工作。调研方法是获取《城市总体规划》《城市防空袭预案》等各种文件及与民防有关的资料档案，必要时需要规划、城建、军分区、交通、市政、物资等部门进行具体的口头或文字调查。对调查所得的资料进行研究和分析，整理出适合制定人防工程规划时用的《基础资料汇编》。

(2) 制定计划。当城市规模较大时、规划工作复杂时，可在调研工作结束后，先拟定《人防工程总体规划纲要》，经城市规划和民防部门审查批准后再编制规划。一般民防城市，可以不拟定规划纲要，直接进行规划编制工作。

1）根据城市的总体防护方案、人口疏散规划、城市建设人防工程的能力和人防工程的现状，制定人防工程建设的发展目标和控制规模。

2）根据城市规模、结构、布局和人口分布等因素，确定民防的防护体系。防护体系大体上包括指挥层次和空间分布两方面。

3）制定城市和各防护片区的人防工程建设规划，包括建设规模、类型、布局、进度等。

4）制定平战结合的人防工程规划。

5）制定现有的人防工程加固改造和普通地下室临战加固计划。

6）制定近期规划。

在制定过程中，应保持与城市规划和建设部门的联系，及时通报情况，吸取正确意见。

（3）评审。在规划送审稿完成后，召开送审稿评审会，会议通常由市政府领导或市规划部门领导主持，邀请规划和人防专业的专家担任评委，组成评委会，对规划做出评价。军分区、城建、市政、供电、供水、绿化、公安、消防、通信等部门参加，并提出修改意见。

（4）修改规划送审稿，并上报审批。

2. 人防工程规划的调研

（1）人防工程总体规划需收集的基础资料。编制城市人防工程总体规划需收集的基础资料，一般包括城市各阶段规划图、城市自然条件和地理环境及城市社会发展等基础资料。

其中，城市发展各阶段规划资料主要包括以下内容：

1）城市主要交通干线及交通规划资料。

2）行政、医疗等机构规划资料。

3）城市近期规划建设项目资料。

城市社会发展资料主要包括以下内容：

1）城市土地利用资料，如城市规划发展用地范围内的土地利用现状及规划用地范围。

2）城市人口资料如各阶段各防护区、片内现状人口和规划人口，包括城市非农业人口、流动人口、暂住人口以及人口的年龄构成、劳动构成、职业构成等。

其他基础资料如下。

1）城市房屋建筑资料。房屋建筑竣工面积的统计资料；房屋建筑规划指标资料。

2）城市人防工程现状资料。人防工程历年建设量分析；各类人防工程分布情况；人防工程面积、类型、等级、完好情况资料。

3）民防建设的有关规定。

4）人防工程异地建设费的收取情况。

（2）控制性详细规划需收集的基础资料。控制性详细规划收集的基础资料包括以下内容：

1）地面的控制性详细规划对本规划地段的要求，以及人防工程总体规划或分区规划对本规划地段的人防工程规划要求。

2）规划人口分布情况。

3）本地段及附近重要目标和工程设施的分布。

4）建筑物的控制指标，包括用地性质、建筑面积、层数等。

5）地下空间开发情况。

（3）修建性详细规划需收集的基础资料。除控制性详细规划的基础资料外，还应包括以下内容：

1）人防工程控制性详细规划对本规划地段的要求。

2）工程地质及水文地质等资料。

3）各项地下管线等资料。

4）各类人防工程建设造价等资料。

3. 人防工程规划的调整和审批

（1）人防工程规划的调整。城市人防工程总体规划调整，应按规划向规划审批机关提出调整报告，经确认后依照法律规定组织调整。

（2）人防工程规划的审批。

1）城市人民政府自治编制城市人防工程总体规划。城市人防工程总体规划的审批应符合以下报批程序。

a. 直辖市省会城市、一类人防重点城市组织编制城市人防工程总体规划纲要，应报请国家人民防空主管部门或者省、自治区人民防空主管部门组织审查。然后依据国家人民防空主管部门或者省、自治区人民防空主管部门提出审查意见，组织编制城市人防工程总体规划成果，按法定程序报请审查和批准。

b. 其他城市的城市人防工程总体规划在组织专家论证会后，按法定程序报请城市人民政府审查和批准。

2）城市人民防空主管部门负责组织编制人防工程分区规划和详细规划。人防工程分区规划和详细规划在组织专家论证会后，按法定程序报请城市人民政府审查和批准。

9.2.5 人防工程的平战结合与转换

1. 人防工程平战结合基本概念

人防工程的"平战结合"指其具备双重功能：战时保护人员物资以及重要经济目标免遭大规模空袭兵器的杀伤破坏，即防护功能；平时为经济建设、城市建设和人民生活服务，即使用功能。具体来讲，人防工程的平战结合，就是指按照国家的方针、政策，统筹规划和组织人民防空工程建设，使其成为战时提供人员、物资、车辆掩蔽，保护人民生命财产安全的重要场所，而且平时能作为商场、停车场、储藏间等使用，更好地为城市经济建设和人民生活服务，努力实现人防工程的战备效益、经济效益和社会效益的统一。

2. 人防工程平战结合原则

为了使防空地下室设计能做到兼顾平、战的不同要求，缓解二者之间的矛盾，在防空地下室设计时，不仅要符合战时防护和使用功能的要求，对平战结合的工程还应满足平时的使用要求，当平时使用要求与战时防护要求不一致时，应采取平战功能转换措施，其所采用的临战加固措施应该满足下列要求：

（1）满足战时各项防护要求，并在规定转换时限内完成。

（2）转换时应用的预制构件与工程施工同步完成，设置相应存放位置。

（3）平战转换设计与工程设计同步完成。

3. 人防工程平战结合主要内容和措施

（1）使用功能转换。除了少数工程，如指挥所、通信枢纽等，平战使用功能完全相同而不需要转换外，在多数情况下，地下平时和战时的使用功能不可能完全一致，有的工程，如附建在地面医院地下室中的战时医疗救护设施，在功能上平时和战时没有本质区别，平战转换比较容易。如平时用作商场、停车库，战时用于人员掩蔽，这种工程进行转换时则需要一定的时间和必要的准备。在平战结合设计中，应合理确定其平时使用功能，且根据地面建筑的结构类型、使用性质等，尽可能地使其战时与平时使用性质相一致，以便较少平战转换的矛盾。

（2）孔口、建筑、结构防护功能的转换。为了确保人防工程平时人流和车流的畅通，在防护墙上按照《人民防空工程平战功能转化技术措施》留平时使用出入口，战时封堵。封堵技术措施应与工程结构设计同步进行，并在结构施工时同期做好封堵件和孔槽的预埋与预留。所有为方便平时使用而开的出入口、大门洞和风口等，均要有临战前快速封堵转换技术措施，确保在较短时间内达到设计防护标准和要求。战时使用的出入口、按防护标准和要求进行设计和施工，并做好预留或预埋。各类"人防门"门要安装到位、调试到位。对预留、预埋件应注明，留出标记以便临战前实施快速封堵和安装。临战前具体封堵部位，全部应当体现在拟建人防工程设计图中。

（3）设备和设施的转换。根据《人民防空工程战术技术要求》和人民防空工程平战功能转换技术措施的规定，平时允许预留的风、水、电要设置基础和预留管件，便于临战前实施快速安装。平时使用的大风机、大水管都要更换或停止使用，战时使用的风、水、电及各种设施要在临战前安装调试好，如拟建人防工程的通风设施，有的平时为排风、战时为进风，必须有针对性的、可靠的转换措施。凡属于平战防护功能转换的工作和平时不使用的内部设备、设施允许预留的部分，必须与工程主体一次设计到位，转换方案按设计阶段的深度要求在图纸及设计文件中交代清楚，并保证在施工中按设计要求预留、预埋准确到位，做出标记。施工图设计文件审查和施工监督、竣工验收时均应将此作为重点检查内容。

9.3　城市地下防涝系统

9.3.1　城市防涝概述

近年来，随着我国城市化进程的不断加快，城市发生内涝灾害的频率不断上升，随之带来的灾害损失也在不断增长。住房和城乡建设部 2010 年对全国 351 个城市内涝情况进行了系统调研，结果显示，2008—2010 年共有 289 个城市发生了不同程度的内涝，占调查城市数的 82%。我国城市内涝问题具有发生范围广、积水深度大、积水时间长 3 个明显特征。2010 年以后，武汉、北京、广州、深圳、南京、南昌等地又先后发生了较为严重的城市内涝，影响了城市正常运行，造成了较大的财产损失。图 9.2 所示为 2016 年夏天我国某地铁车站被雨水灌入淹没的情况。

图 9.2　雨水进入地铁车站

城市的防排水体系，可分为 3 个不同层次，即城市防洪系统、城市排水系统和城市防涝系统。

（1）城市防洪系统。由防御城市外围较大洪水的基础设施组成，包括泄洪河道、泄洪闸、防洪堤、水库、蓄滞洪区等，目的是防止客水进入城市。

（2）城市排水系统，也称小排水系统。它是指对产生于城市内较小汇水面积上较短历时的雨水径流进行排除的系统，包括雨水管渠（含合流管渠）、检查井、排水明沟、雨水泵站、闸阀、城市内河道及受纳水体等。主要针对城市常见雨情，设计暴雨重现期一般为 2～10 年一遇，保证城市和居住区的正常运行。

（3）城市防涝系统，也称大排水系统。其包括地表通道、地面的安全泛洪区域、地下大型排放设施和调蓄设施等，传输小暴雨排水系统无法传输的径流。主要针对城市超常雨情，设计暴雨重现期一般为 50～100 年一遇，抵御超出排水管渠设计重现期的强降雨，起到防灾减灾作用。

目前，我国在流域层面已经建设了一套城市防洪体系，有相应的规划设计规范和技术标准，目的是防止客水进入城市；也有一套城市管网排水系统及相应的标准规范；但没有完善的城市内涝防治系统，既没有统一的设计方法，也没有相关的技术标准和规划设计规范，同时缺乏相应的工程设施和综合手段。

9.3.2　地下防涝系统

城市地下防涝设施属于地下市政基础设施的一部分，但又与一般的地下市政排水管网不同。地下防涝设施主要包括地下雨水调蓄设施、深层排水隧道、地下雨水管渠以及配套的排水泵站等附属设施，如图 9.3 所示。

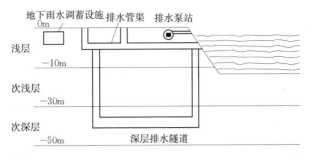

图9.3　排水防涝系统地下设施示意图

雨水调蓄设施是一种滞洪和控制雨水污染的手段。调蓄池最初仅作为暂时储存过多雨水的设施，常利用天然的池塘或洼地等储水。随着人们对雨洪和污染的日益重视，调蓄池的功能和形式逐渐多样化。对于城市的建成区，由于占地和对周边环境的影响等条件有所限制，往往将雨水调蓄池建成地下式的钢筋混凝土构筑物，即地下雨水调蓄设施。

在城市排水系统规划设计中，利用管道本身的空隙容量调节洪峰流量是有限的，为提高系统排水能力，在排水系统中建设人工调蓄池以削减洪峰流量是可行的工程方案之一。大型雨水调蓄系统可有效地将雨水迅速收集储存起来，使道路不形成径流，有效缓解了排水管网和河道的压力，起到了"雨峰调蓄，错峰排流"的关键作用。

日本东京从1963年开始修建雨水调蓄系统，现有4个超大型地下雨水调蓄池，如图9.4所示，最大容量140万 m³，排水管总长1.58万 km，直径8～10m，另外，日本政府规定在新开发的土地上，每公顷配套建设至少500m³的雨水调蓄池。

图9.4　日本东京的超大型雨水调蓄系统

深层排水隧道（简称"深隧"）是有别于传统排水管渠的次浅层、次深层地下排水工程，建设深度为−30～−50m。雨水通过深隧调蓄、输送，并在末端提升、净化，能有效缓解城市内涝、初期雨水污染和合流制溢流污染。深层排水隧道的运行原理是：降雨时，多余雨水由竖井进入深层隧道，减轻浅层排水管压力；降雨停止时，隧道内存储的雨污水经由泵站输送到浅层管网，进入地面污水处理厂处理。

巴黎的下水道博物馆已成为巴黎除埃菲尔铁塔、卢浮宫、凯旋门外的又一著名旅游项目，地下排水隧道在巴黎市地面以下 50m，水道纵横交错密如蜘蛛网，总长 2347km，规模远超巴黎地铁，如图 9.5 所示。

图 9.5　法国大型地下排水系统

广为人知的芝加哥深隧工程（图 9.6），即芝加哥蓄洪隧道和地下水库工程（The Tunnel and Reservoir Plan），也是一项旨在减少芝加哥大都会地区洪水风险的大型市政工程项目。它通过分流雨水和污水进入临时性的地下水库，减少原先将污水直接排入密歇根湖所造成的危害。这项超级大工程是世界最大的市政工程项目之一，也是目前正在实施的世界上最大隧道工程之一，在建设规模、投入资金与耗时等方面均位居前列。该项目第一期工程自 1975—2006 年完成并投入使用，整个项目预计 2029 年完工。工程量有穿经白云岩开凿的隧道，长 211km，深 45～91m，直径 2.7～10.8m。还有 252 座直径 1.2～5.1m 的截水竖井，645 项接近地表的聚水构筑物，4 座泵站和 5 个蓄水量共为 1.55 亿 m³ 的蓄水库。

图 9.6　美国芝加哥深隧

近几年，我国已经开展了城市防涝系统的规划和建设。通过构建基于城市流域内的大排水系统以及易涝点的防治系统，抵御超出排水管渠设计重现期的强降雨，主要包括城市内河、雨水行泄通道、雨水调蓄设施。其中，地下雨水调蓄设施和深层排水隧道也开始受到重视。例如，2015 年合肥市在老城区的杏花公园、逍遥津公园和包河公园等地方的绿地下方建成雨水调蓄池，如图 9.7 所示。此外，广州已经规划在地下 40m 深处建设总长 86km 的排水隧道。但由于我国在城市地下防涝的规划设计和建设方面仍处于起步阶段，还有很多问题值得深入研究。

图 9.7　合肥逍遥津公园雨水调蓄池

9.4　其他地下防灾设施

除以上地下人防、防涝工程外，地下防灾设施还有包括一些地下应急避难场所、地下消防工程等。

应急避难场所是为应对突发公共事件，经规划、建设具有应急避难生活服务设施，可供居民紧急疏散、临时生活的安全场所。

例如，可以通过利用地下空间完善城市的抗震与防风灾体系。即在公园绿地、学校广场等地面下建设应急避难场所，作为地面避难空间的必要补充，主要承担以下功能：①灾时日用品、设备以及食品的存储空间；②人口疏散与救援物资的交通空间；③人员临时掩蔽所；④临时急救站；⑤地下指挥中心；⑥地下信息中心。

此外，在一些地下公共空间中建立内部安全区域，作为突发火灾、恐怖袭击等情况下的人员"迅速疏散区"，即防灾广场。一旦灾害发生，人员就可以首先转移到迅速疏散区，然后再向地面疏散。日本法规规定：公共地下人行道任何地点 50m 距离内要建设防灾有效的地下广场，称为"防灾广场"，包括无上盖的井形空间以及两座以上通向地面的楼梯，以满足采光、排烟和紧急疏散的要求。

第❿章 城市地下空间防灾设计

10.1 城市地下空间灾害概述

10.1.1 地下空间灾害

近几年，随着地下空间大面积、大规模、深层次开发，地下空间内的灾害出现了多发性、突发性和多样化等特点。城市地下空间中各类灾害如火灾、洪涝灾害、施工事故等出现上升的趋势。因此，逐步完善、建立系统的城市地下空间内部防灾减灾体系越来越重要。

如前一章所述，城市面临的灾害主要有自然灾害和人为灾害两种。前者包括地震、洪水、风暴、海啸等；后者包括火灾、交通事故、恐怖袭击、战争灾害等。城市地下空间同样面临上述灾害的威胁。表10.1为日本的研究人员调研收集的发生于1970—1990年日本国内地下空间内的各种灾害事故，并对其进行归类、汇总和对比分析。从表10.1中可以看出，表中列出的许多灾害在地面建筑中同样会经常遇到。

地下空间内的一些灾害如火灾、爆炸、地震等在灾害的破坏形式和所造成的损伤等方面，与在地面建筑中的同类灾害有着明显的不同。虽然对于地震灾害来说，地下建筑要比地面建筑好很多，但随着1995年日本阪神地震中首次出现的以地铁为主的地下大空间结构的严重破坏，地震灾害也被列入地下空间主要防灾的一种。

表 10.1　　　　　1970—1990 年期间日本国内与国外地下空间各类灾害事故对比

灾害类别		火灾	空气污染	施工事故	爆炸事故	交通事故	水灾	犯罪行为	地表沉降	结构破坏	水电供应	地震	雪和冰灾	雷击事故	其他	合计
发生次数	国内	191	122	101	35	22	5	17	14	11	10	3	2	1	72	606
	国外	270	138	115	71	32	28	31	16	12	111	7	2	2	74	809
事故比例/%		32.1	18.1	15.1	7.4	2.7	3.7	3.3	2.2	1.6	1.5	0.7	0.3	0.2	10.2	100

10.1.2 地下空间内部灾害特点

地下空间内部发生的灾害具有较强的突发性和复合性。地下空间内部环境的一些特点使地下空间内部防灾问题更复杂、更困难。例如地下空间的封闭性，除了有窗的半地下室，一般只能通过少量出入口与外部空间取得联系，给防灾救灾带来困难。总结地下空间内部灾害的特点，主要有以下几方面：

（1）人们在地下空间内部方向感差，灾害时易造成恐慌。在封闭的室内空间中，容易使人失去方向感，特别是那些进入地下空间但对内部布置情况不太熟悉的人，容易迷路。在这种情况下发生灾害时，心理上的惊恐程度和行动上的混乱程度要比在地面建筑中严重得多；内部空间越大，布置越复杂，这种危险就越大。

（2）地下空间内部通风困难。在封闭空间中保持正常的空气质量要比有窗空间困难。进、排风只能通过少量风口，在机械通风系统发生故障时很难依靠自然通风补救。此外，封闭的环境使物质不容易充分燃烧，在发生火灾后可燃物发烟量很大，对烟的控制和排除都比较复杂，对内部人员的疏散和外部人员的进入救灾都是不利的。

（3）地下空间内部人员疏散、避难困难。地下空间内部环境的另一个特点是处于城市地面高程以下，人从室内向室外的行走方向与在地面多层建筑中正好相反。这就使得从地下空间到地面开敞空间的疏散和避难都要有一个垂直上行的过程，比下行要消耗体力，从而影响疏散速度。同时，自下而上的疏散路线，与内部的烟和热气流自然流动的方向一致，因而人员的疏散必须在烟和热气流的扩散速度超过步行速度之前进行完毕，由于这一时间差很短暂，又难以控制，故给人员疏散造成很大困难。

（4）地下空间易受地面滞水倒灌。这个特点是地面上的积水容易灌入地下空间，难以依靠重力自流排水，容易造成水害，其中的机电设备大部分布置在底层，更容易因水浸而破坏，如果地下建筑处在地下水的包围之中，还存在地下渗漏水和地下建筑物上浮的可能。

（5）地下空间阻碍无线通信。地下结构中的钢筋网及周围的土或岩石对电磁波有一定的屏蔽作用，妨碍使用无线通信，如果有线通信系统和无线通信用的天线在灾害初期即遭破坏，则将影响到内部防灾中心的指挥和通信工作。

（6）灾害的扩散性。附建于地面建筑的地下室，除以上特点外，还有一个特殊情况，即与地面建筑上下相连，在空间上相通。单建式地下建筑在覆土后，内部灾害向地面上扩散和蔓延的可能性较小；而地下室则不然，一旦地下发生灾害，对上部建筑物会构成很大威胁。在日本，对内部灾害事例的调查中，就有相当一部分灾害起源于地下室，最后造成整个建筑物受灾。

10.2　城市地下空间内部防灾设计

本节主要对地下建筑内部常遇到的火灾、水灾、震灾的防灾设计做一些简单介绍，以期对地下空间的规划设计进行指导。

10.2.1　地下空间防火灾设计

10.2.1.1　地下空间火灾灾害特性

地下空间内火灾是地下空间中发生次数最多，损失最为严重的一种灾害，火灾事故几乎占了事故总数的1/3。表10.2给出了我国1997—1999年期间地面高层建筑与地下空间火灾损失对比情况，可以看出地下空间火灾发生次数是地面高层建筑的 3～4 倍，死亡人数是 5～6 倍，直接经济损失是 1～3 倍。可见地下空间火灾危害性极大，它不但会导致设施瘫痪和人员伤亡，还会造成地下结构的损毁，其修复耗费巨大，是最不容忽视的地下空间灾害。表 10.3 列出了 20 世纪 90 年代以来世界各地地铁火灾的典型案例。

表 10.2　　　　　1997—1999 年期间我国地面高层建筑与地下空间火灾对比情况

火灾损失	年份	1997	1998	1999
火灾次数/次	高层	1297	1077	1122
	地下	4886	3891	4059
死亡人数/人	高层	56	47	66
	地下	306	288	340
直接经济损失/万元	高层	9682.6	4650.9	4749.9
	地下	14101.1	13350.4	12952.7

地下空间构筑在地下岩体或土体中，由于其本身结构特性，从消防角度看，它有着比地面建筑更多的不利因素：①空间相对封闭狭小；②人员出入口数量少；③自然通风条件差；④难以实现天然采光，主要依靠人工照明。因此一旦发生火灾，造成的人员伤亡和损失程度将十分严重，具体有以下灾害特点。

（1）含氧量急剧下降。地铁发生火灾时，由于隧道的相对封闭性，新鲜空气难以迅速补充，致使空气中氧气含量急剧下降。

表 10.3　　　　　　　20 世纪 90 年代以来世界各地地铁火灾典型案例

时间/（年-月-日）	地点	起火原因	伤亡损失
1990 - 07 - 03	中国四川铁路隧道	列车油管突然爆炸起火	4 人死亡，20 人受伤
1991 - 04 - 16	瑞士苏黎世地铁	机车电线短路停靠后与列车相撞	58 人重伤
1991 - 08 - 28	美国纽约地铁	列车脱轨	5 人死亡，155 人受伤
1995 - 04 - 28	韩国大邱地铁	施工时煤气泄漏	103 人死亡，230 人受伤
1995 - 10 - 28	阿塞拜疆巴库地铁	电动机车电路故障	588 人死亡，269 人受伤
2000 - 02 - 24	美国纽约地铁	不详	各种通信线路中断
2000 - 11 - 11	奥地利	电暖空调过热	155 人死亡，18 人受伤
2001 - 08 - 30	巴西圣保罗地铁	不详	1 人死亡，27 人受伤
2003 - 02 - 18	韩国大邱地铁	精神病患者纵火	198 人死亡，146 人受伤
2003 - 01	英国伦敦地铁	列车撞月台引起大火	140 人死亡，289 人受伤，失踪 318 人
2004 - 01	中国香港地铁	人为纵火	14 人不适送医院
2005 - 08 - 26	中国北京地铁	车辆老化，电路故障	无伤亡
2006 - 07 - 11	美国芝加哥地铁	列车脱轨	150 人受伤

（2）发烟量大。火灾发生时的发烟量与可燃物的物理化学特性、燃烧状态、空气充足程度有关。地下隧道发生火灾时，由于新鲜空气供给不足，气体交换不充分，产生不完全燃烧反应，导致 CO 等有毒有烟气体大量产生，不仅降低隧道内的可见度，而且会加大疏散人群窒息的可能性。

（3）排烟和排热差。被土石包裹的地下隧道，热交换十分困难，发生火灾时烟气聚集在建筑物内，无法扩散，会迅速充满整个地下空间，使温度骤升，较早地出现"爆燃"，烟气形成的高温气流会对人体产生巨大的影响。

（4）火情探测和扑救困难。地下空间火灾扑救难度相当于高层建筑顶层火灾，无法直视地下火场，需要详细查询和研究地下工程图纸才能确定具体部位；同时出入口有限，而且出入口又经常是火灾时的冒烟口，消防队员在高温浓烟情况下难以接近着火点，扑救工作难以展开。可用于地下工作的灭火器相对较少，对于人员较多的地下公共建筑，如无一定条件，毒性较大的灭火剂则不宜使用。通信设备相对较差，步话机等设备难以使用，通信联络困难；照明条件也比地面差得多。由于上述原因，从外部对地下建筑火灾进行有效扑救十分困难。

（5）人员疏散困难。火灾时正常电源被切断，人的视觉完全靠事故照明和疏散指示灯保证，如果没有照明一片漆黑，地下空间复杂、疏散路线过长，人员根本无法逃离火场，人群易产生恐慌而盲目逃窜；再加上浓烟使人员疏散极为困难。而且人员的逃生方向和烟气的自然扩散方向一致，烟的扩散速度一般比人的行动快，人员疏散很困难。

10.2.1.2　地下空间防火灾设计原则

地下空间的特点决定了其防火和安全疏散设计必须采取一些与地面建筑不同的原则和方法，以保证在发生火灾时将生命和财产的损失降低到最小。

城市地下空间防火灾设计坚持以下原则：

（1）严格控制大流量的地下空间开发深度。

（2）明确合理的防火防烟分区。

（3）空间布局应简明规整。

（4）均布足够地下空间出入口。

（5）科学布置照明和疏散指示标志。

（6）选用阻燃或无毒装修材料。

10.2.1.3　地下空间防火灾设计的主要内容

1. 地下空间分层功能布局

明确各层地下空间功能布局，地下商业设施不得设置在地下三层及以下。地下文化、娱乐设施不得布置在地下二层及以下。当位于地下一层时，地下文化娱乐设施的最大开发深度不得深于地下 10m。具有明火的餐饮店铺应集中布置，重点防范。

2. 防火防烟分区设计

为了防止火灾的扩大和蔓延，使火灾控制在一定的范围内，地下建筑必须严格划分防火及防烟分区，比地面建筑要求更严格，视地下空间的功能不同而有所区别。防烟分区不大于、不跨越防火分区，地下空间必须设置烟气控制系统。排烟口宜设置在走道楼梯间及较大房间内。

具体来说，每个防火防烟分区的面积不应大于 500m²。满足相关防火防烟条件时可增加，但不大于 2000m²。有不少于两个通向地面的出入口，且至少一个是直通室外的。防火分区连接部位应设置防火门、防火卷帘等设施。当地下空间内外高差大于 10m 时，应设置防烟楼梯间，其中安装独立的进排风系统。

3. 地下空间出入口设置

地下空间应布置均匀、有足够的通往地面的出入口。地下商业空间内任何一点到最近安全出口的距离不应超过 30m，每个出入口所服务的面积相当。出入口宽度设置要与最大人流强度相适应，以保证快速通过的能力。

4. 地下空间布局设计

地下空间布局尽可能的简单、清晰、规则，避免过多的曲折。每条通道的转折处不宜超过 3 处，弯折角度大于 90°，便于识别。通道避免不必要的高低错落变化。

5. 地下空间消防设施设置

依据相关规范，进行应急照明系统、应急疏散指示标志、火灾自动报警系统、应急广播视频系统等消防设施配置，确保灾时正常使用。

10.2.2 地下空间防水灾设计

由于地下空间的地势特点，水灾的防治一直是地下空间灾害防治的重点和难点。一般性洪涝灾害具有季节性和地域性，虽然很少造成人员伤亡，但一旦发生，就会波及整个连通的地下空间，造成巨大的财产损失，严重时还会造成地面塌陷，影响地面设施。

10.2.2.1 地下空间水灾特性

随着城市地下空间规模的迅速扩大，功能、结构和相邻的环境呈现多样性和复杂性，导致地下空间水灾的成灾特性具有不确定性、难遇见性和弱规律性。

（1）地下空间水灾成灾风险大。地下空间具有一定的埋置深度，通常处在城市建筑层面的最低部位，对于地面低于洪水位的城市地区，由洪涝灾害引起的地下空间成灾风险高。如目前在我国的江河流域内有 100 多个大中城市，其中大部分城市的高程处于江河洪水的水位之下，其中 65% 以上的城市设施不能满足 20 年一遇洪水标准。一旦外围堤防决口或河道调蓄能力有限、内涝积水难以排出的情况下，处于城市最低处的地下空间受淹风险将大幅增加。此外，沿海城市还要面临风暴、潮汐的威胁。

（2）灾害发生具有不确定性和难预见性。根据已发生的地下空间受水灾的众多案例进行分析，其受灾因素多样化，有自然因素也有人为因素，灾害原因具有多样性，灾害发生前难以预料。例如，2010 年 5 月 7 日，广州特大暴雨，35 个地下车库不同程度被淹，1409 辆车被淹或受到影响。2012 年台风"海葵"期间，上海嘉定万达广场集水井部位发生冒水事故。2013 年，上海嘉定城市泊岸小区由于片区河道通过小区内景观河道漫溢，造成 4 个地下车库被淹。历年来国内还发生过多起因地下空间内部自来水管爆裂造成的受淹事故。一个城市发生水灾后，即使地下工程的口部不进水，但由于周围地下水位上升，工程衬砌长期被饱和土所包围，在防水质量不高的部分同样会渗入地下水，早期修建的人防工程，就是因为这种原因而报废，严重时甚至会引起结构破坏，造成地面沉陷，影响到邻近地面建筑物的安全。

（3）灾害损失大、灾后恢复时间长。随着大型的地下城市综合体（如地下城）和大型城市公用设施（如地下变电站、综合管廊等）的出现，加上地下空间规划的连通性，以及地下空间自身防御洪涝灾害的脆弱性，一旦洪涝灾害发生，地下空间内的人员、车辆及其他物资难以在短时间内快速转移和疏散，导致损失严重，甚至产生相关联的次生灾害。同时，一些地下空间日常运行管理的配套设备淹水后造成损坏，进一步加剧灾害的损害程度和恢复难度。如已发生的一些地下空间受淹后排水设施无法启用或区域排水能力不足，需要临时调集排水设备或等外围洪水退去方可救援，造成灾损无法控制和灾后恢复时间延长。

10.2.2.2　城市地下空间防水灾原则

城市地下空间防水灾设计坚持"以防为主，堵、排、储、救相结合"的原则。预防城市地下空间所在地区的最大洪水和暴雨涨水，采取各种预防措施避免洪涝灾害的发生。同时，采用堵截、排涝、储水、急救等各种手段，减少洪涝灾害的影响和损失，保障城市地下空间的安全。

10.2.2.3　城市地下空间防水灾设计主要内容

1. 确定城市地下空间防洪排涝设防标准

城市地下空间防洪排涝设防标准应在所在城市防洪排涝设防标准的基础上，根据城市地下空间所在地区可能遭遇的最大洪水淹没情况来确定各区段地下空间的防洪排涝设防标准，并核查与地下设施相连的地上建筑地面出入口地坪是否符合防洪排涝标准。确保该地区遭遇最大洪水淹没时，洪（雨）水不会从出入口（包括地上建筑的地面出入口）灌入地下空间。

2. 出入口和各类室外洞孔防水灾设计

城市地下空间防灾设计首先要确保地下空间所有室外出入口、洞孔不被该地区最大洪（雨）水淹没倒灌。因此，防水灾设计首先确定地下空间的所有出入口、采光窗、进排风口和排烟口的位置，确保不被洪（雨）水灌入。室外出入口的地坪标高应高于该地区最大洪（雨）水淹没标高 50cm 以上；采光窗、进排风口和排烟口等洞孔底部标高应高于室外出入口地坪标高 50cm 以上。

3. 排水设施设置

将地下空间内部积水及时排出，尤其及时排出室外洪（雨）水进入地下空间的积水，通常在地下空间最低处设置排水沟槽、集水井和大功率排水泵等设施。

4. 地下储水设施设置

为确保城市地下空间不受洪涝侵害，综合解决城市在丰水期洪涝、枯水期缺水的问题，可在深层地下空间内建成大规模地下储水系统，或结合地面道路、广场、运动场、公共绿地建设地下储水调节池，不但可将地面洪水导入地下，有效减轻地面洪水压力，而且还可以将多余的水储存起来。

5. 地下空间防水灾防护措施制定

为确保水灾时地下空间出入口不进水，在出入口安置防淹门，或在出入口门洞内预留门槽，在暴雨时临时插入叠梁式防水挡板，阻挡雨水进入。加强地下空间照明、排水泵站、电气设施等防水保护措施。

10.2.3 地下空间防震灾设计

10.2.3.1 地下空间地震灾害特性

地下空间结构包围在围岩介质中，地震发生时地下结构随围岩一起运动，与地面结束约束情况不同，围岩介质的嵌固改变了地下结构的动力特征（如自振频率）。同时，岩石或土体结构提供了弹性抗力，阻止了地下建筑结构位移的发展，因此地下建筑相比地上建筑来说灾害强度小，破坏性小。

然而 1995 年日本阪神地震中，以地铁车站、区间隧道为代表的大型地下空间结构首次遭到严重破坏，充分暴露出地下空间结构抗震能力的弱点，随着城市地下空间开发利用和地下结构建设规模的不断加大，地下空间结构的抗震设计及其安全性评价的重要性、迫切性越来越明显。地下空间结构在震灾灾害中的破坏特征表现在如下几方面：

（1）隧道结构破坏特征。无论是盾构还是明挖隧道，地震对结构破坏的特征基本一致，主要是衬砌开裂、衬砌剪切破坏、边坡破坏造成隧道坍塌、洞门裂损、渗漏水、边墙变形等。

衬砌开裂是最常发生的现象，主要包括衬砌的纵向裂损、横向裂损、斜向裂损，进一步发展的环向裂损、底板隆起以及沿着孔口如电缆槽、避车洞或避人洞发生的裂损。对于衬砌剪切破坏，软土地区的盾构隧道主要表现为裂缝、错台，山岭隧道主要表现为受剪后的断裂、混凝土剥落、钢筋裸露拉脱。边坡破坏多发生于山岭隧道，地震中临近于边坡面的隧道可能会由于边坡失稳破坏而坍塌。洞门裂损则常发生在端墙式和洞墙式门洞结构中。渗漏水是伴随着地下结构破坏的次生灾害。

（2）框架结构破坏特征。从日本阪神地震中可以看出在混凝土框架结构中柱的破坏相对严重，楼板和侧壁虽有破坏，但并不严重。由此可以看出混凝土中柱是地下空间框架结构抗震的薄弱环节。其中破坏方式既有弯破坏、剪破坏，也有弯剪复合破坏。

10.2.3.2 地下空间防震灾设计的主要内容

地下建筑在抗震性能上优于地面建筑，但地震对地下空间结构造成损害是客观存在的。地下工程防震灾设计的主要内容包括以下几个：

（1）选址设计。宜避开对地下空间抗震不利的地段，如易液化土等。当无法避开时，应采取适当的抗震措施；不应建造在危险地段，即地震时可能发生地陷、地裂，以及基本烈度为8度和8度以上、地震时可能发生地表错位的发震断裂带地段。

（2）确定合理的抗震等级标准。地下建筑物结构设计，应按地震烈度进行设防。对防护级别较高的地下建筑（构筑）物，应相应提高其抗震标准。在进行结构设计时，还应该考虑由于建筑物的倒塌而增加的超载。

（3）地下空间的口部设计。地下工程出入口应满足防震要求。其位置与周围建筑物应按规范设定一定的安全距离，防止震害发生时出入口的堵塞。

（4）防治次生灾害设施。地下工程内部的供电、供热、易燃物容器遭受破坏引起火灾等次生灾害。地下空间内部应设置消防、滤毒等防次生灾害的设施。

第11章 城市地下公共空间景观环境设计

11.1 地下空间环境的特点

地下空间环境是指围绕地下空间建筑或建筑物的外部空间、条件及状况，包括自然和社会两个要素，狭义的地下空间环境是指地下空间建筑或构筑物所处自然环境要素的总和，包括地下空间建筑或构筑物的地质环境及空气、光、热及声等环境。

地下空间的建筑或构筑物建造在土层或岩层中，直接与岩土介质接触，其空气、光、声及空间等环境有别于地面建筑环境，使得建筑环境内部空气、光、热和声等环境具有以下特点。

1. 空气环境

（1）温度与湿度。由于岩土体具有较好的热稳定性，相对于地面外界大气环境，地下建筑室内自然温度在夏季一般低于室外温度，冬季高于室外温度，且温差较大。具有冬暖夏凉的特点。但由于地下空间的自然通风条件相对较差，因此通常又具有相对潮湿的特点。

（2）热、湿辐射。地下建筑直接与岩体或土壤接触，建筑围护结构的内表面温度既受室内空气温度影响，也受地温的作用。当内表面温度高于室温时，将发生热辐射现象；反之则出现冷辐射，温差越大，辐射强度越高。岩体或土中所含的水分由于静水压力的作用，通过维护结构向地下建筑内部渗透，即使有隔水层，结构在施工时留下的水分在与室内的水蒸气分压值有差异时，也将向室内散发，形成湿辐射。如果结构内表达到露点温度而开始出现凝结水，则水分将向室内蒸发，形成更强的湿辐射现象。

（3）空气流速。通常，地下建筑中空气流动性相对较差，直接影响人体的对流散热和蒸发散热，影响舒适感。因此，保持适当的气流速度，是使地下环境舒适的重要措施之一，也是衡量舒适度的一个重要指标。

（4）空气的洁净度。空气中 O_2、CO、CO_2 气体的含量、含尘量及链球菌、霉菌等细菌含量是衡量空气洁净度的重要标准。地下停车、地铁及地下快速道路、地下垃圾物流等均易产生废气、粉尘，地下潮湿环境也容易滋生蚊、蝇害虫及细菌，室内潮湿，壁面温度低，负辐射大，空气中负离子含量少，在规划设计中，地下空间应有相应的通风和灭菌措施。此外，受地下空间围岩介质物理、化学和生物性因素影响，以及建筑物功能、材料、经济和技术等因素制约，地下建筑空间还可能存在许多关系人体健康和舒适的特点。组成地下空间建筑的围岩和土壤存在一定的放射性物质，不断衰变产生放射性气体氡。另外，地下建筑装饰材料也会释放出多种挥发性有机化合物，如甲醛、苯等有毒物质。人们在活动中也会产生一些有害物质或异味，影响室内空气质量。

2. 光环境

地下空间具有幽闭性，缺少自然光线和自然景色，环境幽暗，给人的方向感差。为此，在地下建筑环境处理中，对于人们活动频繁的空间，要尽可能地增加地下建筑的开敞部分，使地下与地面空间在一定程度上实现连通，引入自然光线，消除人们的不良心理影响。

色彩是视觉环境的内容之一，地下空间环境色彩单调，对人的生理和心理状态有一定影响，和谐淡雅的色彩使人精神爽适，刺激性过强的色彩使人精神烦躁，比较好的效果是在总体上色调统一和谐，在局部上适当鲜艳或对比。

3. 声环境

地下空间与外界基本隔绝，城市噪声对地下空间的影响很小。在室内有声源的情况下，由于地下建筑无窗，界面的反射面积相对增大，噪声声压级比同类地面建筑高。在地下空间，声环境的显著特点是声场不扩散，属非扩散性扬声场，声音会由于空间的平面尺度、结构形式、装修材料等处理不当，出现回声、声聚焦等音质缺陷，使得同等噪声源在地下空间的声压级超过地面空间 $5\sim8dB$，加大了噪声污染。

4. 内部空间

地下空间相对低矮、狭小，由于视野局限，常给人幽闭、压抑的感觉。空间是地下建筑环境设计中最重要的因素。它是信息流、能量流、物质流的综合动态系统。地下建筑空间中的物质流，在整个空间环境中是最基本的，它由材料、人流、物流、车流、成套设备等组成；能量流由光、电、热及声等物理因素转换和传递；信息流由视觉、听觉、触觉及嗅觉等构成，它们共同构成了空间环境的物质变化、相互影响与制约的有机组成部分。

正是由于上述特点，地下空间易使人产生封闭感、压抑感，从而影响地下空间的舒适度。在进行地下空间规划设计时，要从布局、高度、体量、造型和色彩等全面考虑，不仅在空间结构上优化，还要重视地下空间的入口、过渡及内部空间的景观环境设计，根据地下空间建筑的特点，通过室内装修、灯光色彩、商品陈列、盆景绿化、水帘水体、雕塑及三维环境特效演示等设计进行改善，提高环境质量，达到空间环境、自然环境和功能环境的和谐，塑造一个优良的地下空间环境。

11.2　地下空间景观环境设计要素

地下空间景观环境设计主要有以下六大要素。

1. 植物

地下空间里，绿色植物不仅有组织空间和美化环境的效果，而且能对人们的紧张感有所缓解。尤其是活体植物利用自身的生理行为，使地下空间的生态环境得到改善，这一效果比地上尤为突出。绿色植物还能为地下中庭提供一个重要的视觉因素，即便在很有限的空间里面，植物也可以变成有趣味的东西，消除单调的感觉。植物布局可以形式多样，也能以相对透空的形式划分地下空间，通过植物间的缝隙，人们可以感觉到空间有所延伸。同时，植物也能和光一起应用，创造出光影多变的自然效果。绿色植物可以吸收有毒气体，释放氧气，使空气变得清新。如图 11.1 所示为地下空间中布置的植物盆景。

图 11.1　地下空间中的植物盆景

2. 水体

跟绿色植物相比较，更为活跃和生动的是水体。水具有流动性，潺潺的流水声可以舒缓人的心情，并起到净化空气、隔音防燥、扩大空间的作用。在地下空间中可以做出溪流、跌水、喷泉等水景，结合布置假山、奇石、植物、灯光等，使人即使地下空间环境中也可以感受到自然的活力，增强人与自然的联系，避免地下空间带给人们的压抑封闭感。

3. 公共艺术景观

公共艺术景观是城市地下空间的重要组成部分，在整个地下城市景观规划中是一道靓丽风景线。在这里，公共艺术景观不仅包含纯艺术的美术作品，也需要建设一些实用性比较强的公共设施等。

地下空间中的公共艺术景观主要包括两大部分。

（1）地下功能性设施。地下指示系统（线路图、方位图、提示站点设施）、地下候车处座椅、指示灯、照明设备、消防设备等。

（2）艺术性设施。景观艺术品、雕塑、壁画等。图 11.2 所示为莫斯科地铁站，通过内部壁画以及顶棚的灯光组合，其华美之处堪称极致。

4. 空间围合

城市地下空间景观环境通常主要由地面、墙面和天棚三面围合景观构成，此外，也包括地下建筑空间中的柱子、门窗孔洞等。

（1）富有美感的地面铺装设计使得人们在地下空间也能感受到美的设计无处不在。地面的铺装通常要考虑到装饰材料的材质、颜色、图案等，当然在安全、耐磨防滑及易于清洁等方面也是要着重考虑的；选用符合心理需求的色彩，具有引导、富于韵律的图案拼贴还能满足人们对地下空间的审美要求。

图 11.2　莫斯科地铁站

（2）墙面的装修不仅要因地制宜地考虑地面铺装所要求的因素，还要和地面保持搭配统一。通常采用竖向线条墙面的处理以实现增大空间，减少压抑的感觉。运用简洁的墙面处理、明快的色彩以达到吸声防潮防火的要求。利用线构成对人视觉的影响这一特性，在地下空间中对转换于空间起着很好的导向作用。图 11.3 所示为蒙特利尔地下街的通道，墙面装修显得古色古香。

图 11.3　蒙特利尔地下街的通道

（3）天棚设计是室内造型系统的有机构成部分之一，它在创造地下空间氛围和精神品格方面也具有举足轻重的作用。在天棚处理上，结合灯光照明可以创造出高低错落、富于变化的地下空间，并且也能达到限定空间、引导方向的作用。图 11.4 所示为合肥地铁 2号线三孝口站和大蜀山站的不同风格的天棚处理手法。

（4）地下建筑空间中的柱子、门窗孔洞等也属于室内装修的组成部分，对其形状和材料质感的选择应根据不同的空间功能而区别对待，尽可能使其装修与空间整体协调。

5.灯光组合

城市地下空间采光原则是尽可能地引入自然光，但是人工灯光照明也是不可替代的补充。地下空间灯光照明首先满足照度要求，使人们能看清所处环境，安全行进活动；其次灯光照明应符合人们视觉变化的需求，应该设置为从明到暗，再从暗到明的变化。此外，灯光照明应根据功能需要，创造出多样化的灯光照明景观效果，增强城市地下空间的环境

（a）中国结

（b）三角造型

图 11.4　合肥地铁 2 号线车站吊顶

景观魅力，体现其美化装饰作用。图 11.5 所示为上海外滩观光隧道的灯光设计，使得隧道显得绚丽多彩。

图 11.5　上海外滩观光隧道

6. 材料饰品

不同的材料会给人不一样的感觉，在地下空间景观环境设计中，不同材料的运用会给人带来不同的质感体验。

11.3　地下空间景观环境设计的原则

1. 安全原则

为了让人们在地下空间感觉安全、舒适，故在进行城市地下空间景观设计的时候必须营造出具有安全感的环境氛围。设计时要注意以下几个方面。

（1）肌理变化。采用不同肌理材质的建筑材料进行铺装有助于对人们的提醒、警示。如地铁站里空间高差有变化的区域，可以对材质不同的建筑材料进行一定的装饰，或者可以利用颜色以及图案等互不相同的建筑材料进行装饰，吸引人们对空间高差的注意。

（2）色彩引导。日常生活中人们观察出来的颜色在很大程度上受心理因素的影响，它往往与心理暗示有着很紧密的联系。色彩还具有引导提示的作用，这点已经在地下交通空间中广泛运用。例如，红色表示禁止，蓝色表示命令，绿色表示安全。

（3）照明设置。地下空间的一个很大局限性就是无法直接受到阳光的照射，因此地下主要的采光手段就是灯光照射，所以在设置灯光时一定要考虑到人们的生理以及心理等双重反应，对光源进行合理的布置和组织，能够让地下空间的路面有比较适宜的亮度，照明效果比较均匀，避免出现强光或者是闪烁给人们的活动造成不适感。此外，灯光的设置还需要考虑到视觉上的诱导特征。

（4）安全设施设置。在地铁站里一定要加强安全设施的建设，一般会用黄色警戒线向人们提出警示信息，还可以设置一些安全用防护栏以及防护门等。

2．舒适性原则

（1）声环境与噪声的控制。由于地下空间具有一定的封闭性，因此机械运动发出的噪声造成的分贝强度要高出地面很多，如果人体长时间处于这种环境里，将会对生理方面产生很大的影响。此外，地下空间还有一定的隔绝性，因此有些空间里不会出现人们日常生活中的一些声响，会有一种过分安静的感觉，很容易使人产生不适感。为了使人们在地下空间感觉舒适，故采用各种先进的技术控制方法，合理控制噪声强度。

（2）光环境与自然光的引入。由于人们对自然阳光、空间方向感、阴晴变化等自然信息感知的心理要求，在地下空间中，必须要涉及自然光的引入。自然光在地下空间中充分使用既对人体健康有益，更是低碳环保生活方式的体现。通过自然采光的方式能够将地下环境的通风进行有效地改善，还能够使地下空间的层次感更加立体性，避免出现封闭以及阴暗等现象。总之，地下空间中必须有序地引入自然光，这对改善地下空间景观环境氛围有着极其重要的作用。

巴黎市中心的卢浮宫在"拿破仑广场"地下空间扩建时，在广场正中和两侧设置了3个大小不等的锥形玻璃天窗——卢浮宫金字塔（图11.6），就是为了解决地下采光和出入口布置问题。

图11.6　法国卢浮宫博物馆和它的总入口"玻璃金字塔"

（3）热环境、温度及湿度的环境控制。众所周知，地窖往往是冬暖夏凉的，城市地下空间也具有一样的特性，这种特性称为热稳定性。对于地下的空间来说，受到温度的影响比较小，因此在调节地下温度时只需要根据地下空间的主要用途以及需求来操作即可。调节地下空间的湿度是一个非常重要的问题，在南方一些城市里遇到梅雨季节，由于外部空气会对地下空间产生一定的侵蚀性，导致地下湿度过高，霉菌生长会随之加剧，导致人类患有风湿病的概率加大。所以，在城市中心的地下空间开发利用过程中必须设有控湿和除湿的设备，如空调、除湿机等。

（4）空气环境与空气整体质量的控制。地下空间由于其自身的一些特点，具有比较明显的阴暗潮湿现象，因此城市地下空间里的空气相对地面来说浑浊一些，会产生更多的污染微生物，而且还会产生很多的污染气体，如 CO、CO_2、SO_2、HCHO、O_3、氮氧化合物、可吸入颗粒物及室内空气中的微生物等。当人长时间置身在污染气体浓度过大的环境中必定会影响身体健康。因此，必须采用相关技术措施增强其空气的流通性，改善环境，获得宜人的空气质量。

3. 艺术性原则

每一种社会形态都有与其相适应的文化，它是人类为使自己适应其环境和改善其生活方式的努力的总成绩。所以城市地下空间景观环境的创造与设计，不仅要为人们带来生活上的便捷，还要能够满足人们在文化审美上提出的要求，在设计过程中能够表现出更多的艺术文化色彩。

4. 人性化原则

在城市中心进行地下空间开发利用设计的过程中，需要体现遵循人性化原则，设计方式大体有以下 3 种方式：

（1）无障碍设计。为了方便视障人士的出行，现今的城市地下空间中基本都设置了盲道，当然无障碍设计并不仅仅针对视障人士，对于很多行动不方便的人来说，在地下空间相互转换的地方就需要借助一些辅助设施确保他们的安全。

（2）信息导向系统设计。在城市地表下无法跟地面上一样分辨方向时可以参考相对的参照物。人们置身在地下时无法对方向进行准确的辨别，所以，在进行地下空间的设计过程中就需要专门设立信息系统进行导向。目前我国各大地铁站的信息导向系统的设计水平相对来说比较成熟，虽然还有很多方面需要继续改进，不过跟其他的一些地下空间相比要先进得多。

（3）配套服务设施设计。在不同的城市地下空间里，人们会从事不同的工作、行动及休息等。为了方便人们在地下空间活动，城市地下空间中必须存在必要的休息设施及配套服务设施，如座椅、报刊亭、电子显示屏、洗手间、服务站等，同时这些设施设计应该体现人性化的需求。

5. 和谐性原则

在对城市整体设计的过程中，要将地下设计和地上设计看成一个整体，只有这样才能在设计地下空间的景观时体现出整个城市的统一性，不会出现景观设计上的冲突和矛盾。在设计地下出口和入口时，要使其与周围环境相协调，如色彩的过渡、植物景观的过渡，通过这种方式来降低人们处在地下空间时出现的一些不适感。

11.4 地下空间景观环境设计

11.4.1 地下空间出入口设计

地下空间的出入口，不但具有平时进出交通和防灾疏散的功能，也是地下空间与地面空间互相流通的一个渠道，如果处理得当，对于丰富内外空间处理，加强地下空间的外部形象，也可以起到很好的作用。因此，在设计时要巧妙地安排，使之与周围环境、整个城市的景观维护要求相协调，使它们成为决定地下空间的建筑形象及外部环境的积极因素。

出入口主要有以下几种形式：

（1）在城市广场等开阔地区宜设下沉广场出入口，同时结合地面广场的环境改造。

（2）在交通道路旁宜设置开敞式或棚架式出入口。

（3）在大型的交通枢纽及有大量人员出入的公共建筑中且用地紧张的地段，宜设附属建筑出入口。

（4）在考虑特殊用途时，如防护、通信、维修、疏散等可采用垂直式、天井式、与其他地下空间设施相连接的出入口。

1. 下沉广场式出入口

在地下建筑的主要出入口外设置下沉广场，是打破地下空间的封闭环境，使地下空间与地面空间流通起来的一种有效手法。

下沉广场的功能主要是为人们提供一个相对封闭的休息、娱乐的公共场所，担负地下空间建筑的出入口，避免了地下空间建筑出入口的狭小感觉。既起到空间过渡的作用，同时可以作为地下空间人流集散、休闲娱乐的场所。

下沉广场设计的特点如下：

（1）下沉广场宜布置在城市中心广场、公园等人流集中的地带，通常不与地面交通相交叉。大型的下沉式广场常结合城市广场的地面规划进行，具有较强的环境艺术特征。

（2）下沉广场的首要功能是地面与地下空间的过渡，随着时间的推移，它的另一重要功能休闲娱乐也是十分重要的。

（3）下沉广场建设应同自然、文化艺术、人的心理与审美、城市人员应急转移相结合。

图 11.7 所示为西安钟鼓楼下沉广场。该下沉式广场将整个钟鼓楼广场分割成不同层面的一大一小两个广场，打破了钟鼓楼广场原有的空旷感与因而产生的视觉的单一感，垂直高差的空间分割手法的使用不仅在空间与视觉效果上给予游客巨大的落差变化，更创造了地下商城这一独特的商用空间，使得整个广场的空间出现了新的拓展功能与价值的增益。这是一个交通广场，是人们从钟楼盘道进入地下商城的要道。通长的台阶增强了这个下沉式广场的开放性，交通与观赏的两用性使得游客在浏览途中能够随时随地欣赏到钟楼与鼓楼的雄壮，以及留意到下沉式广场中开展的各种文化活动。

2. 开敞式或棚架式出入口

这种入口直接由楼梯、地下扶梯进入地下空间，入口空间相对局促，通常用作地铁站的入口。在景观处理上相对简单，通常根据入口所处区位的人文特点，进行入口造型的突出设计，如地铁站入口的设计，如图 11.8 所示为合肥地铁车站出入口。

在开敞式入口中，主要的构件是入口处楼梯部分和雨棚部分。商业入口楼梯部分通常会结合绿化和水体做一些景观处理来丰富空间。其景观设计大部分还是靠雨棚的造型和材质来营造和体现的。

图 11.7　西安钟鼓楼下沉广场

图 11.8　合肥地铁车站出入口

3. 附建式出入口

通过地面建筑的入口，地下空间出入口设置在地面建筑的内部。这种入口形式通常结合地面建筑进行处理，和地面建筑进行统一景观处理。

11.4.2　地下步行通道景观设计

地下步行空间作为地下空间的一部分，主要功能是连通地下水平空间。地下步行通道大体可以分为两种。

（1）结合商业设置的步行系统。这种步行系统相对宽敞，通常结合周边商业或店铺风格进行设计。通常利用灯光明暗的变化、过道顶棚与地面材质的变化来营造不同景观氛围和进行空间变换。当过道足够宽时，也常常在中间设置一些绿化或景观小品来改善人们的心情，增添空间趣味性。图 11.9 所示为深圳连城新天地地下商业街步行通道中布置的陶俑。

（2）作为市政交通的一种为了连接不同地点而设置的步行系统。这种步行系统相对功能单一，情况不复杂，构成的景观因素也单一。一般对这种空间进行景观要素设计时，主要应该注意色彩灯光的应用，避免空间的单调，结合广告牌的设计丰富空间，利用公共艺术等景观要素的搭配增添通道的文化气息。

图 11.9　深圳连城新天地地下商业街布置的陶俑

图 11.10 所示为加拿大蒙特利尔地下步行通道，通过内部地面、墙面装修以及顶棚灯光组合，形成地下空间的流线。图 11.11 所示为合肥火车站连接南北广场的地下通道，通过两侧的广告牌及顶部的灯光丰富地下空间。

图 11.10　蒙特利尔地下步行通道　　　　图 11.11　合肥火车站地下通道

11.4.3　地下广场景观设计

地下建筑的广场空间内，常常根据一个主题进行设计构思，用喷泉、水池、雕塑、灯光、植物、建筑小品等手段突出一个主题，配以造型精美的坐椅、坐凳，使人们不仅可以休息，还可以观赏景物，再加上灯光、水流等的变化，给人留下深刻的印象。

这方面成功的典范莫过于日本大阪地下商业群。大阪地下街中最抢眼的就是地下广场。每一个地下广场都按不同的主题营造环境，在深数米甚至数十米的地下，主题鲜明的地下广场把人类非凡的想象力拓展至地下。如大阪梅田地下街内设"泉水广场"，如图11.12 所示。

我国一些地下街在规划设计中也借鉴了类似做法。如深圳连城新天地地下街在街中设置音乐喷泉，并有座椅让游人歇息，如图 11.13 所示。

图 11.12 大阪梅田地下街"泉水广场"

图 11.13 深圳连城新天地地下街音乐喷泉

11.4.4 功能性设施的景观化设计

1. 导视系统

地下导视系统是指在地下空间中具有导视作用的设备和设施。通常来说，出现最多的就是指示标志和指示灯。对其进行艺术处理最主要的手法是结合色彩的设置，使其和谐地融入到整个地下空间环境中；其次是通过色彩给人的感受和导视作用，进行色彩的搭配应用，起到警示与导视的作用。

2. 消防设施

地下空间不同于地上空间，无论是通风条件还是散热条件都比地上空间相距甚远。所以类似于火灾等的突发情况危害也比地上空间大。所以为保障安全逃离，在地下空间要选择色彩穿透力强的颜色作疏散流线标记，譬如橙色的警示牌在烟雾中可以使人们较好地辨认；地下空间的散热慢，内部空间温度上升快。所以在环境设计时材料的选择不能仅仅满足视觉装饰效果，还要考虑安全性能。

3. 其他设备与设施

在地下空间中很多设备设施露于表面，如空调、通风口等。往往会破坏环境的整体视觉效果。可以通过艺术处理的方法将其掩盖遮挡。如在机房等噪声较大的地区设置水景既可以巧妙地遮盖噪声，又可以美化环境。广告牌、植物、装饰品都是可以灵活运用的元素。

11.5　景观设计案例——合肥地铁 1 号线包公园站文化景观设计

合肥地铁 1 号线包公园站在著名旅游景点包公祠附近，为地下两层岛式车站。该站点装修内容及风格，紧扣包公文化和廉政文化的主题，凸显合肥地域文化。围绕包公文化和廉政文化，包公园站以大型锻铜浮雕"包公生平故事"为主体，辅助以"包公脸谱"装置艺术、"清风柱体"装饰、"包公故里、清风热土"公益海报，塑造包公园站的整体文化氛围。将现代建筑与传统艺术相结合，融思想性、艺术性、观赏性为一体。

1. 大型铜雕"包公生平故事"

在站厅层由十组经典的包公故事创作而成的"包公廉洁文化墙"，总长 80 余米。巨型铜雕气势恢宏、气韵生动。每组画面的人物造型精准塑造，每个人物性格刻画准确、面部表情栩栩如生、画面氛围准确传达，如图 11.14 所示。

图 11.14　大型铜雕"包公生平故事"

2. "包公脸谱"装置艺术

在站厅层 B 出口拐角处，以文学、戏曲中的包公脸谱为创作元素，选取京剧、汉剧、越剧、川剧、豫剧、庐剧、徽剧、黄梅戏等剧种中的脸谱造型，并配以简要的文字说明，传播包公主题的戏曲知识。整组作品采用金属烤漆、丝网印刷等工艺完成，图文并茂、错落有致，如图 11.15 所示。

3. "清风柱体"装饰

在站厅层的部分柱体装饰中，借助中国传统文化中的梅、兰、竹、清风等形象和古诗词，以国画水墨的艺术语言抒发先贤高风亮节、两袖清风的精神气节，柱体装饰素净淡雅，以营造包公园站的廉政文化氛围，如图 11.16 所示。

此外，该车站还设计了"包公故里、清风热土"廉政主题公益海报，将合肥地域文化和包公文化、廉政文化等元素进行融合。

图 11.16　"清风柱体"装饰

附录｜合肥城市地下空间开发利用规划（2013—2020）文本

地下空间是城市的重要资源，随着经济社会的快速发展，合肥市地下空间开发利用已进入快速发展阶段，尤其是轨道1号线、2号线正在建设，我市地下空间正进入大规模发展时期，根据《中华人民共和国城乡规划法》、建设部《城市地下空间开发利用管理规定》以及《安徽省城市地下空间开发利用规划编制审批办法》等相关法律、法规和上层次规划要求，编制《合肥市城市地下空间开发利用规划（2013—2030）》（以下简称本规划），统一规划、综合开发、合理利用、依法管理，使合肥市城市地下空间的开发利用与城市的社会、经济、环境保护协调发展，促进合肥"大湖名城、创新高地"战略地位的实现。

第1章 规 划 总 则

第1条 编 制 意 义

城市的地下空间不仅是有效的防护空间，还是潜力巨大的城市空间资源。合肥市是安徽省省会，全国重要的科研教育基地和综合交通枢纽，国家级皖江城市带承接产业转移示范区的核心城市，在长三角、中四角乃至全国区域经济发展格局中扮演着重要角色。其城市发展，对城市用地规模和空间容量提出了不断扩大的需求。有序、合理的开发利用城市地下空间，既是实现合肥"新跨越、进十强"打造"大湖名城、创新高地"的重要手段，也是科学、有效节约土地资源、改善人居环境、扩展城市空间以及实现城市可持续发展的有效途径。

第2条 指 导 思 想

（1）科学预测，合理规划——促进城市两型发展。
（2）适当超前，兼顾现实——立足城市发展水平。
（3）注重衔接，突出重点——达到又好又快发展。
（4）平战结合，综合利用——集约使用地下空间。
（5）集约建设，法制保障——创新开发管理体制。

第3条 规 划 原 则

（1）坚持"以人为本"的原则。
（2）坚持公共优先、适度开发、复合利用原则。
（3）坚持地面、地上、地下一体化发展原则。

（4）坚持突出重点、近远结合原则。

（5）坚持平战结合原则。

（6）坚持集约高效的原则。

第 4 条 规 划 依 据

1. 法规文件

《中华人民共和国城乡规划法》

《中华人民共和国人民防空法》

《城市规划编制办法》

《城市地下空间开发利用管理规定》（2001 年 11 月 20 日修订）

《人民防空工程设计规范》（GB 50225—2005）

《安徽省城市规划条例》

《安徽省城市地下空间开发利用规定编制审批办法》

2. 相关规划

《合肥市城市总体规划（2013—2020）》（修编）

《合肥市城市综合交通规划（2010—2020）》

《合肥市城市轨道交通线网规划》

《合肥市城市人民防空工程规划（2012—2020）》

《合肥市城市综合防灾规划（2009—2020）》

《合肥市中心城区停车场（库）专项规划（2012—2020）》

《合肥市商业网点专项规划（2010—2020）》

3. 国家、安徽省、合肥市其他法律、法规、条例和标准规范等

第 5 条 规 划 范 围

规划范围为合肥市主城区，并兼顾整个城市。主城区面积约 1220km³，2020 年合肥主城区范围内常住人口规模控制在 650 万左右。

市区为重点编制范围，面积约 887km² （不含巢湖水面）。2020 年市区范围内常住人口规模控制在 500 万左右。

第 6 条 规 划 期 限

与《合肥市城市总体规划（2013—2020 年）》（修编）的规划期限保持一致。

近期：2013—2015 年。

远期：2016—2020 年。

并对远期进行展望。

第 7 条 法 律 地 位

本规划为合肥市主城区地下空间开发、建设、管理的上位依据，是合肥市总体规划的有效补充。规划中未涉及的地下空间其他内容均应参照国家、部门及省、市现行的相关法

律、法规、条例、规定执行。

第2章　发展战略与目标

第8条　发　展　战　略

1. 立体城区战略

依托地下空间开发，加强与地面、地上建设相结合，逐步建设一个空间集约化、景观层次化的立体城区。

2. 品质城市战略

加强建设地下轨道交通、地下道路和地下停车库，逐步打造一个地下交通便捷、服务设施完备、生活工作高效的品质城区。

3. 生态城区战略

依托地下市政工程、地下轨道交通等建设，腾出更多地面，逐步建设一个节能降噪、环保安全、绿地覆盖的生态城区。

4. 安全城区战略

加强城市综合抗灾抗毁能力，建立能抗御突发事件的防空防灾体系，逐步建设一个能保障每一个居民、重要经济目标和生命线系统的安全城区。

5. 智慧城区战略

依托地下监控管理，地下系统电子图库与地下工程核心技术综合运用，逐步建设一个信息化、科技化程度高的智慧城区。

6. 和谐城市战略

依托地上地下协调开发，逐步建设一个地上地下优势互补、交通商业相互促进的和谐发展城区。

第9条　发　展　目　标

1. 总体发展目标

充分发挥地下空间资源潜力，在城市发展战略目标和城市布局结构的指引下，建成功能齐全、安全方便、环境优美的地下空间系统。形成交通、市政、防灾、商业、环保多专业复合的地下空间系统，缓解城市交通压力、提升基础设施承载能力。通过开发利用地下空间，提高土地利用效率，提高城市容量，降低建筑密度，置换出更多的地面空间建设绿地等公共敞开空间，改善地上环境，实现地面、地上、地下三维空间的协调发展。利用地下空间的防灾特性保障城市安全，促进合肥"大湖名城、创新高地"战略地位的实现。

2. 阶段发展目标

近期发展目标：紧密结合轨道交通建设，大力促进轨道站点周边地下空间的连通和整合开发，形成地下空间网络骨架；结合重点地区的规划建设，整合地上、地下资源，从总体发展考虑，优化地下空间网络节点，进一步完善城市地下空间系统，提高城市空间利用效率，促进城市和谐发展。

远期发展目标：注重分层立体综合开发、横向相关空间连通、地面建筑地下工程协调发展，初步建立与城市发展空间相适应，与地上空间开发相结合，以地下轨道交通为骨架，由地下交通设施、地下公共设施、地下防灾减灾设施和地下市政设施组成的复合型、现代化的城市地下空间综合利用体系。

远景发展目标：不断补充和完善地下空间系统，逐步开发次生层和深层地下空间，全面实现城市基础设施现代化，大幅度提高城市生活质量。

3. 规划指标体系

合肥市地下空间规划指标体系一栏表

序号	指标类别	指标内容及单位	近期	远期
1	土地利用	市区城市建设用地面积/km²	420	500
		城市单位用地面积 GDP/（亿元/km²）	—	—
2	空间容量	地下空间开发量占地面建筑总量的比例/%	10～15	15～20
		单位城市用地面积建筑量/（万 m²/km²）	50	60
		容积率提高贡献率/%	10	20
		建筑密度降低贡献率/%	5	10
3	城市环境保护和改善	绿地面积扩大环保贡献率/%	5	10
		空气质量提高环保贡献率/%	5	10
4	城市交通地下化	地下轨道路运量占公交总运量的比例/%	0	25
		地下停车位占停车位总量的比例/%	40	80
5	市政公用设施地下化、综合化	污水地下处理率/%	10	20
		中水占生活供水量的比例/%	5	10
		固体废弃物地下资源化处理率/%	20	50
		变电站、燃气调压站、热交换站等设施地下化率/%	20	50
		余热废热回收再利用占总能耗的比例/%	5	10
6	资源的地下储存和循环利用	新能源开发利用占总能耗的比例/%	5	20
		燃气燃油的地下储存和运输/%	50	100
7	城市安全	个人地下公共防灾空间掩蔽率/%	80	100
		城市生命线系统允许最大破坏率/%	20	10
		防灾用品、燃料、饮用水、物资地下储量供应能力/天	30	60
		危险品的地下储存率/%	80	100

第 10 条 发 展 策 略

1. 综合发展节点策略

在商业集中密集区、综合交通乘换点等城市重要节点，进行地下空间综合性开发，减少地面地下的人流、车流之间的混杂和干扰，地下空间开发不能拘泥于某一特定的功能，鼓励多种功能并存，形成地下综合体发展模式。

2. 轴线连续发展策略

轴线发展包括两方面的内容：一是沿地铁线发展，此为城市地下空间轴线发展的重点；二是市政管线管道发展，虽然其属于基础设施，其地下空间不为人的活动所利用，却是支撑城市发展的基础和动力，从城市发展来看，目前市政管线的发展主要是高压电力管线的地下化。

3. 重点发展区补充发展策略

在城市的重点地区，如城市中心区、地市副中心等，地面用地紧张、价格昂贵，为了提高单位土地的使用效率，应考虑地下空间的开发和利用作为地上公共建筑的组成和补充，对这些区域的高强度开发起到拓展和支撑的作用。

4. 一般地区达标发展策略

对城市一般型区域和外围区的地下空间开发而言，由于没有其他特别要求，执行配建停车人防及市政管线等常规标准即可。

5. 保护区限制（禁止）发展战略

对城市中的地下文物保护区、地下水资源保护区及工程水文地质条件不利区等，采取保护措施，划定地下空间限制发展区域。

第3章　资源条件与需求规模

第11条　资　源　条　件

1. 地质适应性分区

根据工程地质资料对合肥市地下空间进行适应性分析，参考《城市规划工程地质勘察》（CJJ 57—94）场地工程建设适宜性分类规定，将合肥市主城区范围内浅层地下空间开发地质适宜性划分为地质适宜、地质较适宜、地质适宜性较差、地质不适宜4个等级。

地下空间开发地址适宜性分区表

分区代号	等级名称	场地使用评价	
		适宜性	施工工法及需要注意的问题
I	地下空间开发地区适宜区	工程地质条件良好，适宜兴建各种类型的地下工程	可采用明挖或暗挖、盾构法进行施工工艺。地下工程施工技术难度较大，基坑可采用一般的明挖法施工，在局部膨胀土地区注意保持含水量大致不变就不会遭受由膨胀引起的破坏，在地面建筑稀疏地区，可采用自然放坡明挖法，施工成本相对较低

分区代号	等级名称	场地使用评价	
		适宜性	施工工法及需要注意的问题
Ⅱ	地下空间开发地区较适宜区	工程地质条件较好，采用合适的处理方法加固松软土地，可兴建各类地下工程	采用明挖基坑，地下空间开发中应注意护壁及排水措施，采用通用地下施工技术，局部土层需做相应的地基处理
Ⅲ	地下空间开发地区适宜性较差区	工程地质条件较差，地下工程建设应采用合理的施工工艺和防水措施	岩性为黏性土夹淤泥，局部还夹沙，软土厚度基本在3m以上但不超过5m，地下空间开发施工中土层压力比较大，局部需专门成套的地下组织施工技术
Ⅳ	地下空间开发地区不适宜区	工程地质条件极差，属于地下工程建设的危险区	不论采用盾构、沉井还是基坑法，均会扰动土层，产生软土层蠕动、地面沉降、变形等工程地质和环境地质的问题。需采用专门特殊的地下组织技术施工

2. 资源适建性分区

通过地下空间资源影响因素调查，对地下空间进行适建性评价，划分为地下空间慎建区、限建区和适建区。

地下空间资源适建性评价表

分区代号	适建性内容
慎建区	滩涂区、大型垃圾填埋场、地下文物埋藏区、文物保护区、绿化廊道、防护绿地、水源保护区、特殊用地、矿产开发控制区、生态用地、农业用地、村镇建设用地、不良地质构造区、水体、郊野公园用地、由于地下空间利用可能诱发地质灾害或导致生态环境恶化以及国家法律法规所禁止的地区
限建区	市区级公园绿地、城市绿地、现状保留地面建筑区、已开发地下空间
适建区	广场、空地、道路规划拆除重建区、新开发建设地区

3. 资源潜力估算

初步估算合肥市区地下空间可有效开发资源量（折算成建筑面积）为 4.95 亿～8.56 亿 m²，主城区可有效开发资源量（折算成建筑面积）为 6.85 亿～11.82 亿 m²。

第 12 条 需 求 规 模

至 2020 年，规划合肥市区地下空间开发需求总规模约为 2500 万 m²，其中新增地下空间建设规模约 1600 万 m²，年均增长约 200 万 m²，人均地下空间面积约 5.0m²。

第 4 章 地 下 空 间 总 体 布 局

第 13 条 市域地下空间总体布局

与合肥"1331"市域空间发展格局相契合，构建与整个城市发展战略相协调的城市地下空间发展格局，实现整个城市有机体的地上、地下协调发展。

1. 重点开发主城区

主城区地下空间将形成以城市轨道交通网络为线，以城市重点片区为面、城市重点节点地区为节点的"点、线、面"结合的地下空间布局结构。并充分考虑地下空间开发利用的总体布局，明确竖向分层规划中各类项目之间的同层、相邻、连通规则，合理安排控制分区，提出管控策略。

2. 积极开发巢湖、庐江、长丰 3 个副中心城区

巢湖、庐江、长丰 3 个城区的地下空间开发应以单向地下工程为点，各级中心地下公共空间为面，组成点面结合的地下空间总体结构。结合城市商业中心区的大型商业项目、广场空间等，积极发展地下综合体、地下交通、地下市政、地下商业以及人防工程等功能。弥补地面空间功能不足并提升城市中心区的生态环境质量。

3. 适度开发空港地区、庐南地区、巢北地区 3 个新型产业基地

合巢、庐南、空港 3 个新型产业基地的地下空间开发应积极引导和培育发展，形成以重点地下工程为主的点状布局结构。根据产业新城的功能特制，重点打造地下空间开发利用的核心区域。3 个产业新城的地下空间利用主要以地下交通、地下市政、局部地下商业以及人防工程功能为主导。

4. 限制开发环巢湖地区

环巢湖地区是合肥市可持续发展的关键环节，也是建设生态城市的"首善之区"，因此环巢湖地区必须重视地区生态环境的建设，采取低密度、低强度的城镇建设模式。这一地区的地下空间应限制开发，主要以满足人防工程建设为主。

第 14 条　主城区地下空间总体布局

合肥市主城区地下空间采用"轴向滚动"与"次聚集点"相结合的发展模式，以城市形态为地下空间开发的发展方向，以城市地上空间功能为基础，以地下公共空间的开发利用为优先，以城市轨道交通网络为骨架，以城市中心、副中心、高强度商业区、综合交通枢纽为重点区域，以轨道站点、城市绿地广场以及大型公共设施等为节点，结合城市建筑物的地下空间开发，逐步形成"点、线、面"相结合的地下空间开发利用体系，总体上形成"两轴一环、多片多点、指状延伸"的地下空间布局结构。

1. "两轴一环"

地下空间发展的主要轴线。"两轴"为轨道 1 号线和轨道 2 号线组成的"十"字形地下空间发展轴线，"一环"为 3 号轨道线、4 号轨道线组成的"环"形地下空间发展轴线。发展轴线是带动合肥市地下空间开发建设的重要动力与空间导向。

2. "多片多点"

地下空间发展的重点片区和重要节点。结合城市级公共中心和轨道枢纽站点确定地下空间开发利用的重点片区，主要包括老城区商业中心区、滨湖核心区、政务文化区、合肥高铁站地区等；依托轨道交通规划所确定的线网和主要站点确定地下空间开发利用的重要节点。

3. "指状延伸"

以地下空间发展重点片区为发展源，以"两轴一环"为发展轴线，以大型公共建筑的聚集区、商业密集区、地铁换乘站点、城市公共交通枢纽及大型开放空间为主要节点，地

下空间在主城区内沿轨道线网呈指状向外延伸拓展。

<h2 style="text-align:center">第 15 条　平 面 内 布 局</h2>

1. 道路下

城市道路下地下空间开发以公共通道、轨道和市政管网为主。同时沿道路下，结合轨道站厅连通通道、过街通道的布局，可适度开发地下街等商业设施。

2. 公共物权下（主要指绿地、广场地下空间）

城市公共物权下地下空间开发，主要为公园、广场等市民共有土地使用权用地下的地下空间使用，其实用功能以公共停车场和供电、蓄水池等地下市政设施场站为主，同时，结合下沉广场、轨道站点、过街通道，可布置一定商业、文娱设施。

3. 独立物权下（主要指建筑物地下空间等）

城市独立物权下的地下空间开发为配建式地下空间开发，同时兼以满足人防要求。对于商业中心、金融商务区等城市重点地区，针对自身条件和实际发展需求，发展商业、停车等地下功能作为地面空间的延伸和补充。

<h2 style="text-align:center">第 16 条　竖 向 分 层 布 局</h2>

本规划将合肥主城区地下空间竖向划分为浅层（0～−15m）、中层（−15～−30m）及深层（−30m以下）。在规划期内，合肥市地下空间适宜开发深度主要在浅层（0～−15m)和中层（−15～−30m）之间，一般地区以浅层开发为主，城市重点地区的地下空间开发利用深度应达到中层。远景时期，随着地下空间的大规模开发，部分重点地区地下空间开发利用的深度可达−30m以下。

合肥市主城区地下空间竖向分层功能利用表

竖向层面	独立物权下（建筑红线以内）	城市道路下	公共物权下
城市上空	办公楼、住宅等	高架道路	公园、广场
地表附近	商业设施、环境设施	车行道	防灾避难场所
浅层（0～−15m）	地下综合体、地下商业街、人防工程、地下停车、轨道站厅、建筑设备、仓库	道路结构层、市政设施管线和综合管沟、地下人行通道、地下商业街、轨道站厅、地铁线路、市政场站、地下道路	人防工程、下沉广场、地下停车、轨道站厅、市政场站地下商业、地下文化娱乐
中层（−15～−30m）	地下停车、市政场站、物资库	地铁线路物流配输、地下车行干道	地下停车、地铁线路、市政场站
深层（−30m以下）	雨水利用及储水系统、特种工程设施（资源保护、远期预留）		

<h2 style="text-align:center">第 17 条　地 下 空 间 权 属 控 制</h2>

主城区所有地下−30m以下空间以及市政道路、河流、城市广场、公园绿地、大型城

市公共服务设施及市政设施等地下空间作为公共地下空间；地面私有设施对应的地下－30m以内空间作为"私有"地下空间。

政府要对"公共"地下空间进行严格控制，任何"公共"地下空间的开发均应由政府规划行政主管部门审查批准，未经批准任何单位、团体和个人不得侵占。

第18条 地下空间功能分区

1. 储备区

城市建设用地以外的山体、水域、生态廊道用地和结合商业网点中心的主要干道、公园、广场下的地下空间规划为储备区。

2. 综合功能区

主要指城市公共活动聚集、开发强度高，轨道交通站点密集区、城市中心地区等。该地区的地下空间不仅功能综合，而且地铁、交通枢纽以及与公共地下空间相互连通，形成功能综合、联系紧密的空间模式，地下商业＋地下停车＋交通集散空间＋其他＋公共通道网络的功能，连通性强，体现为地下综合体形式建设。

3. 混合功能区

综合功能区以外的轨道枢纽站点和主要站点、城市次中心区等公共活动相对频繁的地区。这些区域的地下以地面功能合理延伸为原则，以发展商业服务、配套停车、交通集散等功能为主。

4. 一般功能区

将以上3种功能区以外的地下空间规划为一般功能区。地下空间功能较单一，表现为简单的地下商业、地下停车、轨道交通、人防设施等。

地下空间功能分区控制策略一览表

功能分区	特征	控制策略
储备区	城市建设用地以外的山体、水域、生态廊道用地和结合商业网点中心的主要干道、公园、广场下的地下空间规划为储备区	一般不进行商业开发，在不破坏区域生态安全及造成危害前提下，可适度安排城市公用设施，包括地下交通设施、地下市政设施、地下人行通道等
综合功能区	功能综合联系紧密的综合功能，表现为地下商业＋地下停车＋交通集散空间＋其他＋公共通道网络的功能，连通性增强，体现以地下综合体建设的方式	（1）首先满足公共空间需求，优先安排地下市政设施、地下交通设施、地下停车设施、公共通道等功能； （2）强调功能综合，强调与地铁、交通枢纽以及与其他用地的地下空间紧密联系； （3）体现各种功能使用的综合效益，形成室内室外、地上地下一体的地下公共空间； （4）综合功能区的开发应先编制地下空间控制详细规划，以规划为先导，在政府的引导下鼓励市场参与

功能分区	特征	控制策略
混合功能区	多种功能混合，表现为地下商业＋地下停车＋交通集散＋其他功能，地下空间功能联系紧密的地块可连通	（1）首先满足公共空间需求，优先安排地下市政设施、地下交通设施、公共通道等功能； （2）主要发展为地面配套的地下停车、地下商业交通集散等功能，不宜进行大规模的商业开发； （3）开发模式以地块内为主，应加强地块间公共步行空间的连接
一般功能区	功能较单一，表现为简单的地下商业、地下停车，无强制性的连通要求	（1）地下开发以配建功能、市政设施、人防设施为主。应控制地下空间开发规模不宜进行大型商业开发； （2）开发模式以按照市场相关标准及规划要求各自进行建设

第 19 条　特殊用地地下空间利用

1. 城市公共绿地/广场

通过综合协调城市绿地系统、人防体系及市政基础设施体系等不同系统间的关系，合理布局合肥主城区公共绿地及广场地下空间复合利用项目用地，有重点、分层次地对城市公共绿地加以综合利用，以实现设施服务能力、城市防护能力和城市绿化景观的改善，提高城市土地利用的集约化水平。城市公共绿地地下空间开发利用应严格控制，不应安排商业开发类项目，但可用人行通道、通道出入口或下沉广场建设。部分以硬质景观为主的公园可在规划指导下进行局小范围的开发，适当安排公共服务设施，但以不破坏地面绿地为原则。本规划所明确的重点地区内城市公共绿地/广场地下区域以专项编制的地下空间详细规划为依据。

2. 城市道路

城市道路下地下空间主要安排城市公用设施，如市政设施、综合管廊、地铁以及人行过街通道等交通联络空间。在非重要的、有特殊需求的路段，可在规划指导下适度开发作为周边建筑空间的延伸，作为建筑与地铁车站以及建筑之间的联系空间。原则上城市道路下方不得进行商业开发，但本规划所明确的重点地区内城市道路地下区域可以根据专项编制的地下空间详细规划进行综合开发。

3. 城市水域

城市水域下部空间原则上不得安排开发类的地下空间利用。但城市市政管网、轨道交通、隧道、地下道路可穿越水域。

4. 历史文化地段、特色风貌区及文保建筑

历史地段、特色风貌区以不破坏区域整体风貌为原则，可根据区域内建筑修缮、修整、改造的情况，结合需要安排部分地下空间，其功能可灵活安排。文保单位下部空间原则上不得安排与预期功能无关的地下空间，若建筑自身原配备有地下空间重新利用或需要安排地下储藏或设施的情况，可根据相关论证予以考虑。

5.政府机关所在地、军事用地

政府机关所在地、军事用地地下空间开发建设，按照国家相关法规进行设计和建设。

第5章　主城区地下公共空间规划

第20条　地下公共空间发展策略

（1）地下公共空间发展与城市总体规划确定的发展方向、规划结构、用地布局相一致。

（2）地下公共空间建设与地面公共空间相协调，地下空间作为地面建筑功能和配套功能的补充。

（3）地下公共空间开发以轨道交通为骨架，以交通枢纽为节点，以城市重点地区为发展腹地，形成点、线、面相结合的地下空间网络结构。

（4）地下公共空间开发以多种功能综合开发为主。

（5）地下公共空间重视地下建设安全性与技术特殊性。

第21条　地下公共空间布局

1.发展轴线："两轴、一环"

主要包括轨道1号线和轨道2号线的十字形地下空间发展轴线，轨道3号线和轨道4号线形成的"环"形地下空间发展环。

2.重点地区：10个重点地区

主要包括合肥火车站地区、老城商业中心区、高铁站地区、滨湖核心区、市政务文化核心区、省级文化核心区、王咀湖地区、少荃湖地区、东部新城中心区、西南辛城中心区等10个地下空间重点发展片区。

地下空间重点规划情况一览表

序号	地下空间利用重点地区	地下空间开发范围面积/km²	地面主导功能	地下空间主要功能
1	合肥火车站地区	1.26	综合交通枢纽	人行设施、商业服务、人防设施、停车场库
2	老城商业中心区	2.44	商业金融、商务办公	商业服务、人防设施、停车场库
3	合肥高铁站地区	3.35	综合交通枢纽	人行设施、商业服务、人防设施、停车场库
4	滨湖核心区	4.69	商务办公	商业服务、人防设施、停车场库、地下通道、市政共同沟
5	市政务文化核心区	3.28	行政、文化、体育	停车场库、文化娱乐、商业服务、人行通道、人防设施

续表

序号	地下空间利用 重点地区	地下空间开发 范围面积/km²	地面主导功能	地下空间主要功能
6	滨湖省级文化核心区	2.11	行政、文化、体育	停车场库、文化娱乐、商业服务、人行通道、人防设施
7	王咀湖地区	5.87	科研文化、商业金融	商业服务、人防设施、停车场库、市政共同沟
8	少荃湖地区	5.26	科研文化、商业金融	商业服务、人防设施、停车场库、市政共同沟
9	东部新城中心区	1.36	科研文化、商业金融	停车场库、商业服务、文化娱乐、人防设施
10	西南新城中心区	1.68	商业商贸	停车场库、商业服务、人防设施
	合计	31.3	—	—

3. 重要节点：20个主要节点

主要包括合肥站、大东门、三孝口、三里庵、太湖路、宿松路站、潜山路站、祁门路站、望江西路站、庐州大道站、紫云路站、上海路站、蒙城路站、北二环路站、翡翠路站、当涂路站、采石路站、大众路站等20个轨道交通换乘枢纽。

地下公共空间的重点地区和重要节点必须经过城市设计，协调地区地下空间的竖向分层，理顺地上、地面和地下的各种关系。其城市设计应着眼于城市立体空间整体优化，充分体现合肥市城市特色，提升城市形象和品质。

第22条　重点地区地下空间布局

按照主导功能和形式的不同，可分为商务办公、商业中心、文化体育中心、综合交通枢纽、城市节点等5种类型。

1. 商务办公区

结合高层建筑的地下部分，充分开发利用地下空间，用作停车场、设备用房及商业服务设施；考虑区内的大量通勤人口规划应考虑形成立体化交通体系，要求地下建筑，尤其是核心区的地下一层相互连通，形成地下人行系统；并要求将地下车库尽可能连通，以减轻地面交通压力，有效组织区域内的交通。

2. 商业中心区

大力发展地下综合体的建设，突出地下步行系统的作用，将地面上的各个商业网点通过地下通道相连接，形成商业网络；由于来往商业区的人群流动性很大，对公交系统（尤其是轨道交通）依赖性较强，应在规划中加强与地铁、公交首末站的接驳换乘；注重通风和自然光引入，提高环境舒适度，营造宜人的购物和换乘空间。

3. 文化体育中心区

由于文化体育设施阶段性与突发性人流较大，地下空间规划应与地面空间协同，以安全有效的疏散大规模人流，有效地解决停车问题为主要目的。

为了地下空间在平常时段的有效利用，可适当引入商业设施，使地下空间功能更综合，提高使用效率。

4. 综合交通枢纽

应通过利用地下空间促进交通流线的畅通，地下应建设大规模机动车停车场；通过地下步行道将周边公共建筑与公交枢纽站之间进行连接，吸引更多人流进入公共交通系统，从而减轻城市交通压力；作为重要人流集散地，应适当发展商业、文化娱乐等必要的公共服务设施，并处理好地铁与其他公交的接驳。

5. 城市节点

一般是含有地铁换乘站点的十字路口，借助地下通道将路口四周的地下一层商业设施连通，并与地铁换乘站点相接，偏于乘客通行和购物。具体地下空间功能与所处区域有关，体现互补性和协调性。

主城区地下空间重点地区规划建设指引

功能分区	地下空间利用重点地区	规划建设要求
商务办公区	滨湖核心区	可结合高层建筑的地下部分，充分利用地下空间，用作停车库、设备用房及商业服务设施。由于区内有大量通勤人口，规划应考虑形成立体化交通系统，要求地下建筑，尤其是核心区地下一层相互连通，形成地下人行系统，并要求将地下车库尽可能连通，以减轻地面交通压力
商业中心区	老城商业中心区 王咀湖地区 少荃湖地区 东部新城中心区 西南新城中心区	大力发展地下综合体的建设，突出地下步行系统的作用，将地面上的各个商业网点通过地下通道相连通，形成商业网络；由于来往商业区的人群流动性很大，对公共系统依赖性较强，应在规划中加强与地铁的接驳换乘；注重通风和自然光引入，提高环境舒适度，营造宜人的购物与换乘中心
文化体育中心区	市政务文化核心区 省级文化中心区	由于文化体育设施阶段性与突发性人流较大，地下空间规划应与地面空间协同，以安全、有效的疏散大规模人流，并有效解决停车问题；为了地下空间在平常时段的有效利用，可适当引入商业设施，使地下空间功能更综合，提高使用效率
综合交通枢纽	合肥高铁站地区 合肥火车站地区	应通过利用地下空间促进交通流线的畅通，地下应建设大规模机动车停车场；通过地下步行通道将周边公共建筑与公交枢纽站之间进行连接，吸引更多人流进入公共交通体系，从而减轻城市交通压力；作为重要的人流集散地，应当适当发展商业、文化娱乐等必要的公共服务设施，并处理好地铁与其他公交的接驳。
城市节点	合肥火车站、大东门站、高铁站、云谷路站、东二环站、当涂路站、潜山站、祁门站、大众路等20个轨道交通换乘枢纽，以及各组团地铁线路站点的周边区域	一般是含有地铁换乘站点的十字路口，借助地下通道将路口四周的地下一层商业设施连通，并与地铁换乘点相接，便于乘客通行和购物。具体地下空间功能与所处区域有关，体现互补性和协调性

第6章 主城区地下交通系统规划

第23条 地下轨道交通系统

合肥主城区轨道交通线网布局总体上呈"棋盘放射"形态,规划期2020年内将建设完成4条线路,并开工建设5号、6号线。2020年建设成轨道线路总长132.52km,公设车站103座,其中地下车站94座,枢纽车站17座。到2020年,主城区轨道交通出行量占公共交通出行总量的比例为22.3%。远景将形成12条线路组成的城市轨道交通网络,总长322.5km,其中市区线路7条,全长215.3km;市域延伸线5条,全长107.2km。

第24条 客运枢纽

主城区范围内规划客运枢纽48座,其中一级枢纽3座,包括合肥市高铁站、合肥火车站、合肥西站;二级枢纽6座,包括综合客运枢纽、汽车客运总站、汽车客运东站、汽车客运西站、汽车客运北站和滨湖汽车客运总站;三级枢纽39座,包括合肥火车站、大东门站、高铁站、云谷路站、东二环路站、当涂路站、潜山路站、祁门路站、大众路等20个轨道换乘枢纽和19个常规公交枢纽站。

1. 一级枢纽站点

以交通功能为主,通过构造紧凑、便捷、立体的交通空间,以实现高效便捷、安全舒适的交通服务。

2. 二级枢纽站点

以交通功能为主、商业商务开发为辅。构建连续的地下交通空间的同时,设置餐饮、商业及休闲等多样化空间,实现交通转化和商业开发的双重功能。

3. 三级枢纽站点

交通功能和商业开发同等重要。通过与周边商业等建筑地下空间的结合,利用密集人流使得物业开发产生良好收益。

枢纽地下空间交通衔接设施设置要求

枢纽等级	衔接设施	设置要求
一级枢纽	机场、火车站、城际站、地铁站、公路客运站、公交总站、停车场	注重多种交通方式的无缝衔接,以换乘距离最短化为原则布置衔接性强且换乘量大的交通设施,尽可能分流不同性质的客流,充分利用交通设施立体化减少换乘时间,提高整个枢纽的换乘效率
二级枢纽	城际站、地铁站、公路客运站、公交总站、停车场	
三级枢纽	地铁站、公交总站、停车场	注重枢纽站与周边地铁的连通要求,尤其是站点与商业建筑、居住小区及地下停车场等功能区的连通

第 25 条　地 下 停 车 设 施

1. 公共地下停车设施

规划二环内公共地下停车比例不低于建设总量的 90％，二环外不低于 70％，外围产业功能组团不低于 20％。2020 年主城区范围内共规划地下公共停车场 85 个，其中二环以内共 58 个，主要是缓解停车矛盾，满足停车需求，外围区的停车场主要是衔接地铁站的 P＋R 停车场，主要功能是截流机动车，减轻中心城区的交通压力。

地下公共停车设施可安排在：客源交通枢纽地区，依托有条件的大型公园、广场、学校操场等修建的为社会提供服务的地下停车库，利用道路下方为使用资源进行地下停车库建设。公共地下停车库深度应在浅层范围内，不超过地下 15m。大型公共地下停车场的建设要合理布局，并进行交通影响评价。

2. 配建地下停车设施

根据区位及用地功能不同，对所有潜力用地进行地下配建停车的需求分级，重点地区内地下停车配建比例标准为 90％～100％，二环内非重点地区内地下停车标准为 80％～100％，二环外非重点地区内地下停车配建比例标准为 70％～80％，城市外围地区地下停车配建比例标准为 60％～70％。

新建的大中型公共建筑和住宅必须依据配建指标修建停车设施。中心城区内由于土地价值高、绿地面积紧缺，其配建指标应以地下停车为主；外围组团由于土地价值相对较低，可采取地下停车与地上停车相结合的方式。

第 26 条　地 下 道 路 系 统

地下车行隧道主要是实现立体交通发展。为最大程度解决平面交通冲突及交织问题，充分利用地下空间，在地面交通拥挤的平面交叉口、路段等规划建设地下车行隧道，实现空中、地面及地下的城市立体交通一体化网络。

根据合肥市综合交通规划和其他相关规划，2020 年，规划建议在主城区范围内新建地下行车通道 45 处（主要包括地下通道和地下立交）。鼓励新开发地区和城市更新地区，地下车行通道系统规划建设。远景设想建设城市地下机动车道路系统，成为轨道交通系统之外改善城市机动车出行的重要系统。

第 27 条　地 下 步 行 系 统

地下人行通道除了提供行人过街需求功能外，还应结合地下商业、地下人防、地铁站点等地下空间发展成为地下步行网络，在城市重点地区还应结合周边地区的地下空间开发地块逐步实现相互连通，形成地下步行交通系统。地下人行通道选址主要位于人流密集的行人过街点、城市快速道路与主干道路交叉口改造，特别是大学以及教育园区、大型商业设施、综合交通枢纽等的过街连接通道。在城市中心区声商业繁华地带，鼓励地下步行通道与地铁站、人防、商业开发充分结合，形成完善的地下步行系统。

根据合肥市综合交通规划和其他相关规划，到 2020 年，规划建议在主城区范围内新建独立地下人行通道 42 个。轨道站点建设须同步建设地下人行过街通道。

第7章　主城区地下市政设施规划

第28条　地　下　综　合　管　廊

综合管沟内埋设主要管线为电力、通信、燃气、给水等非重力流管线，排水管线一般不置于综合管沟内，建设综合管沟能有效减少管线建设中对路面的反复开挖节约道路下方空间资源，适合集约化城市建设需求，是未来城市发展的趋势。综合管沟一般沿道路建设，在合肥老城区和已建区道路下管线错综复杂，道路开挖对区域交通影响较大，所以综合管沟宜在新建区建设。根据综合管沟的特点，规划建议在合肥滨湖新区核心区、合肥高铁站商务区、中科智城、新站核心区等区域适宜建设综合管沟，远景考虑结合地下轨道交通、地下道路的建设逐步修建综合管廊。

第29条　地下电缆廊道与供电设施

城市重点区域地区不应新建高压架空输电线路，老城区内不应设置新的电信、有线电视架空线，现状架空线应逐步改造入地，两者建设应相结合，同路由、同井建设。建议合肥市及时加强地下电缆廊道的研究和规划工作。

规划 6 座轨道交通专用变电站地下化建设，其中 5 座 110kV，1 座 35kV。规划建议合肥市主城区内 220kV 变电站、110kV 变电站应积极采用地下化或与地面建设相结合的方式建设。

规划轨道变电所地下化建设一览表

轨道变电所名称	布局选址位置	资源共享的轨道线	上级电源（220kV）	备注
1-1变（110kV变）	瑶海区胜利路与明光路交口西北侧	1、2号线	板桥变	地下全封闭
2-2变（35kV变）	大东门	1、2号线	明光路变	地下全封闭
3-1变（110kV变）	庐阳区临泉路与蒙城路交口西北侧	3、5A号线	永青变板桥变	地下全封闭
3-2变（110kV变）	政务区龙腾路与齐云山路交口西北侧	3、4号线	长青变	地下全封闭
4-2变（110kV变）	淝河镇棠樾路与淝河支路交口西南侧	4、6号线	贾郢变	地下全封闭
5-1变（110kV变）	包河区政府西侧	5号线	长青变	地下全封闭

第 30 条　地下雨水调蓄池

地下雨水储留设施是一种利用地下空间建设的、用以在多雨季节，暂时储存城市中无法排出的雨水的地下构筑物。雨水调蓄池的选址应综合考虑区域防洪排涝安全格局，宜建在公园、绿地、学校操场及体育场地下。服务范围主要是雨量集中、雨水干管密集的区域。

依据合肥雨水、排水、治涝专项规划，结合城市绿地及服务区域共规划 10 处地下雨水储留设施。

第 31 条　地 下 环 卫 设 施

在满足合肥市垃圾转运需求的基础上，按照用地集约、环境保护原则，在城市重要景观地区，结合绿化用地建设地下垃圾转运站。同时在新建小区内逐步推广地下垃圾收集站。远期在主城区的高档居住区，积极进行生活垃圾管道收集系统的建设试点。尽量布置在对外交通道路的附近，结合垃圾管道收集系统的建设，发展地下垃圾分拣、转运设施。规划建议在合肥市主城区范围内 6 处垃圾转运站采用地下化建设，总面积 25000m²，垃圾转运规模 1250t/日。

第 8 章　地下空间综合防灾

第 32 条　规 划 目 标

按"国家一类重点人防工程"为基本目标，充分利用地下空间，建设配套完整、布局合理的人防工程体系和基础设施的防护系统，实现人防建设适应防御现代战争及防止平时重大灾害事故的城市地下综合防灾体系。

第 33 条　人 防 规 划

1. 规划控制总量

根据合肥市人防预案及相关城市经验，取市区留城人口为规划人口的 60%，市域二级城镇留城人口为规划人口的 40%，留城人口人均指标 2.1m²/人（人防工程结建比例按地面建筑 6.0 取值）计算，满足 2020 年城市防护要求，合肥市主城区人防工程规划控制总量 750 万 m²，市区人防工程规划总量为 630 万 m²。

2. 人防工程布局

考虑到人防工程的特殊性和保密性，根据国家的保密规定，人防指挥工程、医疗救护工程、人员掩护工程、配套工程等各类人防设施的布局规划在本规划中不作详细说明，具体内容参见《合肥市城市人防工程规划（2012—2020）》。

3. 地下空间兼顾人防

城市新建、扩建或者改建的住宅、旅馆、商店、教学楼和办公、科研、医疗用房等民用建筑，必须按照国家有关规定建设人防工程。结合地质条件，城市商业中心、重点发展地区的地下空间开发建设防空疏散体系。结合城市公园、广场、公共绿地的建设开发地下空间，并综合考虑城市防空需要，兼顾人民防空要求。

城市地下交通干线、地下过街隧道、地下停车场等城市地下空间的开发建设，以及供水、供电、供气、交通、通信、信息等重要生命线工程建设，应当兼顾人民防空、重大灾害的需要。

中心城区、建筑密集地区可结合地面防灾体系建设，利用地下空间设置灾害时人员的疏散避难通道、临时疏散避难场地、应急救援场所、应急救灾物资仓库、应急医疗救护站等设施，作为城市抗灾的重要保障。

第 34 条　地下空间的防震减灾

（1）地下抗震系统应结合合肥城市绿地和广场系统及地面避难空间进行布局，在利用绿地广场作为地震灾害发生时的逃生避难场所的同时，利用与绿地广场相联系的地下空间作为避难的补充空间。

（2）利用地下空间作为抗震避难的场所，应避开对地下空间抗震不利的地段，不应建造在危险地段，即地震时可能发生地陷、地裂，以及基本烈度为 8 度和 8 度以上、地震时可能发生地表错位的发震断裂带地段。

（3）地下空间可以作为合肥抗震防灾系统中地面避难空间的有益补充，其主要功能包括灾时日用品、设备及食品的存储空间；人口疏散与救援物资的交通空间、人员的临时掩蔽所；临时急救站；灾时地下指挥信息中心。

（4）建立地下空间结构抗震安全评价机制，加强地下空间结构抗震性能研究。

第 35 条　地下空间的防火减灾

地下建筑的防火应该贯彻"预防为主，防消结合"的方针，满足相关规范的要求。

（1）地下建筑的耐火等级和各部位构件的耐火极限应当达到地面建筑规定的一级耐火等级标准。

（2）严格按照规定面积划分防火灾区。

（3）地下建筑应严格禁止可燃的内部装修材料的使用。

（4）地下建筑的人员疏散距离要尽可能短，疏散通道宽度必须满足规范要求。

（5）严格设置防烟分区，并要有防、排烟措施。

（6）地下建筑需设置灭火系统。

（7）地下建筑须设置火灾事故照明和疏散指示灯。

（8）同类型的地下建筑应当根据其要求设置火灾自动报警装置。

第 36 条　地下空间的防洪减灾

根据地下空间和洪灾的特点，地下空间的防洪应采取"以防为主，以排为辅，截堵结合，因地制宜，综合治理"的原则，虽然防洪能力较差是地下空间的弱点，但是通过适当的口部防灌措施和结构防水措施，是可以减轻洪灾对地下空间影响的。

（1）出入口设置截水沟和防淹门。

（2）加强采光窗、竖井、通风孔等外露孔口的防洪措施。

（3）加强地下空间的通信，规范涉事疏散指示牌。

（4）制定洪水预报和抢险预案。

第37条　地下空间的防灾减灾

城市地下空间的灾害越来越以综合形式出现，城市地下空间的防灾减灾措施要结合主要灾害和可能引发的其他灾害之间的关系，采取综合防治措施，提高城市对各种灾害的预测和预警能力、防御能力和快速应变能力以及灾后的自救能力和恢复力，增强城市的总体防灾能力。

（1）完善城市地下空间灾害实时监控和预警。

（2）制定城市地下空间综合救灾预案和应急救灾方案。

（3）加强城市地下空间结构抗灾性能研究。

（4）完善城市地下空间性能评估和修复加固技术。

（5）加强地下空间的综合防灾能力。

第9章　地下空间控制指引

第38条　地下空间编制单元划分

依据《合肥市控制性管理单元》的单元划分，结合地下空间功能分区，对地下空间编制单元进行划分，主要分为地下空间重点地区编制单元、地下空间一般地区编制单元和其他地区，针对不同的地下空间编制单元，制定相应的地下空间控制指引，以达到对下一层面的规划地下空间内容进行指引，使地下空间规划更具针对性和可操作性。

第39条　重点地区编制单元控制指导

地下空间重点地区控制导则内容主要包括地下空间功能控制、地下空间建设规模、地下空间控制分区、地下空间利用规划控制、地下空间设施规划控制、地下空间历史文物与环境设计指引、开发模式指引等7个方面。

重点地区编制单元控制导则内容一览表

序号	控制要素	控制与引导内容	文字	图纸
1	地下空间功能控制（功能定位）	确定各管理单元内地下空间开发的主导功能	●	—
2	地下空间建设量控制	确定各管理单元内地下交通、地下防灾、公共设施建设	●	—
3	地下空间利用控制分区	地下空间慎建区、限建区、适建区与已建区范围	—	●

序号	控制要素		控制与引导内容	文字	图纸
4	地下空间利用规划控制	地下空间需求等级	在导则中图示	—	●
		地下空间开发范围	在导则中图示	—	●
		地下空间使用性质	在导则中图示	—	●
		地下空间使用性质	在导则中图示	—	●
		开发深度	在导则中标示地下空间开发深度	—	●
		开发层数	在导则中标示地下空间开发深度	—	●
		地下空间连通控制	在导则中图示	—	●
		地下出入口禁止区域	在导则中图示	—	●
		地面与地下的衔接	在导则中图示	—	●
5	地下空间设施规划控制	地下公共服务设施	编制单元内地下街、地下综合体等商业娱乐设施、各管理单元地下公共设施的建设量及规划指引	●	●
		地下交通设施	编制单元内轨道交通设施、地下道路设施、地下停车场、公共交通换乘站点等布局；各管理单元地下交通设施的建设量及规划指引	●	●
		地下市政设施	编制单元内地下市政设施布局、管理单元地下交通设施的建设量及规划指引	●	●
		地下人防设施	编制单元内地下人防设施布局、各管理单元地下交通设施的建设量及规划指引	●	●
6	历史文物保护与环境指引		在地下空间重点编制单元规划指引中作出说明	●	—
7	开发模式		在地下空间重点编制单元规划指引中作出说明	—	—

第 40 条　一般地区编制单元控制通则

　　地下空间一般地区控制通则主要包括地下空间功能控制、地下空间控制分区、地下空间建设规模、地下空间开发深度、地下空间连通控制、地下空间出入口控制要求、地下交通设施、地下市政设施、人防工程设施和历史文物与环境控制指引和开发模式指引等11个方面。

地下空间一般区控制通则内容一览表

序号	控制要素	控制与引导内容
1	地下空间功能控制	确定各管理单元内地下空间开发的主导功能
2	地下空间利用控制分区	地下空间慎建区、限建区、适建区与已建区范围
3	地下空间开发深度	确定地下空间竖向分层及开发深度

序号	控制要素	控制与引导内容
4	地下空间连通控制	明确地下空间连通控制要求
5	地上出入口控制	明确地下空间出入口控制要求
6	地下公共服务设施	编制单元内地下街、地下综合体等商业娱乐设施、各管理单元地下公共设施的建设量及规划指引
7	地下交通设施	编制单元内轨道交通设施、地下道路设施、地下停车场、公共交通换乘点等地下交通设施规划指引
8	地下市政设施	编制单元内地下市政设施布局、各管理单元地下交通设施规划指引
9	地下人防设施	编制单元内地下市政设施布局各管理单元地下交通设施规划指引
10	历史文物保护与环境指引	编制单元内明确历史文物保护与环境指引
11	开发模式	编制单元内建议地下空间开发模式

第 10 章　近期建设与远景规划

第 41 条　近期建设指导思想

（1）结合轨道交通设施开发利用地下空间。

（2）抓紧编制重点地区（段）地下空间开发利用详细规划。

（3）将地下空间建设要求纳入控规规范管理。

第 42 条　近 期 发 展 目 标

初步完善地下空间管理制度，引导地下空间建设，使地下空间在现有的散点分布基础上形成聚点分布的形态。地下空间的近期开发量占建筑总量的比例达到 10%～15%。

第 43 条　近 期 建 设 规 划 布 局

地下空间近期建设形成两轴、四片、多点的空间结构。

1.“两轴”

以轨道 1 号线和 2 号线为城市地下空间发展的主轴线。

2.“四片”

近期城市地下空间发展的重点区域，包括合肥火车站片区、高铁站片区、老城商业中心区、滨湖核心区。

3.“多点”

轨道 1 号线，轨道 2 号线，轨道站点周边地区，地下空间开发以轨道站点为中心向周边地块延伸。

第44条　近期重点建设地区

1. 重点建设火车站片区

充分利用好轨道交通1号线合肥站、站前广场地下空间开发，形成多功能的交通枢纽性地下综合体；重视枢纽站点与周边地块地下空间开发有机连接，建立交通枢纽地上、地下一体化的换乘体系，形成完整、畅通的地下空间系统。

2. 重点强化、完善新老城区地下空间建设

以轨道2号线为地下空间发展轴，结合城市综合体、轨道换乘枢纽及站点、高层建筑等地下空间开发，完善老城区地下空间建设。以优化地下交通体系为主，增强地下车库、地下步行通道的连接，促进老城区地下空间网络的形成。不断加强轨道交通站点公交与地铁的换乘，提高地下空间的环境舒适度；围绕轨道交通站点适度发展地下商业综合体，营造宜人、便捷的地下通行、换乘与购物空间网络，重点促进长江路沿线的大东门、宿州路、金寨路以及三里庵等站点周边地区地下空间开发。

3. 合肥高铁站商务区综合枢纽建设

形成"两片、两轴、两心、六点"的地下空间总体布局结构。近期重点打造功能复合化的地下综合体，以交通换乘功能为主，以服务功能为辅，兼有文化、展贸、休闲、娱乐等功能，构建成为集高铁客运站、汽车客运站、地铁中转站、停车配套、公共服务设施配套等功能为一体的综合性大型地下综合体，总体增强合肥高铁站复合型交通枢纽功能，全面提升高铁站地区共建配套整体水平和层次，促进合肥高铁站城市公共中心的形成。

4. 滨湖核心区地下空间建设

以轨道1号线、5号线沿线站点为核心，充分利用商业文化建筑和综合体的地下空间，进行滨湖新区地下公共停车场、商业设施、公共设施的开发，全面提升滨湖核心区的综合服务能力，打造安徽省开发利用示范区。延续地面布局结构，形成以万达滨湖综合体为龙头，以轨道站点为核心，以云谷路、庐州大道为主要发展轴，"双轴、五心、网络化"的地下空间总体发展框架，近期重点打造融合"交通、商业、公共服务、停车、市政功能"为一体的复合型地下综合体。主要进行城市地下交通设施、地下商业、地下市政设施、人防设施的开发，促进地下商业城、地下服务城、地下枢纽城的形成。

第45条　近期重点交通设施

1. 轨道交通

近期重点建设轨道1号线和2号线，开工建设轨道3号线、4号线，开展5号、6号线前期设计工作，促进轨道交通引领城市集约化发展的结构骨架形成，推动城市空间布局与整体功能的优化与提升。

2. 地下公共停车场

结合城市地下空间近期重点建设区域，近期地下公共停车场主要布局在合肥老城区、滨湖新城区、火车站地区、合肥高铁站地区等，同时重点储备轨道1号线、2号线的地下

公共停车场用地。综合各重点地区及轨道站点周边地下公共停车场规划，近期规划建设地下公共停车场共 22 处。

近期规划建设地下公共停车场一览表

序号	名称	位置	泊位	实施期限	建设模式
1	百盛广场	淮河路与九狮桥路交口西南	160	近期	扩容改造
2	杏花公园	公园内	200	近期	公园地下
3	市体育场	阜阳路与阜南路交叉口	320	近期	体育场地下
4	绿都商城	绿都商城负一层	200	近期	扩容改造
5	市容局宿舍改造	合瓦路与阜阳路交口西北角	100	近期	地块改造
6	一环长丰路口	长丰路北一环交口西南角	130	近期示范	绿地地下
7	柏景湾小学	柏景湾小学体育场	110	近期	体育场地下
8	沿河西路	肥西路与沿河西路交口西北	140	近期	绿地地下
9	花冲公园	花冲公园	198	近期示范	公园地下
10	大东门换乘站	寿春路与滁州路交口西南	210	近期示范	绿地地下
11	宋斗湾路	宋斗湾路与裕溪路交口东南	200	近期	独立停车场
12	合肥火车站	火车站南北广场	545	近期	火车站广场
13	丝绸公园	金寨路与水阳江路交口东北	287	近期示范	公园地下
14	安徽大剧院广场	徽州大道与芜湖路交口东南	260	近期	立体化改造
15	古井体育场	南一环路马鞍山路交口西北	210	近期	广场地下
16	青弋江路	青弋江路宿松支路交口东南	140	近期	绿地地下
17	档案中心	华阳北路与休宁路交口西南	127	近期示范	综合开发
18	南七里街办道	石台路与望江路东北	100	近期	综合开发
19	国购广场	—	90	近期	综合开发
20	龚洼	—	200	近期	绿地地下
21	云谷路公园	繁华大道与云谷路交口	200	近期	公园地下
22	机场公园	庐州大道与乌鲁木齐路交口	200	近期	公园地下

3. 地下车行隧道

结合合肥市畅通二环工程，近期新建地下车行隧道 10 座，主要采取分离式立交形式。

第 46 条　近期重点市政设施

1. 综合管沟

近期围绕滨湖新区核心区、中科智城、高铁站地区等适宜区域开展试点工作。

2. 地下雨水蓄水池

采用"渗、滞、蓄、用、排"的低冲击雨洪管理理念，近期规划建设 4 座雨水蓄水池，分别位于老城区、高铁站片区、淝河片区、包河工业园片区。

近期规划建设地下雨水蓄水池一览表

名称	位置	容量/m³	实施期限	备注
逍遥津雨水调蓄池	逍遥津公园内	10000	近期示范	公园下
淝河雨水调蓄池	东流路与淝河路交口	5000	近期示范	绿地下
高铁片区雨水调蓄池	庐州大道与乌鲁木齐路交口	10000	近期示范	绿地下
茶博城雨水调蓄池	黄河路与包河大道交口	10000	近期示范	扩容改造

3. 地下变电站

近期结合轨道1号、2号线建设，加快轨道1-1变、轨道2-2两个轨道专用变建设，采取地下全封闭形式，保障变电站的安全性。同时积极谋划主城区内220kV变电站、110kV变电站采取地下化或与地面建筑相结合的可能性。

近期规划建设地下轨道专用一览表

轨道变电所名称	布局选址位置	资源共享的轨道线	上级电源	备注
1-1变（110kV）	瑶海区胜利路与明光路交口西北侧	1号、2号线	板桥变	地下全封闭
2-2变（35kV）	大东门	1号、2号线	明光路变	地下全封闭

4. 城市地下污水处理厂

受占地及环境条件的限制，近期积极尝试在城市中心城区建设地下污水处理厂，提高土地集约效率。规划建议十五里河污水处理厂、小仓房污水处理厂续建工程采取地下开发建设方式，集约利用土地。

5. 垃圾压缩站

近期在滨湖核心区、中科智城地区，规划建议垃圾转运站结合地下空间的开发建于地下。

第47条 远 景 发 展

构建地面、地上、地下形态完整、功能完善的城市三维空间。创造舒适、宜人、便捷、安全的城市生活空间，实现人与自然、人与社会的和谐共生。

全面实现城市基础设施地下化和综合化，构建完善的地下城市基础设施、地下物流系统、能源的地下封闭循环系统。

形成健全的地下空间法律体系与完善的地下空间建设经营及开发管理体制。

第11章 实施措施与政策建议

第48条 完善地下空间的立法、加强技术标准规范制定

根据"急用先立"的原则，加快合肥市地下空间专项立法以及配套立法工作的推进，

逐步建立健全相关法规体系。研究制定《合肥市城市地下空间开发利用管理办法》，进一步明确土地出让、产权登记、建设管理等实施细则。制定与地下空间有关的技术规范与标准，加强对地下综合体、地下空间连通、轨道交通站点枢纽等地下空间建设的相关规定与指导。在此基础上进一步研究制定相关配套法规政策，包括税收、融资、政府基金或补贴、捆绑开发、民间参与建设等鼓励支持的法律法规。

第49条　明确职责、建立协调机制、理顺管理体制

理顺城市地下空间开发利用管理的行政管理框架，实行明确责任、分开管理的制度，其中：城市规划主管部门负责地下空间利用开发的管理；国土资源和房产主管部门负责地下建设用地使用权出让和产权登记管理；人民防空主管部门负责用于人民防空的地下空间开发利用以及地下空间开发利用按照人民防空要求设防的监督管理；环境保护主管部门负责地下空间开发利用的环境保护监督管理；建设主管部门负责地下空间建设工程施工的监督管理。政府其他有关职能单位应当按照各自的职能分工，在其职责范围内做好地下空间开发管理的相应工作。建议组织形成城市地下空间联席会议制度，研究决策和协调涉及全局的重大事项，在规划或者建设部门组建专门处理日常事务的办事机构，负责信息的收集、处理与传送，规划或科研项目的委托与监督，接受各建设单位的项目申请和组织审查，协调各方关系等工作。

第50条　完善地下空间规划编制体系、推进重点地区综合开发

编制地下空间重点地区控制导则和一般地区控制通则，将地下空间的规划和管理要素纳入城市控规体系，使之成为指导城市地下空间有序开发利用的依据。对于城市重点地区与轨道交通站点周边的地下空间开发建设必须编制专门的详细规划，统筹考虑城市地上与地下的建设，通过城市设计手段，研究规划范围内的地下空间布局及其与地面建筑的衔接。

第51条　创新地下空间利用投融资体制、多渠道建设资金筹措

地下空间开发建设主体可由政府、私人开发商以及政府与私人发展商结合体共同承担。其中：政府可开发建设城市中规模与投资较大的交通设施、市政设施、仓储设施等；私人发展商可开发建设城市中商业型的停车与商业设施等；政府与私人发展商结合体可共同开发大型综合的地下设施。在开发主体基础上，地下空间建设的资金来源可采用整体出让、专营权转让投融资机制、利用信托资金进行融资、租赁融资、成立投资基金等5种方式筹措，从而形成完备的"政府引导、社会参与、市场运作"的社会投资长效增长机制。

第52条　鼓励合理开发地下空间的相关优惠政策和引导

增加地下空间利用的相关配套政策的制定，以促进地下空间的有效开发，以及与城市建设的衔接和互动，达到地下空间利用效率的最大化。借鉴国内外经验，制定开发权转移和限期使用权奖励等多种开发配套政策，激励、引导城市地下空间的良性发展。

第 53 条　建立信息共享平台、实现科学管理

建立地下空间开发利用数据库，在资源、现状、地址、水文条件等方面为规划设计和管理奠定基础。规划建议合肥市多个部门联动建立本市地下空间开发利用信息共享平台，实现地下空间的信息化、智能化管理。

第 54 条　实 施 管 理 要 求

为保障地下空间各公共设施衔接，在区域范围内设立共同层。共同层在地下空间各个标高之间相互连通，把城市的地下空间分层利用，每一层有一个主体的功能，成为一个弹性的地下空间支撑平台，与地面上的建筑形成一个相互支撑的运行整体。

在同一层面地下空间建构筑物、管线发生冲突时，要求按照以下避让原则协调处理：行人空间与车行空间发生冲突时，行人空间优先；地下民用设施空间与市政公用设施空间发生冲突时，市政公用设施空间优先；交通设施空间与管线设施空间发生冲突时，管线设施空间优先；管线之间发生冲突时，重力管优先；其他不同方向及形式的地下空间产生冲突时，根据避让原则的难易程度决定优先权。

参 考 文 献

［1］ 钱七虎. 地下空间开发利用的第四次浪潮及中国的现状、前景和发展战略［A］. 新世纪岩石力学与工程的开拓和发展——中国岩石力学与工程学会第六次学术大会论文集［C］，84-89. 武汉，2000.

［2］ 邵继中. 人类开发利用地下空间的历史发展概要［J］. 城市，2015（8）：35-41.

［3］ 王炬，刘海旺. 古代大型国家粮仓初露端倪［N］. 中国文物报，2015-01-9（001）.

［4］ 袁红，崔叙，唐由海. 地下空间功能演变及历史研究脉络对当代城市发展的启示［J］. 西部人居环境学刊，2017，32（01）：69-74.

［5］ 张智峰，刘宏，陈志龙. 2016 年中国城市地下空间发展概览［J］. 城乡建设，2017（3）：60-65.

［6］ 束昱，柳昆，张美靓. 我国城市地下空间规划的理论研究与编制实践［J］. 规划师，2007，10：5-8.

［7］ 于文恝，顾新. 立体城市规划理念和实现路径探索［J］. 地下空间与工程学报，2015，11（1）：1-9.

［8］ 祝文君. 拓展城市发展的战略新空间［N］. 光明日报，2014-10-7（003）.

［9］ 宗边. 地下空间开发利用"十三五"规划发布［N］. 中国建设报，2016-06-24（001）.

［10］ 束昱，路姗，阮叶菁. 城市地下空间规划与设计［M］. 上海：同济大学出版社，2015.

［11］ 段勇华. 城市地下空间开发利用研究［D］. 硕士学位论文，南京农业大学，2011.

［12］ 骆伟明. 广州城市地下空间开发利用研究［D］. 硕士学位论文，中山大学，2005.

［13］ 高波. 地下铁道［M］. 成都：西南交通大学出版社，2011.

［14］ 陈志龙，刘宏. 城市地下空间总体规划［M］. 南京：东南大学出版社，2011.

［15］ 陈志龙，张平. 城市地下停车场系统规划与设计［M］. 南京：东南大学出版社，2014.

［16］ 童林旭. 地下汽车库建筑设计［M］. 北京：中国建筑工业出版社，1996.

［17］ 陈立道，朱学岩. 城市地下空间规划理论与实践［M］. 上海：同济大学出版社，1997.

［18］ 童林旭. 地下商业街设计与规划［M］. 北京：中国建筑工业出版社，1998.

［19］ 王文卿. 城市地下空间规划与设计［M］. 南京：东南大学出版社，2000.

［20］ 耿永常，赵晓红. 城市地下空间建筑［M］. 哈尔滨：哈尔滨工业大学出版社，2001.

［21］ 束昱. 地下空间资源的开发与利用［M］. 上海：同济大学出版社，2002.

［22］ 吴志强，李德华. 城市规划原理（第 4 版）［M］. 北京：中国建筑工业出版社，2010.

［23］ 孙施文. 现代城市规划理论［M］. 北京：中国建筑工业出版社，2007.

［24］ 仇文革. 地下空间利用［M］. 成都：西南交通大学出版社，2011.

［25］ 顾新，于文恝. 城市地下空间利用规划编制与管理［M］. 南京：东南大学出版社，2014.

［26］ 谭卓英. 地下空间规划与设计［M］. 北京：科学出版社，2015.

［27］ 王曦，刘松玉. 城市地下空间的规划分类标准研究［J］. 现代城市研究，2014，5：43-49.

［28］ 李思成. 城市地下交通联系隧道火灾烟气运动特性及优化控制研究［D］. 博士学位论文，北京工业大学，2016.

［29］ 俞明健. 城市地下道路设计理论与实践［M］. 北京：中国建筑工业出版社，2014.

［30］ 谢忻玥，胡昊，范益群. 地下综合交通枢纽设计研究［J］. 地下空间与工程学报，2016，12（5）：1157-1163.

［31］ 刘曼曼. 城市综合交通枢纽地下空间功能布局模式研究［D］. 硕士学位论文，北京建筑大学，2013.

［32］ 陶龙光，巴肇伦. 城市地下工程［M］. 北京：科学出版社，1996.

［33］ 兰觅，李明燕. 拓展公共空间激发城市活力-城市中心区地下步行系统规划要点研究［J］. 四川建

筑，2012，32（1）：35－38.

［34］ 李德强. 综合管沟设计与施工［M］. 北京：中国建筑工业出版社，2009.

［35］ 王恒栋. 城市地下市政公用设施规划与设计［M］. 上海：同济大学出版社，2015.

［36］ 谢新星. 平战结合人防工程地下空间探讨［D］. 硕士学位论文，湖南大学，2013.

［37］ 戴慎志，郝磊. 城市防灾与地下空间规划［M］. 上海：同济大学出版社，2014.

［38］ 于晨龙，张作慧. 国内外城市地下综合管廊的发展历程及现状［J］. 建设科技，2015，17：49－51.

［39］ 陈志龙，郭东军. 城市抗震中地下空间作用与定位的思考［J］. 规划师，2008，24（7）：22－25.

［40］ 童林旭. 地下空间内部灾害特点与综合防灾系统［J］. 地下空间，1997，17（1）：43－46.

［41］ 谢映霞. 从城市内涝灾害频发看排水规划的发展趋势［J］. 城市规划，2013，37（2）：45－50.

［42］ 胡应均，邹亮，陈志芬，谢映霞. 城市排水防涝中的地下空间利用［J］. 地下空间与工程学报，2016，（S1）：13－17.

［43］ 解晓忱，赖庆顺. 城市雨水调蓄系统的研究与应用［J］. 建筑结构，2016，46（S1）：1052－1061.

［44］ 柳春雨. 城市地下空间环境艺术设计手法探析［J］. 艺术教育，2016，4：188－189.

［45］ 高雅微. 城市地下空间的景观化应用研究［D］. 硕士学位论文，西南交通大学，2012.

［46］ 李茜. 城市地下空间的环境景观营造［D］. 硕士学位论文，南京林业大学，2012.

［47］ 杨艳红，陆伟伟，王丽洁. 城市地下空间景观环境设计研究［J］. 河北工业大学学报（社科版）. 2010，2（1）：91－96.

［48］ 刘莉. 浅谈城市地下空间中的景观营造［J］. 福建建筑，2011，5：24－26.

［49］ GB/T 28590—2012 城市地下空间设施分类与代码［S］. 北京：中国标准出版社，2012.

［50］ DG/TJ 08—2156—2014 地下空间规划编制规范［S］. 上海：同济大学出版社，2014.

［51］ GB 50157—2013 地铁设计规范［S］. 北京：中国建筑工业出版社，2014.

［52］ CJJ 221—2015 城市地下道路工程设计规范［S］. 北京：中国建筑工业出版社，2015.

［53］ JGJ 100—2015 车库建筑设计规范［S］. 北京：中国建筑工业出版社，2015.

［54］ GB 50838—2015 城市综合管廊工程技术规范［S］. 北京：中国计划出版社，2015.

［55］ 合肥市规划局. 合肥城市地下空间开发利用规划（2013—2020）［R］. 2013.

［56］ 2015 年度中国主要城市交通分析报告［Z/OL］. http：//report. amap. com/download. do

［57］ 范益群，张竹，杨彩霞. 城市地下交通设施规划与设计［M］. 上海：同济大学出版社，2015.

［58］ 邹亮. 地下空间资源评估与需求预测方法指南［M］. 北京：中国建筑工业出版社，2017.

［59］ 庄宇，吴景炜. 高密度城市公共活动中心多层步行系统更新研究［J］. 西部人居环境学刊，2017，32（04）：13－18.

［60］ 陈志龙，诸民. 城市地下步行系统平面布局模式探讨［J］. 地下空间与工程学报，2007，3（3）：392－396.

［61］ 卢济威，庄宇. 城市地下公共空间设计［M］. 上海：同济大学出版社，2015.

［62］ 刘皆谊. 城市立体化视角：地下街设计及其理论［M］. 南京：东南大学出版社，2009.

［63］ 刘星，张高嫄，王新亮. 天津市城市综合管廊专项规划编制思路与实践［J］. 规划师，2017，33（4）：31－35.

［64］ 朱安邦，刘应明，黄俊杰. 对城市综合管廊规划体系的深度思考［J］. 城乡建设，2017（12）.

［65］ 路广英，王文平，王恺. 城市地下综合管廊规划方法研究［J］. 城市道桥与防洪，2017（7）：279－281.

［66］ 邹艳丽. 公共政策视角下的综合管廊规划问题及政策应对［J］. 规划师，2017，33（4）：12－17.

［67］ 骆春雨，元绍建，杨正荣. 城市地下综合管廊工程总体设计分析［J］. 城市道桥与防洪，2016（10）：158－160.

［68］ 杨延军，李建民，吴涛. 人民防空工程概论［M］. 北京：中国计划出版社，2006.